四川省科技计划项目（2016JZ0037）资助
四川省安全生产科技项目（AJ20170520163913）资助
四川省煤矿瓦斯（煤层气）工程研究中心资助
页岩气评价与开采四川省重点实验室资助

四川省煤矿
瓦斯地质规律与瓦斯预测

熊建龙　龙　军　王志成　赵文峰　贾天让／著

China University of Mining and Technology Press

Sichuansheng Meikuang

Wasi Dizhi Guilü yu Wasi Yuce

中国矿业大学出版社
·徐州·

内 容 提 要

本书运用板块构造理论、区域构造演化和瓦斯赋存构造逐级控制理论,结合四川省地质勘探、煤矿生产和煤层气勘探开发掌握的实际资料,系统研究了四川省区域构造与演化及其对瓦斯赋存分布规律的控制机理,估算了四川省煤层气资源量,进行了煤层气开发有利区块优选。

本书可供煤矿安全、瓦斯地质、煤层气地质等相关专业研究和管理人员学习使用,亦可作为煤炭行业科研爱好者的参考用书。

图书在版编目(CIP)数据

四川省煤矿瓦斯地质规律与瓦斯预测 / 熊建龙等著.
—徐州:中国矿业大学出版社,2021.12
　　ISBN 978 - 7 - 5646 - 5268 - 5

　　Ⅰ.①四… Ⅱ.①熊… Ⅲ.①瓦斯煤层—地质学—研究—四川②煤层瓦斯—瓦斯预测—研究—四川 Ⅳ.①TD712

中国版本图书馆 CIP 数据核字(2021)第257139号

书　　名	四川省煤矿瓦斯地质规律与瓦斯预测
著　　者	熊建龙　龙　军　王志成　赵文峰　贾天让
责任编辑	何晓明
出版发行	中国矿业大学出版社有限责任公司
	(江苏省徐州市解放南路　邮编 221008)
营销热线	(0516)83884103　83885105
出版服务	(0516)83995789　83884920
网　　址	http://www.cumtp.com　E-mail:cumtpvip@cumtp.com
印　　刷	苏州市古得堡数码印刷有限公司
开　　本	787 mm×1092 mm　1/16　印张 15.25　字数 380 千字
版次印次	2021 年 12 月第 1 版　2021 年 12 月第 1 次印刷
定　　价	88.00 元

(图书出现印装质量问题,本社负责调换)

前　言

　　四川省地跨上扬子陆块区、西藏-三江造山系、秦祁昆岭造山系三大Ⅰ级构造单元,地质构造复杂多样。四川省煤炭资源较丰富、煤层赋存条件复杂、煤矿灾害严重,全省煤炭资源保有储量的 70% 以上是高瓦斯或突出煤层,随着煤矿开采深度和强度的增加,瓦斯灾害越来越成为制约煤矿安全生产的最大危险源。

　　为从根本上解决煤矿瓦斯灾害问题,寻求打开瓦斯治理大门的钥匙,2009年 4 月 15 日,国家能源局下发了《关于组织开展全国煤矿瓦斯地质图编制工作的通知》(国能煤炭〔2009〕117 号),组织开展全国煤矿瓦斯地质图编制工作。以此为契机,四川省发展和改革委员会下发了《关于组织开展全省煤矿瓦斯地质图编制工作的通知》(川发改能源〔2009〕665 号),组织四川省煤田地质局、四川煤矿安全监察局、四川省煤炭产业集团有限责任公司和四川古叙煤田开发股份有限公司,成立了四川省煤矿瓦斯地质编图领导小组和技术工作组,开展了全省煤矿瓦斯地质编图工作,旨在整理、充分利用开采已揭露的瓦斯地质资料和煤矿多年地质勘查数据,结合瓦斯地质和瓦斯治理最新研究成果,揭示煤矿瓦斯地质规律,为煤矿瓦斯灾害预防、煤层气(瓦斯)资源开发利用提供依据。其中,四川省煤田地质局负责省四川省煤矿瓦斯地质图和矿区瓦斯地质图编制,并指导非国有煤矿瓦斯地质图的编制工作。

　　工作组从 2009 年元月开始,采取先编矿井瓦斯地质图、后编矿区瓦斯地质图、最后汇编成省瓦斯地质图由下而上逐级汇编的方式,历时 2 年完成了全省瓦斯地质编图工作。该项工作首次系统调查、收集、整理了四川省煤矿瓦斯地质资料和数据,汇编完成了四川省煤矿瓦斯地质特征表;系统分析、总结了四川省构造煤成因与分布特征;编制完成了全省 117 对代表性矿井瓦斯地质图及说明书和芙蓉、筠连、古叙、华蓥山、宝鼎、达竹、广旺、资威、犍乐、雅荣、红坭等 11 个矿区的瓦斯地质图及说明书;计算了四川省埋深 2 000 m 以浅煤层气资源总量,评价了煤层气开发有利区块;系统研究了区域构造、构造应力场演化及其对矿区、矿井构造和瓦斯赋存分布规律的控制特征,揭示了四川省煤矿瓦斯地质规律,将全省划分为川南叠加褶皱严重突出带、华蓥山滑脱褶皱高(突)瓦斯带、龙门山逆冲推覆高(突)瓦斯带等7个瓦斯带;最终完成了1∶50万四川省煤矿瓦斯地质图及研究报告。

本书以四川省煤矿瓦斯地质编图成果为重要依据,结合"四川煤层气规模化开发综合评价试验示范工程项目"和《四川省煤层气(煤矿瓦斯)开发利用"十四五"规划》等资料,在运用最新瓦斯地质理论进一步系统深入研究四川省煤矿瓦斯赋存规律的基础上编写完成的。该项成果的出版对于四川全省煤矿瓦斯预测和治理以及煤层气勘探开发具有重要的指导意义。

全书共分8章,由四川省煤田地质工程勘察设计研究院、四川省煤矿瓦斯(煤层气)工程研究中心熊建龙、龙军、王志成、赵文峰和河南理工大学贾天让共同撰写,具体编写分工如下:第1章、第2章由熊建龙和贾天让共同撰写,第3章、第4章由龙军和王志成共同撰写,第5章由赵文峰和王志成共同撰写,第6章和第7章由熊建龙和赵文峰共同撰写,第8章由熊建龙和龙军共同撰写。全书由贾天让统稿、熊建龙定稿。

四川省煤矿瓦斯地质图编制工作是在四川省发改委、四川省能源局、四川省煤田地质局领导下完成的,具体工作得到了四川煤矿安全监察局、四川省煤炭产业集团有限责任公司、四川省古叙煤田开发股份有限公司的大力支持,各产煤市(县)发改委、经信委、安监局等单位以及相关科研单位和煤炭企业提供了大量的资料与帮助。本书的出版得到了四川省科技计划项目(2016JZ0037)、四川省安全生产科技项目(AJ20170520163913)、四川省煤矿瓦斯(煤层气)工程研究中心、页岩气评价与开采四川省重点实验室的资助,在此一并致以衷心的感谢。本书撰写过程中参考了大量国内外文献资料,借此机会对这些文献的作者表示诚挚的谢意。

由于收集资料的局限性和个别数据测试的不稳定性,加之地质条件、开采条件的不断变化,因此对各矿区的预测结果有待于验证和修订。由于水平有限,书中难免存在疏漏之处,敬请读者批评指正。

著 者

2021 年 3 月

目　　录

第1章　四川省瓦斯地质概况与煤矿瓦斯地质图编制方法

本章简要介绍了四川省自然地理、主要含煤煤系地层、煤田开发状况等瓦斯地质概况，确定了重点编制矿区瓦斯地质图的矿区；论述了瓦斯地质规律的研究对象与内容、瓦斯地质图图例及矿井、矿区、省瓦斯地质图编制方法。

1.1　四川省瓦斯地质概况

1.1.1　自然地理

四川省简称"川"或"蜀"，省会成都，位于我国西南地区，地处长江上游，在东经 $97°21'\sim108°12'$、北纬 $26°03'\sim34°19'$ 之间，全省总面积 48.6 万 km^2。西有青藏高原相扼，东有三峡险峰，北有巴山秦岭屏障，南有云贵高原拱卫，形成了闻名于世的四川盆地。四川省地跨四川盆地、青藏高原、横断山区和云贵高原四大地理单元，全省地势西高东低，分为川西高原和四川盆地两大部分，大致以龙门山至大凉山为界，东部是我国著名的四川盆地，西部为川西山地和高原。全省地势可分为以下三大区域：

（1）盆地低海拔平原丘陵区

以广元、雅安、叙永和相邻的奉节四点连线作为盆地底部与盆地周边山地的分界线。盆地内海拔多在 $200\sim750$ m 之间，多数地区地貌以丘陵和低山为主，沉积了巨厚的侏罗纪、白垩纪紫红色砂、泥质岩类，故又有"红色盆地"之称，面积约 19 万 km^2。盆地又以华蓥山、龙泉山两大断裂抬升的山脉为界，又分为三个部分：龙泉山以西为川西平原，其中以岷江、沱江冲积形成的成都平原为最大，地表开阔平坦，水系呈网状分布，坡降 $3‰\sim4‰$ 之间，便于自流灌溉，享有"天府之国"的美誉；龙泉山和华蓥山之间为川中方山丘陵，丘陵海拔一般在 500 m 上下；华蓥山以东为川东平行岭谷，由华蓥山、铜锣山、明月山等呈北东南西向平行排列的"川"字形的三山两槽（向斜谷）地貌构成，各自延展数十至数百千米不等。丘陵分布于两槽，海拔 $300\sim500$ m，多属浑圆浅丘，底部有方山式丘陵，近山麓地带为单斜式丘陵，最高点为华蓥山主峰高登山，海拔 1 704 m。

（2）盆地周边中海拔山地区

四川盆地周边为一系列中海拔山地所围绕，其高度多在海拔 $1 000\sim2 500$ m 之间。盆地西缘有龙门山、邛崃山、夹金山、大相岭等，部分主峰海拔高度逾 5 000 m；盆地北缘主要以米仓山和大巴山为主，海拔高度一般在 $1 500\sim2 500$ m 之间，其北坡较为平缓，南坡则向盆地陡降；盆地南缘山地多在长江以南，南接云贵高原，海拔高度在 $1 000\sim2 000$ m 之间；西南缘山地指大渡河的石棉至峨边一线河道以南、安宁河以东山区，主要有小相岭、螺髻山、大凉山、小凉山等山脉，呈南北向平行排列，海拔多在 $1 500\sim4 000$ m 之间，以中山为主，除安宁河谷外,其余为较大面积的平坝或丘陵,大渡河、金沙江河谷深切。

（3）川西高山高原区

川西高山高原区可分为甘孜、阿坝高原和川西山地两部分。甘孜、阿坝高原又可分为两个局部:西部石渠、色达一带为典型的丘状高原,海拔 4 400～4 800 m,其北侧起伏和缓,相对高差一般在 100 m 以内,其南侧相对高差可达 300～400 m;东部的若尔盖、红原一带为典型的高平原,海拔 3 400～4 000 m,相对高差 50～100 m,切割甚微,地表平坦旷阔,多表现为岭缓谷宽的丘陵地貌景观。整个甘孜、阿坝高原有保存完整的高原面,河曲发育,沼泽广布,著名的若尔盖沼泽面积超过 2 万 km²,是我国泥炭资源最丰富的沼泽之一。

川西山地包括盆地西缘和西南缘山地以西,川西北高原以南广大地区为横断山的一部分和云贵高原西北隅,山脊海拔多在 4 000～5 000 m 之间,多高山峡谷,河流切割强烈,相对高差可达 1 500～3 000 m。本区为省内高山集中分布区,贡嘎山、雀儿山主峰、格聂山等海拔 6 000 m 以上的极峰均在本区,四川最高峰贡嘎山主峰(7 556 m)即在该区大雪山中段。四川省卫星影像地图如图 1-1 所示。

图 1-1　四川省卫星影像地图

1.1.2　主要含煤地层特征

（1）下二叠统梁山组:由黏土岩、铝土质泥岩、碳质泥岩及薄煤组成,含煤 0～3 层,局部可采 1 层,厚 0～3 m,多呈鸡窝状,部分呈层状,属中至高灰、高硫的气、肥煤及无烟煤。

（2）上二叠统龙潭组(宣威组、吴家坪组):为本省主要含煤地层,煤类多,岩相复杂。川北和川东称吴家坪组,为浅海相石灰岩,底部为泥岩、粉砂岩,局部含可采煤层 1 层,厚 1 m以下;川中南桐至威远地区称龙潭组,为海陆交替相沉积的砂岩、泥岩、石灰岩、菱铁矿和煤层,含可采煤层 1～9 层,可采总厚一般 2～10 m,煤类齐全,以焦、瘦煤及无烟煤为主,含硫高;川南筠连、琪县一带称宣威组,以陆相沉积为主,下部为陆相黏土岩、砂岩、泥岩夹煤线及煤层,上部为海陆交替相含煤沉积,含可采煤层1~6层,可采总厚0.7~6.0 m,属高灰、高硫无烟煤。

(3)上三叠统须家河组(大养地组等):亦为四川省重要含煤地层,煤系在各地沉积及分布情况不一,在四川盆地广旺至峨眉一带,晚三叠世中期沉积有小塘子组及盐源博大组,属海陆交替相含煤沉积,以砂质泥岩为主,夹泥灰岩薄层,局部有1~2层可采煤层,其总厚1.3~1.6 m;广布四川盆地周缘内侧晚三叠世晚期的须家河组,一般属陆相滨湖三角洲含煤沉积,由泥岩、粉砂岩、碳质泥岩及煤组成,含可采及局部可采煤层1~9层,可采总厚0.3~5.5 m,一般厚1~2 m,煤类齐全,长焰煤至无烟煤皆有,以气、肥、焦煤为主;西昌会理一带称白果湾组,属山间盆地陆相含煤沉积,含可采煤层1~5层,可采总厚0.74~39.88 m,单层煤厚一般大于1 m,属瘦煤、无烟煤;川西南攀枝花至盐边红坭一带称大养地组,为山间断陷盆地陆相含煤沉积,由砂岩、砾岩、泥岩及煤组成,宝鼎含煤115层,可采总厚40~46 m,属焦煤至无烟煤,红坭含可采及局部可采煤层55层,可采总厚26.78~50.83 m,其上宝鼎组仅含煤线及薄煤层;盐源一带称冬瓜岭组,属海陆过渡带的陆相含煤沉积,含可采煤层5~9层,其总厚1.7~4.0 m,属瘦煤;川西高原甘孜区称喇嘛垭组,底部局部含薄煤层;阿坝区称格底村组,含鸡窝状劣质煤。晚三叠世煤系在川西南的宝鼎、红坭、会理益门至四川盆地盆缘及盆内永荣、达县均有较高经济价值,煤层虽薄,但煤质优良。

(4)早侏罗统白田坝组:为次要含煤地层,分布在广旺地区,为一套陆相砂岩、泥岩沉积,偶夹砾岩,含煤2层,其中1层断续可采,可采厚度0.3~0.86 m,属气煤、肥煤。

(5)新近系:亦为次要含煤地层,属山间及断陷盆地型陆相砂、泥岩夹褐煤沉积,主要分布在四川西部的甘孜、阿坝和四川东部的攀西地区;盐源为侵蚀盆地,含可采煤层1~20层,可采总厚0.5~31.87 m。白玉昌台、阿坝为断陷盆地,含煤2~80层,单层厚度0.1~5.05 m,最厚20.43 m,煤层变化大,分布不稳定,各地均为褐煤。

(6)第四系:分布于阿坝区红原若尔盖沼泽谷地,属沼泽草甸堆积,一般厚3 m。

1.1.3　煤田开发状况及瓦斯地质图编制范围

根据四川省煤炭资源潜力评价资料,四川省共划分为12个煤田,各煤田内包含数量不等的矿区(含煤区)。依据四川省各煤田勘查开发现状和煤炭储量情况,确定了重点编制11个矿区瓦斯地质图,包括:芙蓉矿区、筠连矿区、华蓥山矿区、古叙矿区、攀枝花矿区、达竹矿区、广旺矿区、犍乐矿区、资威矿区、雅荣矿区、红坭矿区。依据《国务院关于煤炭行业化解过剩产能实现脱困发展的意见》(国发〔2016〕7号)、《关于做好2017年钢铁煤炭行业化解过剩产能实现脱困发展工作的意见》(发改运行〔2017〕691号)、《关于做好2018年重点领域化解过剩产能工作的通知》(发改运行〔2018〕554号)及《四川省人民政府办公厅关于煤炭行业化解过剩产能实现脱困发展的实施意见》(川办发〔2016〕59号)等文件精神,四川省逐步实行煤矿关闭退出机制,截止到2020年3月,四川省仅保留煤矿380座,详细名单见书后附表。

依据各煤田的勘查开发现状及最终确定编制瓦斯地质图的矿区简述如下。

(1)川南煤田

川南煤田包括芙蓉矿区、筠连矿区、古叙矿区和南广矿区。开发强度较大的为芙蓉矿区,目前矿区内多数井田勘查程度基本都达到精查或详查程度,矿区内有芙蓉煤矿、白皎煤矿、杉木树煤矿、琪泉煤矿和巡场煤矿等国有重点煤矿,还有一批如五星煤矿等开采历史较长的地方煤矿；筠连矿区除大雪山矿段和塘坝矿段以外，勘查程度基本上都达到精查与详查程度，矿区内有鲁班山南矿和鲁班山北矿等国有生产矿井及船景煤矿等一批国有在建矿井；古叙矿区勘查程度相对较低，矿区内仅有约一半范围达到精查或详查程度，有叙永煤矿等国有重点煤矿及一批在建国有煤矿；南广矿区勘查程度较低，无国有煤矿，生产矿井较少。因此，确定川南煤田内重点编制芙蓉矿区、筠连矿区和古叙矿区瓦斯地质图，收集南广矿区相关资料填绘四川省煤矿瓦斯地质图。

（2）永泸煤田

永泸煤田属川东褶皱带，含煤地层有上三叠统须家河组、小塘子组和上二叠统龙潭组。由于本区开采煤矿全部为地方小煤矿，且较为分散，煤层分布不连续。因此，本区仅收集相关资料供填绘四川省煤矿瓦斯地质图。

（3）华蓥山煤田

华蓥山煤田位于四川盆地东部，含煤地层有上二叠统龙潭组和上三叠统须家组，分布稳定连续，仅局部受断层切割破坏较严重。华蓥山煤田内有华蓥山矿区和达竹矿区，四川华蓥山广能（集团）有限责任公司下属的绿水洞、李子垭、李子垭南、龙滩4对生产矿井及李子垭南二井、龙门峡南2对基建矿井均在华蓥山矿区内；四川达竹煤电（集团）有限责任公司下属的小河嘴、柏林、白腊坪、斌郎、金刚、铁山南6对煤矿在达竹矿区内。华蓥山矿区和达竹矿区是本次矿区瓦斯地质编图的重点矿区之一。

（4）大巴山煤田

大巴山煤田位于米仓山-大巴山赋煤构造带东段，含煤地层为上二叠统吴家坪组和上三叠统须家河组。断层对煤层的破坏作用较强烈，含煤地层主要保存在断层夹块、背斜两翼及向斜中。本区开采煤矿全部为地方小煤矿，且极为分散，煤层分散不连续。因此，本区仅收集相关资料供填绘四川省煤矿瓦斯地质图。

（5）广旺煤田

广旺煤田位于四川省北部，其中须家河组为本煤田最主要含煤地层，吴家坪组仅在西部可采，白田坝组仅局部可采，小塘子组仅含煤线或薄煤层，多不具经济价值。广旺煤田内有四川广旺能源发展（集团）有限责任公司下属的赵家坝、代池坝、唐家河、荣山、石洞沟5对国有煤矿及地方的南江煤矿等，主要开采晚三叠世煤层，是本次矿区瓦斯地质编图的重点矿区之一。

（6）龙门山煤田

龙门山煤田位于龙门山赋煤带北段，地处龙门山前陆逆冲带，含煤地层为须家河组，主要保存在断层间的断块及次级褶皱中，煤层分布不连续，开采矿井全部为地方小煤矿，且极为分散。因此，本区仅收集相关资料填绘四川省煤矿瓦斯地质图。

（7）雅荥煤田

雅荥煤田位于龙门山赋煤带南部，构造以断裂为主，勘查程度较低，生产矿井全部为地方小煤矿，但小煤矿分布较为紧凑，也作为本次矿区瓦斯地质图编制矿区之一。

（8）乐威煤田

乐威煤田含煤地层为上三叠统须家河组和小塘子组，含资威矿区和犍乐矿区。资威矿区内有威远煤矿等一批老矿，但资源已枯竭，目前生产的主要为地方煤矿；犍乐矿区内有大型煤矿嘉阳煤矿，其余为地方小煤矿。因此，本次编制了资威矿区和犍乐矿区晚三叠世煤层瓦斯地质图。

（9）川中煤田

川中煤田位于川中赋煤带的中北部，仅有少数石油钻孔揭露，埋深一般大于 2 000 m，目前无煤炭勘查与煤矿生产资料，故本区未作为本次编图范围。

（10）大凉山煤田

大凉山煤田位于康滇地轴中东部，勘查资料与煤矿生产资料较少，有经济价值的煤层仅有梁山组和白果湾组的煤层。因此，本区收集相关资料供填绘四川省煤矿瓦斯地质图。

（11）攀枝花煤田

攀枝花煤田包括宝鼎矿区、红坭矿区和箐河矿区。宝鼎矿区含煤地层为上三叠统大荞地组和宝鼎组，大部分地区达到精查程度，生产矿井有攀枝花煤业（集团）有限责任公司下属的花山、小宝鼎、大宝顶、太平 4 对国有煤矿，地方煤矿开采浅部煤层；红坭矿区含煤地层为上三叠统宝鼎组、大荞地组，开采煤层较多，构造极为复杂，全部为地方煤矿；箐河矿区勘查资料与煤矿生产资料均较少。宝鼎矿区是本次瓦斯地质编图的重点矿区之一，红坭矿区编制晚三叠世煤层瓦斯地质图，箐河矿区仅收集资料填绘四川省煤矿瓦斯地质图。

（12）盐源煤田

盐源煤田勘查开发程度较低，是四川省未来勘查与开发的重点矿区之一，不作为本次工作的重点，仅收集相关资料填绘四川省煤矿瓦斯地质图。

1.2　四川省煤矿瓦斯地质图编制方法

四川省煤矿瓦斯地质图编制工作采取先编矿井图、再编矿区图、后汇编成全省图，由下而上逐级完成的方式。由于四川省煤矿单井生产能力较低，煤矿数量较多，在全省范围内选择了 125 对有代表性的煤矿编制矿井瓦斯地质图，为各矿区及全省瓦斯地质图编制提供资料。选点的原则：所有国有重点煤矿、地方国有煤矿必须编制瓦斯地质图，非国有煤矿中选择有代表性的高瓦斯、煤与瓦斯突出矿井，要求生产能力不低于 6 万 t/a；在含煤构造单元内高瓦斯、突出矿区选点以能够充分表征矿区瓦斯分布特征为原则，做到覆盖全区、均匀分布；低瓦斯矿区稀疏选点，在煤矿较为分散的地区按照以点带面的原则选择个别矿井，空白区用地勘资料补充。在具体实施过程中，由于个别矿井因技改等原因未落实，因而对部分矿井名单进行了调整。最终共编制 117 对矿井瓦斯地质图，分别为芙蓉矿区、筠连矿区、华蓥山矿区、古叙矿区、宝鼎矿区、达竹矿区、广旺矿区、犍乐矿区、资威矿区、雅荥矿区和红坭矿区等 11 大矿区和四川省煤矿瓦斯地质图。

1.2.1　瓦斯地质规律研究对象和内容

（1）研究对象

瓦斯地质规律旨在揭示瓦斯与地质因素的内在联系。瓦斯地质规律在不同尺度普遍存在，四川省煤矿瓦斯地质图编制主要从矿井、矿区和全省范围内寻求瓦斯地质规律。运用煤田地质理论、瓦斯赋存构造逐级控制理论、构造煤理论、水文地质理论、地球物理学理论等方法，研究不同级别范围的地质单元瓦斯与地质因素的关系；研究不同含煤地层成煤条件下的瓦斯地质规律；研究不同区域及矿区到矿井、采区、采面的瓦斯地质规律；等等。进行了矿井瓦斯含量预测、瓦斯涌出量预测、煤与瓦斯突出危险性预测、瓦斯资源量预测评价。四川省煤矿瓦斯地质规律研究对象系统如图 1-2 所示。

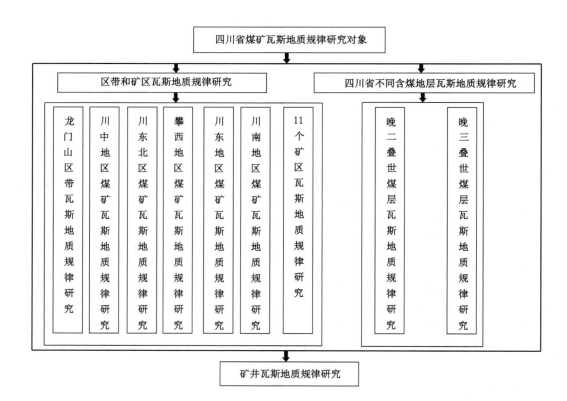

图 1-2　四川省煤矿瓦斯地质规律研究对象系统图

（2）研究内容

瓦斯地质规律研究是瓦斯预测和防治研究的基础。煤矿瓦斯（煤层气）是成煤作用的产物，现今煤层瓦斯的赋存和分布是煤层经历历次构造运动演化作用的结果，受着各种复杂地质因素的控制。每次地质构造运动，不同构造应力场的作用，板块构造碰撞，区域构造挤压、剪切或拉张、裂陷，引起隆起或坳陷，均影响着瓦斯的生成和赋存。同时，形成一系列不同级别的断裂、褶皱或发生岩浆作用等，控制着区域及其不同矿区（煤田）、矿井、采区、采面的煤层、围岩发生不同程度的变形破坏，形成构造煤，并引起水文、地应力等不同条件的变化，控制着煤层的瓦斯赋存状态和分布，如瓦斯含量、瓦斯压力、煤层渗透性等。瓦斯赋存和分布受着各种不同地质因素的控制，从区域到矿区、矿井、采区、采面都存在着不同地质条件下的瓦斯赋存状态，存在着不同级别范围、不同地质条件的瓦斯地质规律。四川省煤矿瓦斯地质规律研究内容系统如图 1-3 所示。

1.2.2　瓦斯地质图图例

图例是表达图的纲领性语言，是编图工作的关键技术。按照煤矿瓦斯地质图编制方法行业标准的要求，结合四川省实际，制定了四川省煤矿矿井、矿区瓦斯地质图图例，见表1-1；四川省省区瓦斯地质图图例见表1-2、表1-3。

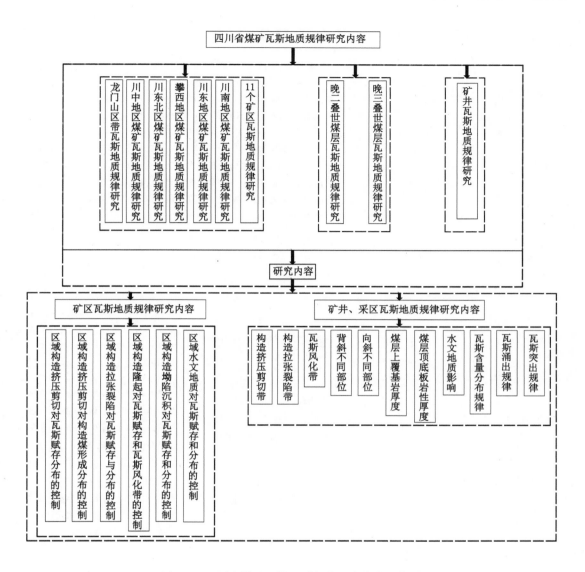

图 1-3　四川省煤矿瓦斯地质规律研究内容系统图

表 1-1　四川省煤矿矿井、矿区瓦斯地质图图例

名称	标记	说明	字体、颜色、线型等
小型突出点	突 $\frac{56.6\,t \mid 0.86万m^3}{-254 \mid 1982.02.03}$	煤与瓦斯突出强度＜100 t/次；分子左侧为突出煤量(t)，右侧为涌出瓦斯总量(万m³)；分母左侧为标高(m)，右侧为突出年月日	左侧"突"字为宋体，字高 2；右侧字体为新罗马字体，字高 1.5；圆直径 4 mm，线宽 0.1 mm，颜色值为 RGB(204,0,153)
中型突出点	突 $\frac{456\,t \mid 5.34万m^3}{-300 \mid 1986.04.07}$	煤与瓦斯突出强度 100～499 t/次；分子左侧为突出煤量(t)，右侧为涌出瓦斯总量(万m³)；分母左侧为标高(m)，右侧为突出年月日	左侧"突"字为宋体，字高 3；右侧字体为新罗马字体，字高 1.5；圆直径 6 mm，线宽 0.1 mm，颜色值为 RGB(204,0,153)

表 1-1（续）

名称	标记	说明	字体、颜色、线型等
大型突出点	突 $\dfrac{856\ t\ \|\ 9.87万m^3}{-294\ \|\ 1990.05.03}$	煤与瓦斯突出强度 500～999 t/次；分子左侧为突出煤量（t），右侧为涌出瓦斯总量（万 m³）；分母左侧为标高（m），右侧为突出年月日	左侧"突"字为宋体，字高 4；右侧字体为新罗马字体，字高 1.5；圆直径 8 mm，线宽 0.1 mm，颜色值为 RGB(204,0,153)
特大型突出点	突 $\dfrac{1\,566\ t\ \|\ 18.3万m^3}{-276\ \|\ 1996.05.08}$	煤与瓦斯突出强度≥1 000 t/次；分子左侧为突出煤量（t），右侧为涌出瓦斯总量（万 m³）；分母左侧为标高（m），右侧为突出年月日	左侧"突"字为宋体，字高 5；右侧字体为新罗马字体，字高 1.5；圆直径 10 mm，线宽 0.1 mm，颜色值为 RGB(204,0,153)
瓦斯含量点	Ⓦ $\dfrac{12.30\ m^3/t}{-610.24\ \|\ 713.85}$	分子为瓦斯含量值（m³/t）；分母左侧为测点标高（m），右侧为埋深（m）	左侧"W"为宋体，字高 2；右侧字体为新罗马字体，字高 1.5；圆直径 4 mm，线宽 0.1 mm，颜色值为 RGB(204,0,153)
瓦斯压力点	Ⓟ $\dfrac{2.3\ MPa}{-600\ \|\ 620}$	分子为瓦斯压力值（MPa）；分母左侧为测点标高（m），右侧为埋深（m）	左侧"P"为宋体，字高 2；右侧字体为新罗马字体，字高 1.5；圆直径 4 mm，线宽 0.1 mm，颜色值为 RGB(204,0,153)
动力现象点	动 $\dfrac{20\ t\ \|\ 2\,000\ m^3}{-568\ \|\ 02.02}$	分子左侧为突出煤岩量（t），右侧为涌出瓦斯量（m³）；分母左侧为标高（m），右侧为发生年月	左侧"动"字为宋体，字高 2；右侧字体为新罗马字体，字高 1.5；圆直径 4 mm，线宽 0.1 mm，颜色值为 RGB(204,0,153)
煤层区域突出危险性预测指标值	△1 $50=\dfrac{15}{0.3}$	等号左边为 K 值；右侧分子为 Δp 值，分母为 f 值	左侧"1"为新罗马字体，字高 2；右侧字体为新罗马字体，字高 1.5；三角形宽、高为 4 mm，线宽 0.1 mm，颜色值为 RGB(255,0,0)
工作面突出危险性预测指标值 I	▽1 $\dfrac{120}{2.3}$	分子为钻屑解吸指标 Δh_2（Pa）；分母为钻孔最大钻屑量 S_{max}（L/m）	左侧"1"为新罗马字体，字高 2；右侧字体为新罗马字体，字高 1.5；三角形宽、高为 4 mm，线宽 0.1 mm，颜色值为 RGB(255,0,0)
工作面突出危险性预测指标值 II	▽2 $\dfrac{5\ \|\ 2.3}{0.5}$	分子左侧为钻孔最大瓦斯涌出初速度 q_{max}[L/(m·min)]，右侧为钻孔最大钻屑量 S_{max}（L/m）；分母为 R 值指标	左侧"2"为新罗马字体，字高 2；右侧字体为新罗马字体，字高 1.5；三角形宽、高为 4 mm，线宽 0.1 mm，颜色值为 RGB(255,0,0)

表 1-1(续)

名称	标记	说明	字体、颜色、线型等
采煤工作面瓦斯涌出量点	$\dfrac{8.4 \mid 3.06}{3\,956 \mid 03.03}$	分子左侧为绝对瓦斯涌出量(m^3/min),右侧为相对瓦斯涌出量(m^3/t);分母左侧为工作面日产量(t),右侧为回采年月	字体为新罗马字体,字高 1.5,线宽 0.1 mm,颜色值为 RGB(255,0,0)
掘进工作面绝对瓦斯涌出量点	$\dfrac{1.8}{03.02}$	分子为掘进工作面绝对瓦斯涌出量(m^3/min);分母为掘进年月	字体为新罗马字体,字高 1.5,线宽 0.1 mm,颜色值为 RGB(255,0,0)
煤层气(瓦斯)资源量		左上角为煤层气(瓦斯)资源量(Mm^3),右上角为块段瓦斯含量大小(m^3/t);左下角为块段编号,右下角为瓦斯储量级别	字体为新罗马字体,右上角字高 1,其余字高 1.5;边框矩形长 16 mm,宽 8 mm,线宽 0.3 mm,其他线宽 0.1 mm,颜色值为 RGB(240,200,240)
煤层气(瓦斯)资源块段划分界线		采用四边形划分块段,用三角形指向块段内部;块段划分考虑瓦斯储量级别、构造影响、含量值比较接近等因素	线宽 0.1 mm,颜色值为 RGB(240,200,240)
瓦斯含量实测等值线	——2——	单位 m^3/t	字体为宋体,字高 2.5,线型为实线,线宽 0.4 mm,颜色值为 RGB(255,144,255)
瓦斯含量预测等值线	—-2-—	单位 m^3/t	字体为宋体,字高 2.5,线型为虚线,线宽 0.4 mm,颜色值为 RGB(255,144,255)
绝对瓦斯涌出量实测等值线	——5——	采煤工作面绝对瓦斯涌出量实测等值线,单位 m^3/min	字体为宋体,字高 2.5,线型为实线,线宽 0.3 mm,颜色值为 RGB(255,0,0)
绝对瓦斯涌出量预测等值线	—15—	采煤工作面绝对瓦斯涌出量预测等值线,单位 m^3/min	字体为宋体,字高 2.5,线型为虚线,线宽 0.3 mm,颜色值为 RGB(255,0,0)
煤层瓦斯压力实测等值线	——1.0——	单位 MPa	字体为宋体,字高 2.5,线型为实线,线宽 0.5 mm,颜色值为 RGB(204,0,153)
煤层瓦斯压力预测等值线	—1.3——	单位 MPa	字体为宋体,字高 2.5,线型为虚线,线宽 0.5 mm,颜色值为 RGB(204,0,153)

表 1-1（续）

名称	标记	说明	字体、颜色、线型等
瓦斯突出危险区		三角指向煤与瓦斯突出危险区	线宽 1 mm，颜色值为 RGB(153,0,153)
瓦斯涌出量 <5 m³/min 区域			颜色值为 RGB(255,255,235)
瓦斯涌出量 5～10 m³/min 区域			颜色值为 RGB(246,255,219)
瓦斯涌出量 10～15 m³/min 区域			颜色值为 RGB(240,255,235)
瓦斯涌出量 >15 m³/min 区域			颜色值为 RGB(255,240,224)
井筒	$\frac{152.0}{-225.0}$ 主井	符号左侧分子为井口高程(m)，分母为井底高程(m)；右侧注明用途，如通风、提升等	内圆直径 2.5 mm，外圆直径 4 mm；标注字体为宋体，井筒名称字高 2，其他字高 1.5，颜色值为 RGB(51,51,51)
见煤钻孔	$\frac{125.16}{-449.10}$ 27_3 1.46	符号上方为孔号；左侧分子为地面标高(m)，分母为煤层底板标高(m)；右侧为煤厚(m)	内圆直径 2.5 mm，外圆直径 4 mm；标注字体为宋体，字高 1.5，颜色值为 RGB(51,51,51)
煤层露头及风氧化带	① ②	①为煤层露头，②为风氧化带	煤层露头及风氧化带线为实线，煤层露头线宽 1 mm，风氧化带线宽 0.1 mm，颜色值为 RGB(128,128,128)
井田边界			线宽 1 mm，颜色值为 RGB(173,173,173)
向斜轴		箭头表示岩层倾斜方向；实测褶皱每 100 mm 为一组，组间距 10 mm，推断褶皱每隔 5 节（1 节 20 mm）绘一组，组间距 10 mm	轴线线宽 0.6 mm，箭头线宽 0.1 mm，颜色值为 RGB(0,127,0)

表 1-1(续)

名称	标记	说明	字体、颜色、线型等
背斜轴		箭头表示岩层倾斜方向;实测褶皱每 100 mm 为一组,组间距 10 mm,推断褶皱每隔 5 节(1 节 20 mm)绘一组,组间距 10 mm	轴线线宽 0.6 mm,箭头线宽 0.1 mm,颜色值为 RGB(0,127,0)
煤层上覆基岩厚度等值线	260	单位 m	字体为宋体,字高 2,线型为虚线,线宽 0.1 mm,颜色值为 RGB(90,255,200)
顶板泥岩厚度等值线	8	单位 m	字体为宋体,字高 2,线型为虚线,线宽 0.1 mm,颜色值为 RGB(236,186,163)
煤层底板等高线	−750	单位 m	字体为宋体,字高 2,线型为实线,线宽 0.1 mm,颜色值为 RGB(45,45,45)
岩石巷道			线型为实线,线宽 0.3 mm,颜色值为 RGB(255,192,128)
煤巷			线型为实线,线宽 0.2 mm,颜色值为 RGB(91,91,91)
正断层、逆断层	① ②	①为正断层,②为逆断层	线宽 0.1 mm,颜色值为 RGB(0,127,0)
断层上、下盘	① — · — ② — × —	①为上盘,②为下盘	线宽 0.1 mm,颜色值为 RGB(0,127,0)
实测、推断陷落柱	① ②	①为实测陷落柱,②为推断陷落柱	线宽 0.1 mm,颜色值为 RGB(0,127,0)
构造煤厚度	① 0.8　② 0.8	①为实测构造煤厚度(m),②为测井曲线解译构造煤厚度(m)	构造煤小柱状图例高 6 mm、宽 2 mm,中间填充区长 2 mm、宽 2 mm,字体为新罗马字体,字高 1.5,线宽 0.1 mm,颜色值为 RGB(51,51,51)

表 1-2　四川省省区瓦斯地质图图例（一）

名称	标记	颜色	名称	标记	颜色
瓦斯突出实测区		RGB(255,155,162)	煤层露头	C_8	RGB(91,91,91)
瓦斯突出预测区		RGB(255,155,162)	主要煤层底板等高线	500	RGB(0,0,0)
高瓦斯实测区		RGB(250,197,255)	预测、勘查区边界	I	RGB(91,91,91)
高瓦斯预测区		RGB(250,197,255)	矿区边界	I	RGB(91,91,91)
低瓦斯实测区		RGB(44,242,179)	井田边界		RGB(91,91,91)
低瓦斯预测区		RGB(44,242,179)	标注引线		RGB(201,0,167)
低瓦斯带		RGB(233,249,225)	乡镇		RGB(137,137,137)
高突瓦斯带		RGB(255,244,230)	县、县级市		RGB(137,137,137)
含煤预测区		RGB(242,243,239)	地级城市		RGB(137,137,137)
瓦斯分带界限		RGB(228,210,215)	省会城市		RGB(137,137,137)
背斜轴		RGB(255,0,127)	省界		RGB(91,91,91)
向斜轴		RGB(255,0,127)	地市界		RGB(91,91,91)

表 1-2(续)

名称	标记	颜色	名称	标记	颜色
正断层		RGB(255,0,127)	国道		RGB(218,174,143)
逆断层		RGB(255,0,127)	铁路及桥梁		RGB(91,91,91)
一级断裂		RGB(255,0,127)	高速公路		RGB(218,174,143)
二级断裂		RGB(255,0,127)	省道及普通公路		RGB(218,174,143)
基底断裂		RGB(255,0,127)	河流		RGB(113,187,231) RGB(136,255,255)
山峰及海拔	▲ 峨眉山 3 098	RGB(137,137,137)			

表 1-3　四川省省区瓦斯地质图图例(二)

名称	标记	说明	颜色
小型突出点	● $\dfrac{72\text{ t}\mid 0.205}{-517\mid 2002.4.12}$	煤与瓦斯突出强度<100 t/次;分子左侧为突出煤量(t),右侧为涌出瓦斯总量(万 m³);分母左侧为标高(m),右侧为突出年月日	RGB(0,0,0)
中型突出点	● $\dfrac{172\text{ t}\mid 1.05}{-417\mid 2004.3.12}$	煤与瓦斯突出强度 100~499 t/次;分子左侧为突出煤量(t),右侧为涌出瓦斯总量(万 m³);分母左侧为标高(m),右侧为突出年月日	RGB(0,0,0)
大型突出点	● $\dfrac{551\text{ t}\mid 2.013}{-550\mid 2000.10.15}$	煤与瓦斯突出强度 500~999 t/次;分子左侧为突出煤量(t),右侧为涌出瓦斯总量(万 m³);分母左侧为标高(m),右侧为突出年月日	RGB(0,0,0)

表 1-3(续)

名称	标记	说明	颜色
特大型突出点	● $\dfrac{1\,551\,t}{-550}$ $\dfrac{3.013}{2000.10.15}$	煤与瓦斯突出强度≥1 000 t/次;分子左侧为突出煤量(t),右侧为涌出瓦斯总量(万 m³);分母左侧为标高(m),右侧为突出年月日	RGB(0,0,0)
瓦斯含量点	Ⓦ $\dfrac{12.30\ m^3/t}{-610.24\ \vert\ 713.85}$	分子为瓦斯含量值(m³/t);分母左侧为测点标高(m),右侧为埋深(m)	RGB(204,0,153)
瓦斯压力点	Ⓟ $\dfrac{2.3\ MPa}{-600\ \vert\ 620}$	分子为瓦斯压力值(MPa);分母左侧为测点标高(m),右侧为埋深(m)	RGB(204,0,153)
构造煤厚度	0~1.5	右侧数字表示构造煤厚度(m)	RGB(0,0,0)
埋深等值线	—— 1 500 ——	表示煤层赋存深度,并不特指某一煤层	RGB(0,0,0)

1.2.3　煤矿矿井瓦斯地质图编制方法

（1）编图原理及作用

以矿井煤层底板等高线图和采掘工程平面图作为地理底图,在系统收集、整理建矿以来的瓦斯地质资料,采用瓦斯地质理论和方法,理清矿井瓦斯地质规律,预测煤层瓦斯含量、瓦斯涌出量、煤与瓦斯突出危险性,进行瓦斯(煤层气)资源量评价和构造煤的发育特征等基础上,按照图例编绘而成。矿井瓦斯地质图能高度集中反映煤层采掘揭露出丰富的瓦斯地质信息,划分出不同级别的瓦斯地质单元,可准确地反映矿井瓦斯涌出规律和赋存规律;准确地预测瓦斯涌出量、瓦斯含量、煤与瓦斯突出危险性,客观评价瓦斯(煤层气)资源量及开发技术条件。

（2）地理底图

选用 1∶2 000 或 1∶5 000 矿井采掘工程平面图和煤层底板等高线图作为地理底图。要求选取的地理底图能够反映最新的瓦斯地质信息。

（3）地质内容和方法

① 煤层底板等高线:一般是标高差 20 m 或 50 m 一条,由褶皱和断层引起的煤层倾角变化大的部位等高线密度应适当增加。

② 井田地质勘探钻孔,煤层露头,向斜,背斜,断层,煤层厚度,陷落柱分布,火成岩分

布,煤层顶底板、砂、泥岩分界线,构造煤类型、厚度分布等。

上述内容按表 1-1 图例绘制。

（4）瓦斯内容和方法

① 瓦斯涌出量点:掘进工作面绝对瓦斯涌出量点,采煤工作面绝对瓦斯涌出量和相对瓦斯涌出量点,每月筛选一个数据。

② 瓦斯涌出量等值线:绝对瓦斯涌出量等值线又分实测线和预测线。

③ 瓦斯压力等值线:煤层瓦斯压力等值线分为实测等值线和预测等值线,其中要有 0.74 MPa 等值线。

④ 瓦斯涌出量区划:根据矿井瓦斯涌出特征,选取不同级差的绝对瓦斯涌出量值设置等值线,按图例填绘不同的面色,表示瓦斯涌出量区划级别。

⑤ 瓦斯含量点和瓦斯含量等值线。

⑥ 煤与瓦斯突出危险性预测参数:瓦斯压力 p,瓦斯放散初速度 Δp,煤的坚固性系数 f 值,突出危险性综合指标 K 值,钻屑瓦斯解吸指标 Δh_2,钻孔最大瓦斯涌出初速度 q_{max},钻孔最大钻屑量 S_{max} 等。

⑦ 煤与瓦斯突出危险性区划:根据预测结果,将井田范围划分为突出危险区和无突出危险区。

⑧ 矿井瓦斯资源量:根据瓦斯含量、煤炭储量分块段计算。

⑨ 瓦斯风氧化带。

上述内容按表 1-1 图例绘制。

1.2.4　煤矿矿区瓦斯地质图编制方法

（1）编图原理及作用

在深入研究区域地质演化、矿区构造演化及其构造分布特征的基础上,查清区域构造及矿区构造对井田构造的控制、对构造复杂区的控制、对构造煤发育规律的控制,并做到构造逐级控制,从而查清构造对煤层瓦斯生成和赋存分布特征的控制规律,查清矿区、矿井瓦斯（煤层气）地质规律。结合大量的瓦斯地质工作、瓦斯地质测试资料以及大量的瓦斯涌出、瓦斯突出、瓦斯含量实测和预测资料,在编制全矿区代表性矿井瓦斯地质图的基础上,编制矿区瓦斯地质图,绘制瓦斯涌出量等值线、瓦斯含量等值线,划分瓦斯（煤层气）资源量评价区块,划分煤与瓦斯区域突出危险性级别。这为矿区瓦斯综合治理和瓦斯（煤层气）开发、利用提供重要的依据,为矿区制定煤炭、煤层气开发规划提供重要的参考。

（2）地理底图

选用 1:1 万或相应比例尺的矿区煤层底板等高线图、煤田预测图、煤田地质图、构造纲要图、地形地质图和各矿井 1:5 000 采掘工程平面图及相应的煤层底板等高线图作为地理底图。

（3）地质内容及方法

① 1:1 万或相应比例尺的矿区井田分布图、煤层底板等高线图、煤田地质图、勘探线剖面图、构造纲要图、地形地质图等。

② 矿区及所属矿井煤田地质勘探资料。

③ 所有勘探钻孔及测井曲线资料。

④ 三维地震勘探资料及有关物探资料。

⑤ 地球动力学资料。

⑥ 所属矿井瓦斯地质图及其说明书,采掘工作面瓦斯地质图,所有瓦斯地质和瓦斯预测研究成果。

⑦ 邻近矿区、矿井相关瓦斯地质资料。

上述内容按表 1-1 图例绘制。

（4）瓦斯内容及方法

矿区瓦斯地质图是表达矿区瓦斯地质规律、瓦斯致灾、瓦斯预测、瓦斯（煤层气）资源评价及抽采技术条件等信息的技术图件。

① 矿区瓦斯地质图必须对全矿区进行煤与瓦斯突出危险性区域预测;按表 1-2、表 1-3 图例标注突出预测参数、突出点及其资料和突出危险区、无突出危险区界线。

② 矿区瓦斯地质图必须对全矿区瓦斯涌出规律进行研究,按表 1-2、表 1-3 图例标注采煤工作面瓦斯涌出量点,编绘瓦斯涌出量实测、预测等值线。

③ 矿区瓦斯地质图必须对全矿区瓦斯（煤层气）资源量进行评价,标注瓦斯含量测试点,编绘瓦斯含量等值线,划分瓦斯资源量评价区块,按表 1-2、表 1-3 图例填绘煤层气资源量。

④ 矿区瓦斯地质图必须表示构造煤的发育特征和分布规律,要求所有煤巷按表 1-2、表 1-3 图例绘制构造煤厚度变化小柱状图,编绘测井曲线解释构造煤厚度小柱状图,明确表示构造煤厚度分布规律。

上述内容按表 1-1 图例绘制。

1.2.5 省煤矿瓦斯地质图编制方法

（1）编图原理

在深入研究区域地质演化及其构造分布特征的基础上,查清区域构造对矿区构造及构造复杂区的控制,结合矿区瓦斯地质规律与瓦斯地质图的研究成果,查清省瓦斯分布特征,进行瓦斯赋存分区、分带划分,评价区、带瓦斯突出危险性和资源量,进而汇编省煤矿瓦斯地质图,为省瓦斯综合治理和瓦斯（煤层气）开发、利用规划提供重要的参考。

（2）地理底图

选用 1:50 万四川省煤炭资源潜力评价图（2010 年）为地理底图,内容包括主要矿井（井田）分布、含煤系分布和主要构造线,地理底图需要反映四川省最新的煤田地质信息。

（3）地质内容和方法

① 煤炭资源与开发分布:煤系地层分布、煤炭资源量、矿区矿井名称和分布范围。

② 主要地质构造:煤系地层、煤层露头、主采煤层底板等高线（等间距为 500 m,深部预测区为赋煤埋深）、向斜轴、背斜轴、断层线,岩浆岩、煤层厚度、构造煤的类型、厚度分布等。

（4）瓦斯内容和方法

① 典型瓦斯含量、瓦斯压力点和瓦斯资源量。

② 矿井瓦斯等级:突出矿井、高瓦斯矿井和低瓦斯矿井用不同的图例表示。

③ 瓦斯含量区划:根据煤层瓦斯含量等值线,按图例填绘不同的面色,表示瓦斯含量区划级别。

④ 煤与瓦斯突出危险性区划:划分为突出危险区、突出预测区和无突出危险区,按图例填图。

⑤ 煤层气（瓦斯）资源量：根据瓦斯含量、煤炭储量，分块段计算矿井、矿区、省（区、市）瓦斯资源量，按图例填图。

⑥ 瓦斯区带划分：根据区域构造、瓦斯分布特征和瓦斯赋存构造控制特征，进行全省煤层瓦斯区带划分。

上述内容按表 1-2、表 1-3 图例绘制。

第 2 章　四川省煤矿瓦斯地质规律与区带划分

四川省地跨上扬子陆块区、西藏-三江造山系和秦祁昆岭造山系三大Ⅰ级构造单元,地质构造复杂多样;共有 9 个成煤期,其中以晚二叠世、晚三叠世成煤期为最重要的两个成煤期;复杂的地质构造和多期的成煤造就了四川省瓦斯赋存分布的不均性。本章论述了四川省煤炭资源分布与主要煤田构造特征、区域构造演化及控制特征和四川省瓦斯赋存构造逐级控制及分区分带等内容。

2.1　四川省煤炭资源分布与主要煤田构造特征

2.1.1　煤炭资源分布特征

四川省共有 9 个成煤期,即早寒武世、早志留世、早泥盆世、中二叠世、晚二叠世、晚三叠世、早侏罗世、新近纪和第四纪,其中以晚二叠世、晚三叠世成煤期的经济价值最大,是四川省最重要的两个成煤期。主要含煤地层为晚二叠世龙潭组、宣威组和晚三叠世须家河组、小塘子组、大荞地组,次之为晚二叠世吴家坪组,晚三叠世宝鼎组、白果湾组、冬瓜岭组,中二叠世梁山组、早侏罗世白田坝组。其余尚有新近纪的盐源组、昔格达组、昌台组的褐煤和古生界的石煤等。

四川省煤炭资源划分为 3 个赋煤区、9 个赋煤带、12 个煤田和 17 个矿区(含煤区),见图 2-1、表 2-1。

截止到 2007 年年底,四川省共探获煤炭资源储量 1 427 865 万 t,保有煤炭资源储量 1 227 056 万 t,其中已被生产矿井占用的保有资源储量 328 265 万 t(勘查 227 371 万 t,非勘查 100 894 万 t),尚未被利用的保有资源储量 898 791 万 t[勘查的 23 个井田 169 021 万 t,详查的 26 个井田(矿段)290 103 万 t,普查的 26 个井田(矿段)150 175 万 t,预查的 48 个井田(矿段)289 492 万 t]。

根据 2010 年四川省煤炭资源潜力评价数据,对四川省晚二叠世和晚三叠世煤层进行了预测,共预测煤炭资源量 257.671 6 亿 t,其中四川省二叠系预测煤炭资源量 161.478 4 亿 t,三叠系上统预测煤炭资源量 96.193 2 亿 t。在二叠系上统预测资源量中,川南煤田 128.347 亿 t,华蓥山煤田 32.489 7 亿 t,分别占全省预测总资源量的 49.69% 和 12.61%。

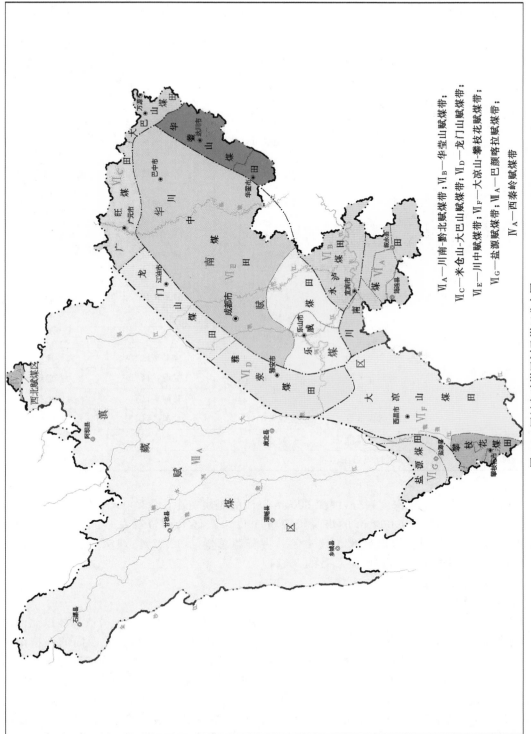

图2-1　四川省赋煤区划及煤田分布图

VIₐ—川南-黔北赋煤带；VI_B—华蓥山赋煤带；
VI_C—米仓山-大巴山赋煤带；VI_D—龙门山赋煤带；
VI_E—川中赋煤带；VI_F—大凉山-攀枝花赋煤带；
VI_G—盐源赋煤带；VⅡₐ—巴颜喀拉赋煤带；
Ⅳₐ—西秦岭赋煤带

表 2-1　四川省赋煤区带划分表

赋煤区	赋煤带	煤田	主要矿区	主要含煤地层
华南赋煤区	川南-黔北赋煤带 VI_A	川南煤田 $VI_A{}^1$	南广矿区	宣威组
			筠连矿区	宣威组、龙潭组
			芙蓉矿区	宣威组、龙潭组
			古叙矿区	龙潭组
	华蓥山赋煤带 VI_B	永泸煤田 $VI_B{}^1$	永泸矿区	须家河组
		华蓥山煤田 $VI_B{}^2$	华蓥山矿区	龙潭组、须家河组
			达竹矿区	须家河组
	米仓山-大巴山赋煤带 VI_C	大巴山煤田 $VI_C{}^1$	万源矿区	须家河组、吴家坪组
		广旺煤田 $VI_C{}^2$	广旺矿区	须家河组、小塘子组、白果湾组、吴家坪组
	龙门山赋煤带 VI_D	龙门山煤田 $VI_D{}^1$	龙门山矿区	须家河组
		雅荥煤田 $VI_D{}^2$	雅荥矿区	须家河组
	川中赋煤带 VI_E	乐威煤田 $VI_E{}^1$	犍乐矿区	须家河组
			资威矿区	须家河组
		川中煤田 $VI_E{}^2$		
	大凉山-攀枝花赋煤带 VI_F	大凉山煤田 $VI_F{}^1$		
		攀枝花煤田 $VI_F{}^2$	宝鼎矿区	大荞地组
			红坭矿区	大荞地组
			箐河矿区	大荞地组
	盐源赋煤带 VI_G	盐源煤田 $VI_G{}^1$	盐源矿区	冬瓜岭组
滇藏赋煤区	巴颜喀拉赋煤带 VII_A			
西北赋煤区	西秦岭赋煤带 IV_A			

按潜在资源量赋存深度划分,埋深 600 m 以浅的煤炭资源量 38.909 7 亿 t,占资源总量的 15.10％;埋深 600～1 000 m 的煤炭资源量 55.240 7 亿 t,占资源总量的 21.44％;埋深 1 000～1 500 m 的煤炭资源量 83.027 4 亿 t,占资源总量的 32.22％;埋深 1 500～2 000 m 煤炭资源量 80.493 8 亿 t,占资源总量的 31.24％。

2.1.2　主要煤田构造特征

（1）川南煤田

川南煤田位于四川南部,包括南广、筠连、芙蓉、古叙四个矿区。地质构造总体以北西西向和东西向构造为主,并有北东向构造穿插其间。南广矿区主体构造为北西向的五指山背斜及北东向的贾村背斜和来复背斜,背斜轴部出露最老地层为宣威组;筠连矿区主体构造为落木柔复式背斜,主要表现为一系列北东-北北东向的宽缓褶曲,地层倾角较平缓;芙蓉矿区主体构造为北西西向的珙长背斜,其北东翼陡、南西翼缓,为一不对称的背斜,轴向北西-南东,在西端巡场至高县一段转为北东向,背斜内次一级褶曲和断裂发育;古叙矿区以东西向的古蔺复式背斜为主,次级褶皱发育,背斜两翼地层北缓南陡,断层以南翼较多,大部分属走向或斜交走向逆断层。总体而言,川南煤田含煤地层虽受到褶皱变形影响较大,但分布稳定,连续性较好,仅局部受断层切割破坏,但断距一般不大。

（2）永泸煤田

永泸煤田属川东褶皱带,由一组北东-南西向延伸并呈"帚状"分布的背斜组成,主要背斜有青山岭、螺观山、西山、古佛山、黄瓜山、花果山、沥鼻峡和温塘峡等。背斜核部出露地层多为三叠系。各背斜陡翼往往有平行或近于平行背斜轴的逆断层,局部破坏严重者使煤层失去开采价值。

（3）华蓥山煤田

华蓥山煤田位于四川盆地东部,构造线走向呈北东-北北东向,主体构造为华蓥山复式背斜及观音峡背斜、铜锣峡背斜（中山背斜）、邻水向斜、明月峡背斜,北部有铁山背斜、达县向斜、峨眉山背斜、赫天祠背斜等。其中,背斜紧密,为狭长的梳状构造;向斜宽缓开阔,依次相间排列组成川东独特的隔挡式褶皱构造。受华蓥山基底大断裂影响,华蓥山复式背斜中发育有 10 余条倾向南东的高角度（50°～70°）走向逆断层,长约 30 km。煤田隆起最高点为次一级褶皱龙王洞背斜,背斜核部出露最老地层为寒武系,西翼地层直立甚至倒转,且断层发育,其他背斜核部仅出露三叠系。煤田内含煤地层分布稳定、连续,但局部受断层切割破坏较严重。

（4）大巴山煤田

大巴山煤田位于米仓山-大巴山赋煤构造带东段、大巴山推覆构造带的前缘部位,表现为一系列紧密的线性弧形褶皱。构造轴线走向北西,呈略向南西凸出的弧形展布,背斜核部出露地层多为古生界,主要构造有中坝、田坝、团城、长石、水洋坪及坪溪等背斜,走向断裂发育。

（5）广旺煤田

广旺煤田位于四川省北部,处于东西向的米仓山推覆构造带及北东向龙门山褶皱带前缘。东部米仓山推覆构造带主要褶皱有大两会背斜、汉王山背斜、吴家坪鼻状背斜等,褶皱宽缓,断层较稀少,煤系地层分布连续、稳定;西部龙门山推覆构造带主要褶皱有牛峰包复背斜、天台山向斜和天井山复背斜等,西部推覆构造发育,对煤层影响极大。

（6）龙门山煤田

龙门山煤田位于龙门山赋煤带北段,地处龙门山前陆逆冲带。东以江油至都江堰（灌县）断裂带与川西前陆盆地带相隔,西以茂县-汶川断裂带与松潘-甘孜造山带分界。主要构造呈北东-南西向展布,其间以北川-映秀断裂带划分为两个次级单元:西部为龙门后山基底推覆带,由多个古老火山-沉积岩、岩浆杂岩推覆体组成,形成叠瓦状岩片,由西向东推覆;东部为龙门前山逆冲带,由一系列收缩性铲式断层分割的冲断岩片组成,北段以唐王寨、仰天窝滑覆体规模较大,中、南段为灌宝飞来峰群。龙门山煤田是由三条北东走向的逆冲断裂带和夹持其间的岩片、推覆体构成的,地层、煤层的连续性、稳定性均较差。

（7）雅荥煤田

雅荥煤田位于龙门山赋煤带南部,构造以断裂为主,褶皱一般属于夹持于大断裂之间的次级构造。煤田西部边界受控于北川-映秀及汉源-甘洛大断裂,受此影响北段构造线走向呈北东向展布,南段转为北西向。含煤地层为上三叠统小塘子组、须家河组,主要分布于云雾山、高家山背斜两翼及五岔树、宝兴背斜北段的东南翼。

（8）乐威煤田

本区西部主体构造为峨马复式背斜,以短轴褶皱为主,隆起较高,背斜核部出露前震旦系峨边群,断层较多,构造复杂。中部寿保、凤来区位于峨马复式背斜与资威穹窿之间的宽缓地带,在寿保区主要褶皱有铁山、老龙坝、寿保、秋家山、杨家湾背斜及午云向斜,断层稀少,构造简单。构造线在平面上组合以北东-南西向为主,以北北西-南南东向次之。东部以资威穹窿、自贡穹窿、铁山背斜为主体。资威穹窿轴部出露下三叠统嘉陵江组,构造较简单,倾角平缓。

（9）川中煤田

川中煤田位于川中赋煤带的中北部。该煤田为隐伏煤田,地质构造相对较简单,主要为一些幅度不大的低缓隆起或坳陷,地层倾角平缓(一般<10°),断层稀少。地表广泛出露的为中新生代红层。含煤地层为上三叠统小塘子组及须家河组、上二叠统龙潭组及吴家坪组,埋深一般大于2 000 m,仅有少数石油钻孔揭露。

（10）大凉山煤田

大凉山煤田位于康滇地轴中东部,西以金河-箐河断裂带及攀枝花断裂带、东以峨边金阳断裂带为界,构造活动强烈,深大断裂发育。构造线走向主要为近南北向,次为北北西向及北东向。这些不同走向的深大断裂将地体分割成大小不一的块体,有的上升成地垒,有的下陷为地堑。下陷区形成断陷盆地,沉积了上三叠统的煤层及侏罗系、白垩系、第三系的红层。主要构造有安宁河断裂、黑水河断裂、小江断裂、汉源-甘洛断裂、则木河断裂、峨边金阳断裂等深大断裂以及夹持于这些大断裂之间的次级褶皱。东部古生代末形成的断陷盆地,被则木河等断裂带切割为南（江舟）、北（米市）两个宽缓的复式向斜构造。

（11）攀枝花煤田

攀枝花煤田位于康滇地轴西缘,构造运动强烈,岩浆活动频繁。煤田主要包括宝鼎、红坭、箐河矿区。宝鼎矿区主体构造为一北端封闭、向南西倾没的大箐向斜,边缘地段局部伴有一定数量的次级褶曲和断裂。地层走向与主体构造线基本一致,局部地段地层走向变化大。含煤地层为上三叠统大荞地组及宝鼎组、上二叠统宣威组。红坭矿区位于川滇南北构造带与滇藏"歹"字形褶皱带中段的复合部位。从总体上看是一个向北西扬起、向东南倾没的复式向斜。由于处在构造带的复合部位,因此矿区内褶皱频繁、紧密,逆冲断层发育,地层产状多变,构造形态极为复杂。含煤地层为上三叠统宝鼎组、大荞地组。箐河矿区主体构造为箐河向斜,北段向斜构造较为明显,南段仅表现为单斜地质构造,全区构造较为简单。含煤地层为上三叠统大荞地组和宝鼎组。

（12）盐源煤田

地质构造单元为盐源-丽江逆冲带,夹在西侧小金河断裂带与东侧金河-箐河断裂带之间,是上扬子古陆块西南边缘的中生代坳陷,为一向南东凸出的弧形推覆构造。由巨厚的三叠纪沉积-蒸发岩系构成主体,东缘古生界成叠瓦状逆冲岩片,由西向东推覆叠置于康滇前陆隆起带之上。其为陆块边缘次稳定型沉积,下古生界以近陆源粗碎屑沉积为主,上古生界至三叠系以碳酸盐沉积为主,尤以泥盆系、石炭系较省内其余地区发育,华力西期东侧断裂有基性岩浆活动。三叠系之后地层普遍缺失,第三系厚度较大,以断陷盆地红色碎屑岩为主。喜马拉雅期有煌斑岩脉贯入。该区长期处于缓慢沉降环境,因此盖层发育齐全,总厚达16 500 m,地层序列与扬子区相近。东南缘构造线以北北东向为主,为向南东凸出的"帚状"构造;西北部为盐源盆地,构造线由北北西转为东西向。两者之间为由新近系昔格达组和第四系堆积阶地组成的新生代坳陷,岩层起伏平缓。

2.2　区域构造演化及控制特征

2.2.1　大地构造单元划分及特征

四川省地质构造复杂多样,地跨上扬子陆块区、西藏-三江造山系和秦祁昆岭造山系三大Ⅰ级构造单元。北东向展布的龙门山-小金河断裂带将四川分为东、西两部分,东部属扬子古板块,西部为西藏-三江造山系,北部跨秦祁昆岭造山系。根据全国大地构造分区方案提出的《四川省大地构造分区方案》,全省划分为上扬子陆块区、西藏-三江造山系、秦祁昆岭造山系三大一级构造单元、4 个二级单元、12 个三级单元,且初步划分出 19 个四级单元(见表 2-2、图 2-2)。四川省目前发现及预测的煤炭基本都分布在上扬子陆块这个构造单元内。

表 2-2　四川省大地构造分区简表

一级	二级	三级	四级
Ⅰ 扬子陆块区 (Ⅴ)	Ⅰ₁ 上扬子古陆块 (Ⅴ-2)	Ⅰ₁₋₁龙门山前陆逆冲带 (Ⅴ-2-1)	Ⅰ₁₋₁₋₁龙门后山基底推覆带
			Ⅰ₁₋₁₋₂龙门前山盖层逆冲带
		Ⅰ₁₋₂米仓山-大巴山基底逆冲带 (Ⅴ-2-2)	Ⅰ₁₋₂₋₁米仓山基底逆冲带
			Ⅰ₁₋₂₋₂大巴山盖层逆冲带
		Ⅰ₁₋₃康滇前陆逆冲带 (Ⅴ-2-3)	Ⅰ₁₋₃₋₁峨眉-昭觉断陷盆地带
			Ⅰ₁₋₃₋₂康滇基底断隆带
		Ⅰ₁₋₄四川前陆盆地 (Ⅴ-2-4)	Ⅰ₁₋₄₋₁川西山前坳陷盆地
			Ⅰ₁₋₄₋₂龙泉山前缘隆起带
			Ⅰ₁₋₄₋₃川中陆内坳陷盆地
			Ⅰ₁₋₄₋₄峨眉山断块
			Ⅰ₁₋₄₋₅华蓥山滑脱褶皱带
			Ⅰ₁₋₄₋₆叙永-筠连叠加褶皱带
			Ⅰ₁₋₄₋₇威远隆起
		Ⅰ₁₋₅盐源-丽江逆冲带(Ⅴ-2-6)	
Ⅱ 西藏-三江造山系 (Ⅶ)	Ⅱ₁ 巴颜喀拉地块 (Ⅶ-1)	Ⅱ₁₋₁可可西里-松潘前陆盆地 (Ⅶ-1-2)	Ⅱ₁₋₁₋₁阿坝地块
			Ⅱ₁₋₁₋₂松潘边缘海盆地
			Ⅱ₁₋₁₋₃摩天岭古地块
			Ⅱ₁₋₁₋₄炉霍边缘海裂谷
		Ⅱ₁₋₂雅江残余盆地(Ⅶ-1-3)	
	Ⅱ₂ 三江弧盆系 (Ⅶ-2)	Ⅱ₂₋₁甘孜-理塘蛇绿混杂带(Ⅶ-2-1)	
		Ⅱ₂₋₂义敦-沙鲁里岛弧(Ⅶ-2-2)	Ⅱ₂₋₂₋₁德格-乡城弧火山盆地带
			Ⅱ₂₋₂₋₂沙鲁里岛弧岩浆岩带
		Ⅱ₂₋₃中咱-中甸地块(Ⅶ-2-3)	
		Ⅱ₂₋₄金沙江蛇绿混杂带(Ⅶ-2-4)	
Ⅲ 秦祁昆岭造山系 (Ⅳ)	Ⅲ₁ 东昆仑-秦岭弧盆系 (Ⅳ-9)	Ⅲ₁₋₁南秦岭陆缘裂谷带(Ⅳ-9-5)	

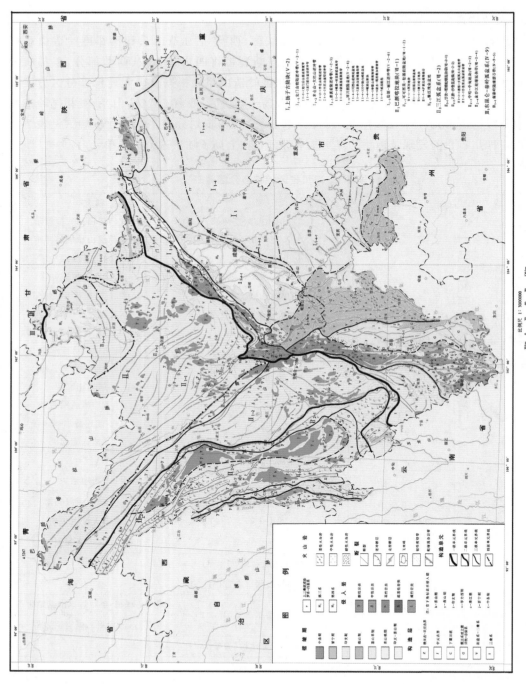

图2-2 四川省大地构造分区图

2.2.1.1　上扬子古陆块（I_1）

边界大体以城口-房县、江油-都江堰断裂带划分，克拉通内基底由太古代-早元古代结晶基底及中-晚元古代褶皱基底双层结构的基底岩系组成，沉积盖层基本完整而稳定，厚逾万米。可划分为 5 个次级（Ⅲ级）构造单元。

（1）龙门山前陆逆冲带（I_{1-1}）

该区东以江油-都江堰断裂带与川西前陆盆地带相隔，西以茂汶-丹巴断裂带与松潘-甘孜造山带分界。该带为一呈北东-南西向延展的构造单元，其间以北川-映秀断裂带划分为东部前山逆冲带（I_{1-1-2}）和西部龙门后山基底推覆带（I_{1-1-1}）两个次级单元。东部前山逆冲带（I_{1-1-2}）由一系列收缩性铲式断层分割的冲断岩片组成，以北段唐王寨滑覆体规模最大且中、南段出现飞来峰群为特征；西部龙门后山基底推覆带（I_{1-1-1}）由多个古老火山-沉积岩、岩浆杂岩推覆体组成，形成叠瓦状岩片，由西向东推覆。该带南起宝兴、北止广元青林，呈北东向延伸，总长逾 500 km，东西宽 50～60 km。以平武-青川断裂、陇东-汶川-茂汶断裂、五龙-映秀-北川断裂和双石-灌县-安县断裂为主滑面（逆冲断裂），将推覆构造带分为四个大的推覆体（图 2-3），自东往西分别为：① 平武-青川推覆体；② 金汤-汶川-青川推覆体；③ 五龙-映秀-北川推覆体；④ 双石-灌县-安县-广元推覆体。各逆冲断面均为铲状（或犁状），地表倾角达 50°～80°，甚至直立，往深部变缓至 5°～10°，甚至与某些岩层或薄弱结构面近平行展布。其中，双石-灌县-安县-广元推覆体对龙门山和雅荥矿区煤系的后期改造起到了决定性的作用。

（2）米仓山-大巴山基底逆冲带（I_{1-2}）

该区位于扬子陆块北缘，由汉南杂岩构成结晶基底、火地垭群构成褶皱基底，并构成走向近东西向复式背斜的核部，盖层分布于基底南缘，古生界层序不完整，中生界发育巨厚红色岩系，次级褶皱发育，构造线与基底大体一致。可分为西部米仓山基底逆冲带（I_{1-2-1}）和东部大巴山盖层逆冲带（I_{1-2-2}）两个次级单元。西部，广旺煤田北面以关坝-鹿渡断裂为界，上盘的汉南杂岩及康定群结晶基底由北向南逆冲于下盘中元古界火地垭群、震旦系或下古生界之上，垂直断距 2 000 m 左右。关坝-鹿渡断裂以南，为东西向展布的复式褶皱。南江以东，地层倾角变化较大，多在 50°～60°以上，甚至直立、倒转。断裂构造发育，且多为由北向南逆冲，造成地层缺失较多。褶皱紧密，形态复杂、多变。南江以西，主要有吴家垭鼻状背斜、汉王山复向斜及大两会背斜。背斜形态高陡，轴部出露最老地层为寒武系，向斜轴部残留有部分下三叠统海相地层。次级褶皱发育，但较宽缓，断层少见。上二叠统煤系赋存于向斜内，上三叠统和下侏罗统煤系露头（宽约 1.5 km）分布于褶皱带南缘，呈单斜产状，遭受构造破坏不严重。从西往东，地层走向由北西转为南北，继而转为东西，最后再转向北东，总体倾向南，倾角 15°～65°。

东部为大巴山推覆构造带，以城口-房县断裂、修齐-明月断裂及万源-关面-巫溪断裂将其分为北大巴山、城口及万源-巫溪三个推覆体。北大巴山推覆体位于城口-房县断裂以北，组成地层为震旦、寒武系及下、中奥陶统和下志留统。推覆体内褶皱强烈而突出，轴面和断面均倾向北东，组成一系列呈 N40°～50°W 展布、向南西逆冲的叠瓦状构造。城口推覆体位于修齐-明月断裂与城口-房县断裂之间，宽 5～15 km，由震旦系和下寒武统组成。褶皱和断裂发育，总体构造线呈 N65°～80°W 展布，轴面和断面倾向北，呈向南凸出的弧形。修齐-明月断裂上盘次级褶皱发育，西段呈右行雁行排列，发育"人"字形构造，显顺扭；东段呈左行

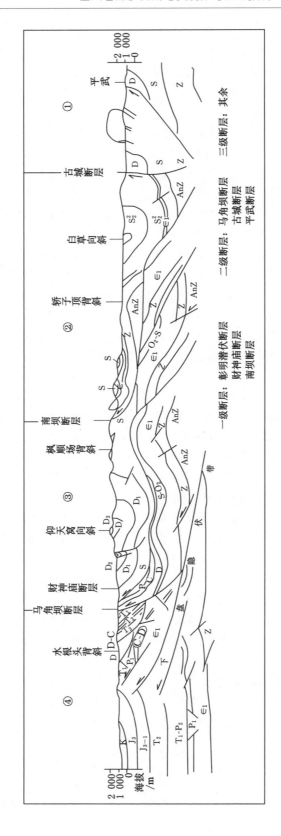

图2-3 龙门山区L55测线地震、地质综合解释剖面

雁行排列,显反扭。万源-巫溪推覆体位于修齐-明月断裂与万源-关面-欧溪断裂之间,宽 20～30 km,由寒武系至三叠系组成。

万源-巫溪推覆体及其下伏原地系统,发育向南西凸出的线性弧形褶皱,走向断裂特别发育,构成统一的大巴山弧,区内总体构造线呈 65°～80°W 展布。褶皱多为不对称线性紧密褶皱,背斜南翼陡、北翼缓,轴部出露最老地层为上震旦统,轴面和断面倾向一致。褶皱强度由北向南逐渐减弱。上二叠统煤系地层分布在线性背斜及其两翼;上三叠统煤系地层分布在褶皱带南部边缘和万源附近的向斜区。褶皱和断裂对煤系改造、破坏较大。

(3) 康滇前陆逆冲带(I_{1-3})

该区位于扬子陆块的南缘,西以金河-箐河断裂带、东以小江断裂带为界,呈南北向展布。该带由以康定杂岩为代表的结晶基底及由会理群为代表的中、晚元古代褶皱基底组成的双重基底,分布于该带的中心地带。由沉积岩组成的盖层分布于隆起带两翼,且层序多不完整,岩浆活动期次多、规模较大。该带可划分为两个 VI 级构造单元,西部康滇基底断隆带(I_{1-3-2})由带状分布的太古代-中生代早期变质岩浆杂岩构成地垒式隆起带,其中以前晋宁期花岗质岩石及澄江期火山岩和岩浆岩分布最广,构造线方向近南北向,其延展方向受南北向断裂带所控制。早期火山岩可能具有弧盆系的特征,二叠纪发展成为上叠裂谷;东侧峨眉-昭觉走滑逆冲带(I_{1-3-1})为古生代末形成的新生断陷盆地,沉降幅度北部大于南部,以堆积巨厚的中、新生代红色陆屑建造为特征;构造线近南北向,被则木河等断裂带呈北西-南东向切割为南(江舟)、北(米市)两个宽缓的复式向斜构造。

(4) 四川前陆盆地(I_{1-4})

该区位于扬子克拉通西缘,为印支期末在西部龙门山前陆推覆、逆冲作用及构造加积负载作用下形成的前陆断陷盆地。以堆积了巨厚的中、新生代陆相红色碎屑岩、蒸发岩及山前磨拉石建造为特征,第四系松散堆积物尤为发育。褶皱及断裂呈北东-南西向展布,与龙门山断裂带平行,可分为 7 个次级单元:

① 川西山前坳陷盆地(I_{1-4-1}):为印支期末在西部龙门山前陆推覆、逆冲作用及构造加积负载作用下形成的前陆断陷盆地。以堆积了巨厚的中、新生代陆相红色碎屑岩、蒸发岩及山前磨拉石建造为特征,第四系松散堆积物尤为发育。褶皱及断裂成北东-南西向展布。

② 龙泉山前缘隆起带(I_{1-4-2}):印支期末开始发育,为由陆相中生界红色碎屑岩建造组成的箱状复式背斜构造,构造线方向呈北东-南西向,西侧龙泉山断裂带地表出露断续,为一发育于中生界的犁状滑脱面。

③ 川中陆内坳陷盆地(I_{1-4-3}):基底未出露,盖层发育基本完整,陆相中生界尤为发育,褶皱多为穹窿、短轴背斜及鼻状构造组成的宽缓构造。深部由多个隐伏滑脱面组成叠加构造,该带威远、龙女寺等地基底长期处于隆起状态,可能代表上扬子古陆核的一部分,华力西期末坳陷幅度逐步增大,并形成相对的坳陷盆地。

④ 峨眉山断块(I_{1-4-4}):北部及西部边界均由断裂带所控制,区内元古代褶皱基底裸露,澄江期火山岩及岩浆岩发育,二者为角度不整合,盖层薄而发育不完整,华力西期末大陆拉斑玄武岩喷发强烈,印支期沉降幅度较小,北部大于南部,峨眉山一带逆冲推覆构造发育。

⑤ 华蓥山滑脱褶皱带(I_{1-4-5}):由一系列呈北东-南西向平行分布的隔挡式褶皱组成,背斜狭长紧密,向斜宽缓,深部具有一系列逆冲滑脱构造,断层走向与区域构造线方向一致,普

遍东倾并向西逆冲,组成叠瓦状构造(图2-4)。该带包括四川盆地东部和南部,西界为华蓥山背斜,南西延至宜宾,东界、北界和南界均为四川盆地边界。带中局部构造初始形成于燕山晚期,喜马拉雅早期也有形成,但分布广泛的主要背斜定型于喜马拉雅中期。受太平洋板块向北西推挤的应力作用下,又受川中硬块所阻挡,在该带沉积盖层中多个脆、塑性岩层间互条件下发育了多个滑脱层,形成了成排的、褶皱强烈的断弯褶皱及地表为隔挡式的褶皱,褶皱幅度高达 2 000～4 000 m。一般来说,本区背斜构造在剖面上存在三层式结构:上层是上三叠统须家河组及其以上的陆相地层组成的被动形变单元,断层不发育,基本上属于等厚褶曲形变;中层是下寒武统滑脱层以上的海相地层组成的主动形变单元,其中以下志留统滑脱层划分为中上层和中下层,层内台阶状逆断层发育,断层向上、向下消失于上下滑脱层中;下层是震旦系及其以下地层组成的稳定形变单元,几乎无褶皱迹象。背斜轴部晚二叠世煤层多被断层破坏(图2-5)。

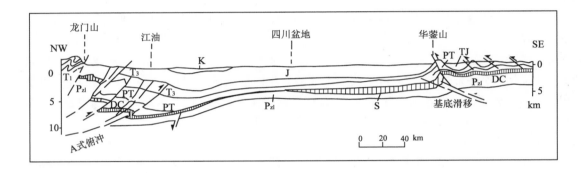

图 2-4　四川龙门山-华蓥山构造剖面图

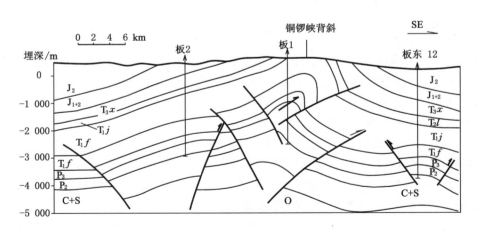

图 2-5　铜锣峡背斜板桥高点横剖面

(据四川石油管理局资料)

⑥ 筠连-叙永叠加褶皱带(I_{1-4-6}):位于小江断裂带以东,元古代褶皱基底及早震旦世火山岩建造分布于该带西部边缘,盖层发育较完整,中生代沉降幅度增大。该带西部凉山地区

构造线近南北向,压性断裂发育,背斜紧密而向斜开阔;东部构造线近东西向,以紧密线状褶皱为主,断裂不发育(图2-6、图2-7)。

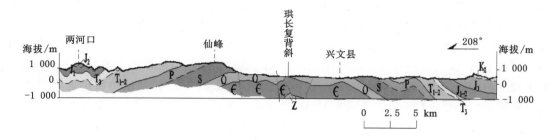

图2-6　芙蓉矿区地质剖面图

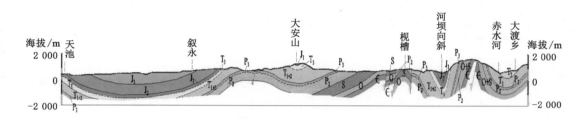

图2-7　古叙矿区地质剖面图

⑦威远隆起(I₁₋₄₋₇):地表以侏罗系红层为主,中心部位出露三叠系,构成一个隆起带,据钻井揭露资料,深部震旦系-三叠系地层厚超4 000 m。其东南部为资威穹窿,该穹窿基底埋深3.8~6.0 km,穹窿肥大,岩层产状平缓,穹顶出露最老地层为中、下三叠统。上三叠统煤系地层分布广,埋藏较浅。上二叠统煤系地层隐伏其下,是煤田地质的远景工作区。除铁山鼻状构造与穹窿背斜连接部位有区域性走向逆断层通过,次级横向断层亦较发育,对煤系、煤层破坏较大外,其余地段断层稀少,对煤系影响不大。

(5)盐源-丽江逆冲带(I₁₋₅)

该区位于小金河断裂带与金河-箐河断裂带之间,是上扬子古陆块西南边缘的坳陷,为一向南东凸出的弧形推覆构造,由巨厚的三叠纪沉积-蒸发岩系构成主体,东缘古生界成叠瓦状逆冲岩片,由西向东推覆叠置于康滇前陆隆起带之上。该带习称康滇古陆,上三叠统常超覆在老地层之上。裂陷带内发育一组自元古代末以来长期活动的深断裂系,在内部常生成分散断陷盆地。以上说明深断裂系既控制了上三叠统含煤盆地的生成、分布,又使含煤盆地遭受后期改造,使之内部构造复杂,煤层厚度受构造影响变化大,且遭到不同程度的剥蚀。由于各含煤盆地所处构造部位不同和距岩浆岩体的距离不一,造成该区煤类多样化。

2.2.1.2　巴颜喀拉地块(II₁)

该单元位于四川西北部,属古特提斯造山系东段的一部分,由近万米的巨厚三叠系复理石岩系组成,其西界及北界由甘孜-理塘及阿尼玛卿混杂岩带限定,东界为龙门山前陆逆冲带(I₁₋₁),该单元可进一步划分出两个III级构造单元,主体被北西-南东向的鲜水河平移剪切断裂截切并一分为二,北为可可西里-松潘前陆盆地(II₁₋₁),南为雅江残余盆地(II₁₋₂)。

（1）可可西里-松潘前陆盆地（Ⅱ_{1-1}）

该区为一建筑在扬子西缘裂谷基底及以西康群为代表的被动大陆边缘之上的造山带，具多层次收缩性滑脱构造组成的陆壳结构，并在与逆冲断裂的复合作用下，形成了多个近东西向并向南凸出的逆冲-滑脱叠置岩片。初步划分出 4 个Ⅳ级构造单元，阿坝地块（Ⅱ_{1-1-1}）为造山带中相对稳定的单元，岩浆活动及构造变形微弱，第四系堆积物发育，航磁及重力值均相对较高；松潘边缘海盆地（Ⅱ_{1-1-2}）是巴颜喀拉地块的主体，由巨厚的三叠系复理石组成；摩天岭地块（Ⅱ_{1-1-3}）以岷江逆冲平移断裂为界，与造山带主体分离，地块内由前震旦系蛇绿混杂堆积及后期稳定的海相沉积物组成，二者间由以糜棱岩为标志的韧性滑脱剪切带分隔；炉霍边缘海裂谷（Ⅱ_{1-1-4}）为分割松潘边缘海盆地和雅江残余盆地构造带，是一个由超基性岩、玄武岩和各种岩块组成的混杂岩带，具有不完全的裂谷特征。

（2）雅江残余盆地（Ⅱ_{1-2}）

该区位于鲜水河平移剪切断裂和甘孜-理塘蛇绿混杂带之间，由巨厚的晚三叠统复理石组成，为一套次稳定-活动型的海相碎屑岩建造，由巨厚的复理石沉积组成，在双向挤压和多期构造变形作用下，褶皱和断裂构造发育。

2.2.1.3　三江弧盆系（Ⅱ_2）

该带位于四川西部，夹持于羌塘-昌都地块与扬子克拉通两个稳定地块之间，四川省为其东部，由一系列平行的蛇绿岩带、火山岛弧带和微陆块组成的典型弧盆系，也是一套由北西转向南北向的弧形逆冲-滑脱体系，可划分为 4 个Ⅲ级构造单元：

（1）甘孜-理塘蛇绿混杂带（Ⅱ_{2-1}）

该区沿甘孜-理塘及马尼干戈-拉波断裂带分布，带内二叠纪、三叠纪镁铁质岩体成群出现，以碱性系列枕状玄武岩分布较广，并与深水浊积岩、放射虫硅质岩及构造成因的外来岩块相互混杂，组成较为典型的"三位一体"蛇绿岩套。

（2）义敦-沙鲁里岛弧（Ⅱ_{2-2}）

该区是夹于甘孜-理塘混杂岩带和金沙江结合带之间的岛弧造山带，火山-岩浆弧链在甘孜-理塘结合带西侧平行展布，纵贯南北，断续绵延逾 500 km。初步分成两个Ⅳ级构造单元，西部德格-乡城弧火山盆地带（Ⅱ_{2-2-1}）由二、三叠系巨厚火山-沉积岩系组成，钙碱性、基性-中酸性火山岩与沉积岩组成了近万米的沉积，出露地层以上三叠统为主，上二叠统、中三叠统及第三系零星分布。上三叠统为巨厚的非稳定型建造系列，下部为晚三叠世早、中期的钙碱性火山岩、碎屑岩、碳酸盐复理石建造组合，上部为晚三叠世中、晚期杂陆屑建造组合，以海陆交互相至陆相砂板岩为主，局部含煤系，第三系多沿北西向大断裂分布；东部沙鲁里山主弧深成岩基带（Ⅱ_{2-2-2}）内印支-燕山期和燕山晚期-喜马拉雅期的中酸性和酸性岩浆侵入活动十分强烈，形成以中酸性岩浆岩为主的巨型岩基，构造线方向近南北向，断裂发育。

（3）中咱-中甸地块（Ⅱ_{2-3}）

该区是由扬子大陆裂解出的微陆块，由南北向展布的浅变质古生代沉积岩系组成，出露地层可分为下部震旦系-下二叠统构造层、上部上二叠统-三叠系构造层。下构造层由礁碳酸盐建造组合、火山复陆屑建造组合构成，但岩相和厚度变化均较大。上构造层的下部主要为玄武岩、基性凝灰角砾岩和深色燧石条带灰岩，中部主要为板岩夹粉砂岩、碳酸盐岩，上部为火山复陆屑建造组合和复陆屑建造组合。

（4）金沙江蛇绿混杂带（Ⅱ_{2-4}）

该区于巴塘-得荣一线,沿金沙江断裂带呈近南北向展布。该带内蛇绿混杂岩主要由蛇纹石化超镁铁岩、超镁铁堆晶岩(辉石岩-纯橄榄岩)、辉长岩-辉绿岩墙群、洋脊型玄武岩及放射虫硅质岩组成,并与其他被肢解的泥盆纪、石炭纪、二叠纪、三叠纪等灰岩"块体"及其绿片岩"基质"组成蛇绿混杂岩带(结合带)。带内岩浆活动比较发育,属华力西晚期低压型热流动力变质作用和印支期动力变质作用类型,并构成华力西晚期双岩浆变质带。

2.2.1.4　东昆仑-秦岭弧盆系(Ⅲ₁)

南秦岭陆缘裂谷带(Ⅲ₁₋₁)位于四川省北缘,玛沁-略阳断裂带以北,全国总项目划分的秦岭弧盆系的南秦岭裂谷带(南部)和东昆仑弧盆系的玛多-玛沁增生楔(北部)在四川省内仅出露很少一部分,故合为一个Ⅱ级单元(东昆仑-秦岭弧盆系),Ⅲ级单元统称南秦岭陆缘裂谷带(Ⅲ₁₋₁),该带内发育东西向线形褶皱及断裂,由下古生界组成的沉积盖层厚度巨大,变质变形作用强烈。

2.2.2　构造演化及控制特征

四川省地质构造复杂,其演化经历了基底形成、扬子陆块形成和发展、扬子陆块裂解、俯冲碰撞和陆内造山等五个演化阶段(表 2-3)。在空间上,演化表现出东、西部的显著差异。

2.2.2.1　基底形成阶段

晋宁期及以前(可能包括中条期)形成扬子陆块结晶基底及褶皱基底两个构造层。结晶基底可能形成于太古代,在中元古代早期古大陆边缘形成一套基性-中酸性火山岩及类复理石碎屑岩、碳酸盐岩组合,可能属古大陆边缘或内部拉张裂陷产物,代表扬子陆块的褶皱基底。其中晚元古代晚期火山岩在龙门山-攀西带上广泛分布,构成了近南北向延长达千余千米的火山岩带,该带下部为玄武岩-安山岩-流纹岩组合,上部为英安岩-流纹岩-粗面岩(局部)组合,反映出了弧盆系的特点。

2.2.2.2　扬子陆块形成和发展阶段

晋宁期以后扬子陆块进入基本稳定的发展阶段,但区域上仍有不均匀的构造运动,可以分成若干构造旋回。澄江期扬子陆块基本形成,有大规模花岗岩浆侵入,主要发育于攀西地区北段,有岩基及岩株产出,在龙门山-米仓山一带也有花岗岩体侵入。加里东期主要为陆表海,川西高原金沙江地区有成带状分布的基性火山岩及火山碎屑岩,华力西早期的岩浆活动较为微弱。

2.2.2.3　扬子陆块裂解阶段

二叠纪-晚三叠世早期,强烈拉张导致陆壳破裂,幔源岩浆裂隙式喷发,形成大面积的二叠系陆相玄武岩(峨眉山玄武岩),代表进入陆缘裂陷-裂谷发展的高峰期。扬子陆块内部相对稳定,边缘发生强烈拉张,形成攀西裂谷;西部晚二叠世发生强烈拉张,发生广泛的海相玄武岩喷发及基性-超基性岩侵入,形成由金沙江洋、甘孜-理塘洋等分割微陆块和盆地的条块相间格局。川西高原地区岩浆活动尤为频繁和强烈,"沟-弧-盆"体系开始形成,以晚二叠世金沙江洋闭合为起点,开始进入俯冲碰撞时期。

2.2.2.4　俯冲碰撞阶段

晚二叠世以后,扬子地区开始进入盆地发展时期,晚二叠世-三叠纪为一个海侵、海退过程。晚三叠世发生大规模海退,形成滨湖或河流环境。大量碎屑物经由河流进入盆地,形成富含有机质的砂、砾、泥岩及含煤系建造(须家河组)。西部地区在二叠纪的裂谷引张运动之后,沉积了一套大陆边缘的浅海-半深海相碳酸盐-类复理石沉积,其西甘孜-理塘洋闭合形成义敦岛弧。

表 2-3　四川省大地构造演化史简表

地质时代			构造旋回及地壳运动	地史发展中的主要事件	
				西部	东部
新生代	第四纪	全新世	喜马拉雅旋回	断裂及地震活动推覆、走滑，高原面抬升及冰川盛行，有后构造期的酸性侵入活动，晚第三纪局部有火山活动	表层扭动、断裂及推覆，喜马拉雅运动Ⅰ、Ⅱ、Ⅲ幕均有，以差异性升降为主，Ⅰ幕褶皱明显，仅彭县有花岗岩
新生代	第四纪	更新世	喜马拉雅旋回 喜马拉雅Ⅲ 喜马拉雅Ⅱ 喜马拉雅Ⅰ（四川）		
新生代	新近纪				
新生代	古近纪				
中生代	白垩纪	晚世	燕山旋回 燕山Ⅰ	大面积隆起，后构造期酸性侵入活动发育	大型内陆盆地形成，燕山运动主要表现为升降，第Ⅰ幕有褶皱，仅冕宁有花岗岩
中生代	白垩纪	早世	燕山旋回		
中生代	侏罗纪		燕山旋回		
中生代	三叠纪	晚世	印支旋回 印支Ⅲ 印支Ⅱ 印支Ⅰ	印支运动Ⅲ幕是地史发展中最重要的事件，结束地槽发展阶段，区域动力变质及同构造中酸性侵入活动发育，多旋回裂谷作用发育完好	地壳上升，沉积中心向西迁移，海水退却，边缘有大陆裂谷玄武岩
中生代	三叠纪	中世	印支旋回		
中生代	三叠纪	早世	印支旋回		
古生代	二叠纪	晚世	华力西旋回 华力西(峨眉地裂)	华力西运动发生，在重要构造带有褶皱和热事件，区域热流动力变质，次稳定的陆缘海中有活动性大的裂陷带出现，海底火山活动发育	峨眉地裂运动表现为升降，早二叠世阳新海侵是四川省地史中第二次海侵，且影响地槽区，泥盆石炭纪基本上是一片隆起，边缘有陆表海，无岩浆活动发生
古生代	二叠纪	中世	华力西旋回		
古生代	二叠纪	早世	华力西旋回		
古生代	石炭纪	晚世	华力西旋回		
古生代	石炭纪	早世	华力西旋回 （柳江）		
古生代	泥盆纪		加里东旋回 加里东（广西）		
古生代	志留纪		加里东旋回	多为半稳定的陆缘海，金沙江带一直处于比较活跃的构造部位，灯影海侵曾及本区	多为稳定的陆表海，无岩浆活动发生，晚震旦世灯影海侵是四川省地史中最大海侵
古生代	奥陶纪		加里东旋回		
古生代	寒武纪		加里东旋回		
元古代	震旦纪	晚世	澄江旋回 澄江	晚期有冰碛砾石层分布，早期有火山碎屑岩沉积	晚期冰川盛行，早期有强烈火山活动
元古代	震旦纪	早世	澄江旋回 晋宁		
元古代	新元古代早期—中元古代		晋宁旋回 中条或吕梁	活动带及褶皱基底形成，晋宁运动是四川省地史发展中最重要的事件，形成统一的扬子地台基底	
元古代	古元古代		中条旋回	古陆核或结晶基底形成，中条或吕梁运动是本省最早的一次构造运动	

2.2.2.5　陆内造山阶段

侏罗纪-白垩纪时期,东部区结束了长期海相发展的历史,成为大型内陆盆地,在靠近康滇古陆和龙门山古陆的四川盆地西缘,印支末-燕山期的碰撞造山运动使龙门山古陆发生逆断推覆和快速隆升,形成了巨厚的山前磨拉石堆积,较远地区为河湖相沉积。构造上表现为逆断推覆形成的飞来峰构造,龙门山前地层系统形成一系列同斜或倒转褶皱,局部地区出现动热活动中心,形成穹状变质地带。西部发生强烈陆内碰撞,形成一系列同斜、倒转或平卧褶皱和逆冲或推覆断裂,伴有大规模岩浆活动,地壳增厚形成松潘-甘孜造山带。

四川地区晚二叠世含煤岩系沉积之后,主要经历了印支(Ⅰ、Ⅱ、Ⅲ幕)、燕山和喜马拉雅三期构造运动,而晚三叠世含煤岩系沉积在印支运动Ⅱ幕之后,经历了印支Ⅲ幕、燕山和喜马拉雅三期构造运动。多期构造运动的叠加形成的地质构造控制了煤层和瓦斯的分布特征。

（1）印支期（晚二叠世-三叠纪）

印支期是特提斯构造发展最活跃的时期。印支运动对四川地史的发展和演化有十分重要的影响,它从根本上促进了西部造山带和东部陆块的强烈分野。此期,四川东部陆块仍处于比较平静的构造环境之中。晚二叠世多海陆交替环境,沉积物主要为陆屑建造,除扬子陆块西部边缘有大陆裂谷型层状基性岩浆侵入和玄武岩浆喷发外,大部分地区未见岩浆岩。三叠纪时期,东部逐渐抬升,沉积区中心不断向西迁移,多为浅滨环境,沉积了稳定型蒸发岩和灰色复陆屑建造。晚二叠世以来裂陷作用频频发生,成为晚二叠世-三叠纪多期岩浆活动和沉积作用最活跃的场所,既有基性、超基性岩侵位,又有海底基性火山喷发,形成了巨厚的复理石建造及混杂或滑塌堆积。晚期,裂陷带则发展成为构造活动带和挤压带。裂陷带之间沉积了冒地槽复理石和远洋碳酸盐建造。三叠纪末的印支运动及与之相伴的同构造期中酸性岩浆侵入活动和区域动力变质作用,使西部造山带全部褶皱返回,结束裂陷发展历史。印支运动的重大作用还不止此,它还塑造了四川省现代地貌的雏形,结束了四川海相沉积历史。

① 上扬子古陆块

晚二叠世晚初海水退缩,古陆有所扩大。康滇古陆向南延至盐边及云南的华坪、宁南、巧家以西,往北可延至理县、松潘。块断运动导致岩浆活动十分发育。沿金河、菁河和小江断裂带,开始有大陆裂谷作用并有层状基性岩浆侵位和大规模的玄武岩浆喷发,最终有花岗岩浆侵入。晚二叠世初,本区地势总的是西高东低,海水由西向东退却,沉积区在北东方向上发生明显分异:小金河与峨边-宜宾断裂之间玄武岩层之上沉积陆相-沼泽相灰色复陆屑建造(宣威组);峨边-宜宾断裂与营山断裂之间沉积海陆交替相单陆屑含煤建造(龙潭组);营山断裂以北沉积物为滨海沼泽-浅海陆屑碳酸岩建造(吴家坪组)。早三叠世海侵加大,海水从东向西侵进。因康滇和龙门山有古陆和岛链,秦岭、大巴山东段晚古生代已上升为陆,东南存在江南古陆,故四川盆地当时实际上已成为一个半封闭状态的内海盆地,东与环太平洋海域仅保持有狭窄通道。海盆内海水总的是西浅东深,沉积物西粗东细,康滇古陆和龙门山岛链是主要物源区。由此向东,依次为三角洲→滨海→浅海环境,沉积红色复陆屑建造(飞仙关组、青天堡组)和异地碳酸盐建造、膏盐蒸发岩建造(大冶组、嘉陵江组)。在龙泉山及华蓥山间,形成半封闭状态的水下隆起。

中三叠世初,古地理景观和早三叠世相比较无大的变化,仅四川盆地周边古陆逐渐抬升,特别是江南古陆扩大,剥蚀强烈,成为主要物源区。地势总的为东高西低。在干旱条件下,东部为滨海-浅海碎屑岩、碳酸盐岩;龙泉山及华蓥山水下隆起进一步发展,海盆封闭条件更加完善,沉积大套咸化浅海膏盐型蒸发岩建造;龙门山沉积半咸化浅海白云岩。总体看来,中三叠世初的万源、广元及峨眉,雅安处在隆起边缘,有一潮上、潮间斜坡带;七曜山之东为潮间缓坡至滨岸海盆;七曜山与彭山、江油为潮上,潮间为萨布哈台坪;泸州为宽缓的水下隆起;盐源为潮间-潮上台坪环境,沉积砂泥质碎屑岩夹灰岩、生物碎屑灰岩。中三叠世晚期,印支运动使盆周隆起进一步加大,促使沉积盆地向西、向南迁移,海水逐步后退,四川盆地大部上升为陆,仅在龙门山前山和盐源接受泥岩、灰岩和白云质灰岩沉积(天井山组、白山组等)。中三叠世晚期,局部海侵打破了雷口坡期封闭、局限和咸化海特征,海盆逐渐淡化。此期沉积环境可划分为龙门山前潮下沉降灰坪、成都及盐亭潮间-潮下台坪和盐源及盐化海盆-低能海湾潮间环境。

晚三叠世时期,上扬子古陆块以川中古陆核为中心,受到来自特提斯洋关闭和陆内挤压产生的自西向东的压扭应力、来自太平洋板块向西俯冲产生的自南东向北西的压应力,以及来自秦岭的自北向南的压应力等三个方向地应力的作用,四川盆地地壳呈楔形嵌入龙门山地区,龙门山以西地壳沿壳内滑脱层向东滑移形成背驮式推覆构造山系(图2-8),由此负载压弯下伏陆壳层,形成推覆褶皱山系前缘的晚三叠世前陆盆地。

同时,不断隆升的推覆褶皱山系将四川盆地与龙门山西侧的甘孜阿坝弧后盆地逐步隔断,使海水从"四川盆地"西部退出。晚三叠世初是盆地发育的鼎盛时期,受其影响,"盆地"西部海侵,形成陆棚浅海相沉积,其后逐渐演变为海陆交替相至陆相沉积。在这一过程中,龙门山的褶皱、冲断推覆是控制前陆盆地形成发育变化的关键。龙门山的褶皱、冲断推覆是在受北西方向多期次的挤压应力或压扭应力作用下,陆壳内不断地被大量陆源碎屑物质所堆积,增加该处地壳的负载,又使该处继续下沉,于是沉积物又向东递进堆积,沉积盆地逐渐向东扩大。如此反复,形成了龙门山前缘坳陷深、向东超覆并变浅的"箕状沉积盆地"(图2-9),成为上叠于海相碳酸盐岩台地之上的前陆盆地,它是在多层次递进逆冲推覆过程中形成的。此类冲断推覆构造所组成的盆缘山系的一个明显特点是与山前坳陷相伴生,山岭的隆升幅度、速度与山前坳陷下降幅度、沉积物的堆积速度呈正相关关系。在盆地边缘形成坳陷的同时,山前坳陷、断陷盆地连成一体,沉积了本区仅次于晚二叠世的含煤建造。即晚三叠世早、中期,海侵仅波及龙泉山以西地区,沉积区主要有三处。其中,龙门山东缘广元-峨眉潮间泥坪和盐源潮间-潮下碳酸盐台坪,晚三叠世早期多潮下高能带环境,沉积物为碎屑岩及碳酸盐岩(垮洪洞组、舍木笼组)。中期为潮间或海陆交替环境,沉积物为粉砂及黏土等(小塘子组),沉积中心分别在大邑和大博两地,沉积物最大厚度可达1 200～1 400 m。另一个沉积区在攀枝花-西昌地区,多为山间及内陆断陷盆地环境,沉积物为湖沼相紫红色、灰绿色粗碎屑岩、含石膏砂泥岩(丙南组)及砂泥岩夹煤层,含海相化石夹层(大荞地组、白果湾组一段)。晚三叠世晚期,大规模海退发生,形成巨大的微咸水-半咸水湖泊,大量碎屑物经由河流进入湖盆,形成富含有机物的沉积物(须家河组)。盆地西北和东北边缘多为滨湖和河流环境,沉积物为滨湖及河流相含煤砂、砾及泥岩类,其沉积中心仍在大邑附近,沉积物最大厚度达2 000 m。此期川东南的沉积物为盆缘滨湖碎屑岩夹煤层。西昌、攀枝花及盐源地区为滨岸三角洲、山麓及沼泽环境,沉积砂、砾、泥质物及煤(宝鼎组、东瓜岭组及白果湾组的二、三段)。

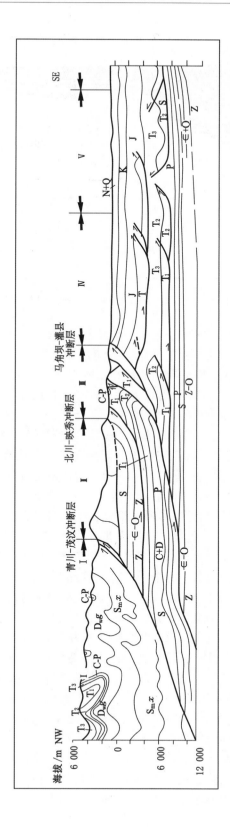

图2-8　龙门山褶皱-冲断带横剖面图

Ⅰ—复理石冲断褶皱带；Ⅰ—基底冲断褶皱带；Ⅱ—叠瓦冲断系和飞来峰构造带；Ⅳ—平缓褶皱带；Ⅴ—三角构造带。

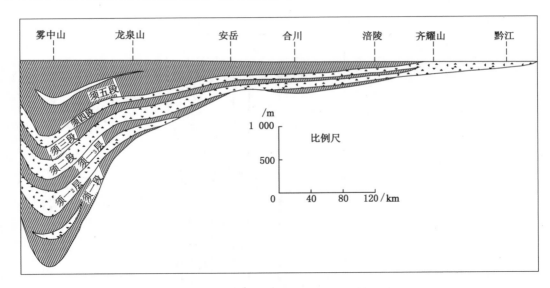

图 2-9　四川盆地上三叠统沉积构造剖面图

② 三江-巴颜喀拉-秦岭区

早二叠世及以老地层,由于受华力西运动影响变形、变质和聚合,形成半固结的基座。自晚二叠世起,本区构造发展和扬子区相比较完全是另外一派景象,突出表现是地形分化十分明显,出现了若干平行排列、成对出现、条块分割的裂陷和隆块。裂陷主要有金沙江带、甘孜-理塘带、炉霍带、阿尼玛卿带、岷江带等。至早、中三叠世,裂陷逐渐关闭,沉积和岩浆作用十分活跃,由下至上多发育有蛇绿岩、玄武岩、混杂岩和深海含放射虫硅质岩、厚砂岩和复理石建造系列。中三叠世晚期,则进一步发育成为陆内俯冲带。隆块是构造相对平静地区——深海平原。平原内由下而上的沉积多为浅海远洋碳酸盐建造(如下二叠统的卡翁沟组和赤丹潭组、下三叠统的茨岗组及洁地组、中三叠统的比友沟组等)和半深水冒地槽复理石建造(中、下三叠统的党恩组和列衣组以及中三叠统的杂谷脑组)。岩浆活动和裂陷带相比也相对微弱。全区中三叠世末有一次普遍的振荡运动,使不少地方中三叠世地层发育不全。晚三叠世,地形分异特点和早二叠世-中三叠世类同,即为相间排列的裂陷带和稳定隆块。其中,经中三叠世关闭了的金沙江裂陷带此期已成为隆起带;其余各裂陷带在晚三叠世早、中期又重新复活,尤以甘孜-理塘带活动最为明显,带内依次堆积蛇绿岩、玄武岩、混杂岩、含放射虫硅质岩和复理石建造。在隆块部位上,多沉积冒地槽型复理石建造或发育有火山弧。晚三叠世早、中期,以甘孜-理塘断裂带为界,东、西两侧的环境和沉积有明显的区别。断裂以西是沙鲁里(义敦)火山弧,沉积物为浅海碳酸盐岩和碎屑岩,且形成有大量基性、超基性和中酸性火山熔岩、火山碎屑岩(包括曲嘎寺组的苦橄岩-玄武岩组合、超基性-基性岩组合、图姆沟组和拉纳山组的中酸性火山熔岩-火山碎屑岩组合)。断裂以东为川西被动大陆边缘深海斜坡和浅海陆棚环境,沉积了浅海黏土、粉砂岩等复理石建造,时夹少量中酸性火山岩(侏倭组、新都桥组、雅江组)。

晚三叠世晚期,本区与东部扬子区同时上升,裂陷带又一次关闭,海水由东向西、从北向南退出。甘孜-理塘断裂以东地区,仅在甘肃叠部有山间小型断陷盆地,沉积物为含煤碎屑岩(八宝山组)。甘孜-理塘断裂以西,在稻城-乡城一带形成南北向的内陆湖盆,沉积物为厚度较大的湖泊相泥、砂质岩及煤(喇嘛垭组)。在该湖盆西侧,有与外海相通的滨海沼泽区,沉积物为含煤碎屑岩(夺盖拉组)。

晚三叠世末的印支运动使古特提斯海关闭,四川东部陆块全面整体上升,西部造山带的裂陷带因发生张裂挤压而封闭,裂陷间地层多褶皱变形和遭受区域动力变质,并有大规模的成带成片分布的同构造期岩浆活动发生,如雀儿山-贡巴拉花岗岩带、道孚地区的花岗岩片等。

印支运动使东部陆块区和西部造山带合而为一。由于主要受西部造山带褶皱回返、全面上升、物质向东迁移和太平洋板块向西俯冲的影响,在两构造区交接部位的龙门山-木里及华蓥山、龙泉山等带发生推覆和滑脱构造,造成西高东低的阶梯地貌景观。

(2)燕山期(侏罗纪-白垩纪)

该期总的特点:西部地区受印支运动影响普遍上升,几乎是一片剥蚀区,仅在局部出现早侏罗世的沉积;后构造期的岩浆侵入活跃,形成岩基状花岗岩。东部地区已结束长期发展的海侵历史,成为大型内陆盆地,其沉降带多在龙门山前山靠近古老隆起的边缘处,但沉降中心时有变迁;岩浆活动仅在边缘有微弱表现。

晚三叠世末至早侏罗世初,东部陆块由于龙门山-康滇古陆的存在,加之盆地周边山系上升,在西侧形成一个强烈的沉降带;四川盆地海水已全部退出,气候已转为炎热干旱,成为大型红色内陆盆地。早侏罗世时期,在龙门山、大巴山山前的江油-广元-南江-万源带,正处于温湿气候条件下的冲积扇-湖滨沼泽-浅湖环境,沉积物下部多砾岩,上部多泥页岩夹煤、菱铁矿,顶部为灰绿、紫红色砂泥岩夹介壳灰岩(白田坝组)。向南过盐亭-蓬安-大竹一线后,即过渡为温湿、干旱的大型湖泊环境。中侏罗世初时期,四川东部湖盆基底普遍抬升,有一次明显的水退过程,使湖底一度普遍露出水面、遭受侵蚀,就地堆积了砾岩、含砾砂岩。随后,湖盆相对下降,广大地区处于浅湖-滨湖或滨湖沼泽环境,沉积物为灰绿、紫红色石英砂岩、泥岩及深灰色砂页岩夹介壳灰岩。新田沟期晚期,沉积环境向河流过渡,出现成熟度低的紫红色砂泥岩和砂岩。新田沟期末,燕山运动波及本区,盆地西及西南部强烈隆升,新田沟组几乎被剥蚀殆尽。沙溪庙期,沉积环境发生明显变化,且四川东部湖盆和攀西湖盆古地理分异明显。四川东部湖盆气候干旱,多为河流-洪泛盆地环境,沉积物主要为一套巨厚的、多韵律的、成熟度很低的红色碎屑岩,时见泥岩和薄层石膏夹层。攀西湖盆环境相对稳定,多为湖泊环境,沉积物为深灰、灰绿色及暗紫色泥页岩夹泥灰岩和粗砂岩。晚侏罗世初,四川东部湖盆和攀西湖盆都处于相对宁静的构造环境之中,属干旱条件下的浅湖环境,广泛沉积了鲜红色的泥灰岩夹薄层粉砂岩,含钙质结核及石膏薄层。龙门山-大巴山和大雪山的前缘地带是主要物源区,在其边缘沉积了粗碎屑岩并含砾石。晚期,四川东部湖盆和攀西湖盆差异显著。龙门山山前地带活动强烈,快速形成了厚1 200～1 800 m的冲积扇相堆积。大巴山山前沉积物厚度也很大。湖盆的中部和东南部为典型河流-洪泛盆地,沉积了多韵律的砂泥岩。西南部地处洪泛盆地的中心,有一次间歇性湖泊环境,沉积灰、灰绿、紫灰色页岩夹泥灰岩、碳质页岩和煤。攀西湖盆为浅湖环境,主要沉积物为单一的紫红色、灰色泥岩夹泥灰岩,物源区在大雪山前缘。白垩纪的古地理承接侏罗纪发展。西部地区仍为一片隆起剥蚀区。东部在晚侏罗世蓬莱镇期后表现为大面积上升,沉积盆地向西大为收缩。早白垩世早期,盆地在南江-北川-天全-攀枝花-会东-乐山-达县间。在盆地西北部的剑阁-天全一线多洪冲积扇群,堆积红色砂、砾粗碎屑岩,物源区在西侧松潘、甘孜山地。向南东,在巴中-梓潼-成都-西昌一带均为河湖环境,沉积物为红色砂、泥细碎屑岩及泥质岩夹少量砂砾粗碎屑岩。早白垩世晚期,由于地壳不均衡升降,普遍有一次短暂的剥蚀作用。后由于洪泛古地理面貌发生较大变化,沉积区由北向南东方向转移。灌县和芦山多冲积扇群,沉积了巨块状的红色砂砾岩。冲积扇群东缘的成都-雅安-西昌-会理地带为河湖环境,沉积物为红色砂、泥岩夹砂砾岩,局部含铜。再向东南,在乐山-宜宾地区多为干旱气候条件下的风成沙漠和间歇河流环境,沉积物为红色砂、砾、泥岩等。早白垩世末,燕山运动第Ⅰ幕发生,使下白垩统及以老地层发生轻微褶皱。气候持续干旱,沉积盆地向内陆咸化湖盆发展,但盆地范围无大变化。晚白垩世,以灌县、芦山、天全为中心多发育冲积扇群,堆积红色砂、砾粗碎屑岩;在彭县-大邑-芦山一线以东的成都-雅安-西昌-会理地区多为干旱气候条件下的咸湖环境,沉积物为红色砂、泥岩夹碳酸盐岩及蒸发岩。再向东,乐山-宜宾地区为河湖环境,沉积了红色砂泥岩。

(3)喜马拉雅期(古近纪以后)

新近纪,现代地貌、构造意义上的"四川盆地"才真正开始形成,西部高原也逐渐隆升。从气候、沉积建造、生物和地理环境诸方面看,四川的新近纪和第四纪地质有明显的继承性和过渡性,而同古近纪地质有显著的差异,古近纪与晚白垩世地质有密切的联系。

① 古近纪、新近纪

a. 上扬子古陆块区

古新世时盆地范围大为缩小,仅限于芦山、名山、天全、宜宾、会理等处。各盆地受当地气候和环境的影响,沉积差异甚大。芦山、名山盆地为咸湖,沉积了红色泥岩,含石膏和钙芒硝,夹有泥质碳酸盐岩。芦山和天全以西的盆地,由洪积砂砾粗碎屑岩组成。宜宾盆地的沉积物为风成砂岩。会理盆地为河流-滨湖及浅湖环境,沉积了红色砂砾粗碎屑岩及砂泥细碎屑岩。早、中始新世均为湖泊环境,沉积物为红色砂泥细碎屑岩及少量泥质碳酸盐岩。中始新世后,四川运动发生,地壳上升。故晚始新世-渐新世时期,本区基本是隆起区,仅在盐源山间盆地沉积有河湖及山麓相以粗碎屑岩为主的紫红色巨砾岩、砾岩、砂岩,时夹泥岩等。中新世起气候转为湿润,沉积区略有变迁。峨眉凉水井为湖沼环境,沉积了灰色含煤砂砾粗碎屑岩。灌县、大邑、名山为河流环境,沉积物为灰色砂泥砾碎屑岩。上新世气候变得温暖潮湿,植物繁盛,为成煤有利时期。盐源、会理、荥经、什邡等地均有湖沼,沉积了含煤碎屑岩。

b. 三江-巴颜喀拉-秦岭区

古新世、中始新世和晚白垩世一样是一片隆起剥蚀区,也是东部芦山、名山、天全等沉积区的物源区,故缺失该期沉积。四川运动在本区主要表现为北北西向的老断裂复活,这为之后的沉积创造了场所。晚始新世、渐新世,松潘、甘孜、理塘等广大地区内,沿前述断裂或断裂带形成一系列断陷盆地,堆积了河湖相及山麓相为主的红色磨拉石建造,局部有少量泥质碳酸盐类沉积。中新世时,该区基本是一片隆起剥蚀区,未接受沉积。上新世地壳相对下降,由于气候温暖、潮湿、植物繁盛,在松潘、甘孜和理塘等地均出现湖沼环境,沉积了含煤油页岩、碎屑岩,昌台等地见有基性火山喷发。上新世末,青藏高原强烈活动促使该区高原面进一步隆升。这种构造运动还引起了表层物质向东运移,产生一系列北西西向的走滑断裂,其中有些断裂规模巨大(如竹庆-马尼干戈-甘孜及理塘断裂等),使前期形成的地层和岩体明显左行滑移;在川西高原前缘的龙门山-木里、大雪山-攀西地区的构造结合部位,形成一系列逆掩推覆构造和飞来峰群。另一方面,由于河流下切形成了现今川西名山大川的雏形。

②第四纪

早更新世末,喜马拉雅运动第Ⅱ幕使青藏高原进一步隆起,西部高原和东部盆地的自然地理概貌已初步形成。在早更新世及稍后,发生了新生代以来的第一次冰川作用,即"一把伞冰期"冰川作用。此期,成都平原雏形已经形成。中更新世,受喜马拉雅运动第Ⅲ幕的影响,高原继续隆升,雪线下降,发生第二次冰川作用。这一时期,四川盆地内的成都、峨眉和西昌一带强烈下降,龙泉山以东的丘陵区则缓慢上升,形成河流冲积砂砾层。晚更新世早期,成都平原仍持续下降,形成流水堆积和风成的含钙质结核的成都黏土等。全新世时,本区又经历了数次冷、暖更替的过程,明显的冰期在全新世中期,即雀儿山-纸格达小冰期。在甘孜新路海可见此期终碛物。全新世的川西高原已处于干旱环境,东部是一派温凉湿润的气色。至此,四川现今的地势、地貌景观已经形成。

2.3　四川省瓦斯赋存构造逐级控制及分区分带

2.3.1　瓦斯分布特征

2.3.1.1　煤矿瓦斯分布特征

全省共有各类矿井约1 300对(2009年),由于矿井整合、技改与一些新设矿井的开工建设,四川省的生产矿井对数目前正处于一个较大的动态变化过程中。根据全省瓦斯地质编图成果(2009年),共统计各类矿井1 285对,其中国有煤矿39对(含基建矿井9对),地方小煤矿1 246对,全省共统计有煤与瓦斯突出矿井84对、高瓦斯矿井358对、低瓦斯矿井783对;共统计有发生煤与瓦斯突出事故1 081次,主要发生在开发程度较高的芙蓉矿区和华蓥山矿区,开发程度较低的筠连矿区和古叙矿区地方小煤矿有煤与瓦斯突出事故发生,晚三叠世煤层中宝鼎矿区有瓦斯动力现象,龙门山推覆构造带内有煤与瓦斯突出事故发生;最大突出强度3 100 t,发生在芙蓉矿区红卫煤矿;最小始突深度103 m,发生在芙蓉矿区玉竹山煤矿。全省煤矿瓦斯分布特征见表2-4～表2-6。

2.3.1.2　四川省不同含煤地层的煤层瓦斯分布特征

(1)晚二叠世煤层瓦斯分布特征

四川省开采晚二叠世煤层的矿区主要分布在川南煤田和华蓥山煤田,主要矿区有芙蓉矿区、华蓥山矿区、筠连矿区、古叙矿区等,以薄至中厚煤层为主,煤的赋存条件较好,煤的变质程度高,为无烟煤和高变质烟煤,生气能力较强,煤层瓦斯含量高,顶底板封闭条件好,瓦斯灾害严重。晚二叠世煤层瓦斯含量普遍较高,根据目前瓦斯含量测试资料,煤层瓦斯含量平均都大于8 m³/t。

从晚二叠世煤层煤的变质程度来看,川南煤田的芙蓉矿区、古叙矿区、筠连矿区主要为无烟煤,华蓥山矿区一般为焦煤与贫煤,川南煤田煤的变质程度明显高于华蓥山矿区。煤的变质程度越高,煤化过程中生成的瓦斯量也就越高。苏联学者乌斯别斯基通过地球化学与煤化作用过程反应物与生成物平衡原理,计算出了各煤化阶段的煤所生成的甲烷量,可以认为煤变质到贫煤阶段吨煤大约能产生瓦斯339 m³,而煤变质到无烟煤阶段吨煤大约能产生瓦斯419 m³。对比川南煤田和华蓥山矿区晚二叠世煤层变质情况,说明川南煤田煤化过程中生成的瓦斯比华蓥山矿区至少高40 m³/t。从煤对瓦斯的吸附能力角度来分析,川南煤

表 2-4 四川省煤矿瓦斯地质资料汇总表

矿井总数（国有重点/地方）	突出矿井对数	高瓦斯矿井对数	低瓦斯矿井对数	煤与瓦斯突出总次数	最大瓦斯突出强度/(t/次、m³/次)（所属矿井）		最小始突深度（所属矿井）		最大瓦斯压力/MPa（所属矿井）	最大瓦斯含量/(m³/t)（所属矿井）	矿井瓦斯涌出量最大值/(m³/min)（所属矿井）	2 000 m以浅煤层气资源总量/(10⁸ m³)	2 000 m以浅煤炭资源总量/(10⁸ t)
					标高/m	埋深/m	标高/m	埋深/m					
39/1 246	84	358	783	1 081	3 100、252 100（红卫煤矿） ±0	400	103（王竹山煤矿） 103	103	5.88（李子垭北矿）	36.69（芙蓉矿区 白皎井田）	99.18（芙蓉矿区 杉木树煤井）	6 718	257

表 2-5 四川省主要煤矿区瓦斯特征表

煤田	代表矿井（煤层）	400 m埋深瓦斯含量/(m³/t)	含量梯度/[m³/(t·100 m)]	瓦斯含量8 m³/t对应埋深/m	瓦斯压力0.74 MPa对应埋深/m	压力梯度/(MPa/100 m)	瓦斯等级
乐威煤田	滴水岩煤矿（K₁₀d）	15.30	4.03	218	283	0.30	高瓦斯
	汪洋煤矿（K₇）	16.99	4.54	202	195	0.82	高瓦斯
华蓥山煤田	柏林煤矿（K₂₄）	1.39	2.53	661	/	/	高瓦斯
	李子垭北井（K₁）	12.89	4.05	280	/	/	突出
川南煤田	白皎煤矿（B₄）	16.26	4.05	196	201	0.49	高瓦斯
	叙永煤矿 C₁₉	14.31	4.46	259	/	/	高瓦斯
	叙永煤矿 C₂₄	6.71	1.71	469	/	/	
广旺煤田	赵家坝煤矿（12）	7.20	1.92	441	/	/	高瓦斯
	喻家煽井（Y₂）	2.00	2.37	694	752	0.2	
雅荥煤田	斑鸠煤矿（五连炭）	7.29	1.36	452	/	/	高瓦斯
攀枝花煤田	花山煤矿（23）	4.61	1.42	638	/	/	低瓦斯
	太平煤矿（21-2）	5.13	1.87	555	/	/	低瓦斯
盐源煤田	干塘煤矿（C₈）	3.00	2.00	650	/	/	低瓦斯

表 2-6　四川省矿区瓦斯地质资料统计表

矿区名称	矿井总数（国有重点/地方）	突出矿井对数	高瓦斯矿井对数	低瓦斯矿井对数	突出总次数	最大突出强度(t/次)/(m³/次) 标高(m)/埋深(m)	始突深度/m	最大瓦斯压力/MPa 标高(m)/埋深(m)	最大瓦斯含量(m³/t) 标高(m)/埋深(m)	矿井最大瓦斯涌出量 绝对量(m³/min)/相对量(m³/t)
芙蓉矿区	5/100	46	47	12	592	3 100/252 100 / 0/400	103	3.98 / +322/629	36.69 / +65/748	99.18/76.29
筠连矿区	7/74	6	54	21	4	200 t / +450/240	240	5.07 / +461/634	28.28 / +101/534	55.03/68.55
华蓥山矿区	5/85	13	31	1	437	1 000 t/13 000 m³ / +850/250	150	5.88 / +601/547	18.46 / +351/505	36.80/69.81
古叙矿区	6/60	7	59	0	30	300 t / +650/190	160	3.3 / —/—	30.84 / +731/647	16.14/61.71
达竹矿区	6/170	0	5	171	0	—	—	1.32 / +68/229	7.04 / -200/601	14.50/21.50
广旺矿区	4/114	0	6	112	0	—	—	2.5 / +150/510	16.95 / -433/985	19.90/34.20
犍乐矿区	1/148	7	54	88	2	300	—	4.27 / +611/500	15.06 / -142/553	19.50/66.80
资威矿区	1/116	0	34	73	—	—	—	4.80 / -5/471	21.70 / +590/590	24.60/93.90
雅安矿区	0/121	1	27	84	0	—	—	1.18 / +1 325/280	14.90 / +1 025/550	16.14/61.71
宝鼎矿区	4/52	1	1	54	16	250 t / +1 100/340	192	1.1 / +1 049/—	23.35 / +595/816	13.03/20.28
红泥矿区	0/29	0	13	16	—	—	—	1.33 / +1 320/210	7.42 / +1 600/194	5.653/21.88

田各矿区平均最大理论吸附量在 $32.84\sim38.59$ m^3/t 之间,华蓥山矿区平均最大理论吸附量为 21.93 m^3/t,川南煤田各矿区平均最大理论吸附量远大于华蓥山矿区。

根据煤矿区内测定的瓦斯参数来看,煤层露头附近存在瓦斯风氧化带,但瓦斯风氧化带的下界深度不同,一般在 $70\sim180$ m,芙蓉矿区部分井田内瓦斯风氧化带的下界最浅为 70 m,华蓥山矿区最深可达 180 m,由于各矿区构造对煤层赋存的影响,矿区内不同区域瓦斯风氧化带的下界深度差异也较大。

根据目前矿区范围内测定的瓦斯参数,矿井生产与勘查中测定的瓦斯含量中甲烷成分基本上都高于 80%,均处于瓦斯带内,仅个别地方煤矿由于开采煤层露头附近区域,测试的瓦斯含量相对较低。芙蓉矿区在煤矿生产期间井下实测瓦斯含量为 $3\sim22.23$ m^3/t,测定的原煤最高瓦斯含量为 36.69 m^3/t(埋深 748 m);筠连矿区地勘期间测定的最高瓦斯含量为 28.28 m^3/t;古叙矿区地勘期间测定的最高瓦斯含量为 30.84 m^3/t;华蓥山矿区地勘期间测定的最高瓦斯含量为 18.46 m^3/t。四川省晚二叠世煤层瓦斯分布特征见表 2-7。

表 2-7   四川省晚二叠世煤层瓦斯分布特征

矿区名称	平均最大理论吸附量/(m^3/t)	测定最大瓦斯含量/(m^3/t)	瓦斯风氧化带下界深度/m	始突深度/m
芙蓉矿区	/	36.69	$70\sim130$	103
筠连矿区	38.59	28.28	$100\sim150$	240
古叙矿区	34.85	30.84	$90\sim150$	160
华蓥山矿区	21.93	18.46	$100\sim180$	150

从始突深度来看,晚二叠世煤层的始突深度约为 $103\sim240$ m,芙蓉矿区最浅为 103 m,筠连矿区目前确定的始突深度为 240 m,但由于筠连矿区和古叙矿区开发程度较低,根据突出事故资料来确定的矿区始突深度与实际情况有一定的差异,在以后的煤矿生产与建设过程中不宜把表 2-7 的参数作为矿区内矿井的始突深度,应根据矿井实际情况及煤与瓦斯突出鉴定结果对矿井进行防突管理。

开采晚二叠世煤层的矿井大部分是高瓦斯矿井或煤与瓦斯突出矿井,统计四川省 4 个开采晚二叠世煤层矿区内矿井瓦斯等级,共 297 对,其中高、突矿井占开采晚二叠世煤层矿井的 88.6%(表 2-8)。

表 2-8   开采晚二叠世煤层矿井瓦斯等级统计表

矿区名称	矿井总对数	突出矿井对数	高瓦斯矿井对数	低瓦斯矿井对数
芙蓉矿区	105	46	47	12
筠连矿区	81	6	54	21
古叙矿区	66	7	59	0
华蓥山矿区	45	13	31	1
共计	297	72	191	34

四川省突出矿井的分区性是比较明显的,突出矿井主要集中在川南和川东地区的晚二叠世煤层。据统计,全省 84 对突出矿井,晚二叠世煤层就有 72 对,占突出矿井总数的 85.7%;川南煤田 59 对突出矿井,占突出矿井总数的 70.0%;华蓥山煤田 13 对突出矿井,占总数的 14.3%。根据目前开采矿井的资料,突出频率最高、程度最严重是芙蓉矿区,其次为华蓥山矿区,这两个矿区煤与瓦斯突出总次数高达近千次,矿区内构造煤普遍发育,突出的次数和强度随着煤层厚度特别是构造煤分层厚度的增加而增加,突出最严重的煤层往往是矿区内最厚的主采煤层。例如,芙蓉矿区多发生在主采煤层 2、3、4 煤层中,构造煤受层滑构造控制,构造煤厚度变化较大,薄则几厘米,厚则全层发育;古叙矿区多发生在主采煤层 C_{11} 和 C_{19} 煤层中;华蓥山矿区多发生在主采煤层 K_1 煤层中,构造煤厚度 0～1.3 m;筠连矿区多发生在主采煤层 8 煤层中。

综上所述,四川省开采晚二叠世煤层的矿区中,川南煤田煤变质程度较高,瓦斯含量高;华蓥山矿区煤层倾角最大,筠连矿区煤层倾角相对较缓。川南煤田瓦斯赋存条件最好,瓦斯含量较大,华蓥山矿区相对较低。根据煤体破坏类型测试资料,四川省晚二叠世煤层构造煤较发育,华蓥山矿区煤体破坏类型一般为Ⅲ～Ⅴ类,川南煤田煤体破坏类型一般为Ⅱ～Ⅳ类,华蓥山矿区煤的坚固性系数低于川南煤田,但川南煤田存在不同程度的层滑构造,在层滑构造附近构造煤的破坏类型和厚度变化较大,有利于煤与瓦斯突出事故的发生。

根据以上分析可以认为,四川省晚二叠世煤层瓦斯含量普遍较高,构造煤发育,属于高、突瓦斯带,并且在有的区域突出还特别严重,属于严重突出区,建议在以后煤矿生产与管理过程中,应加强煤与瓦斯突出的防治工作。在矿井建设特别是大型煤矿建设中,若没有极为充分的数据证明矿井煤层无突出危险性,建议均按照突出矿井的要求进行建设。

（2）晚三叠世煤层瓦斯分布特征

四川省开采晚三叠世煤层的区域分布较广,主要开采晚三叠世煤层的矿区（含煤区）有广旺矿区、达竹矿区、宝鼎矿区、资威矿区、永泸矿区、雅荣矿区、龙门山矿区、大巴山含煤区等,开采煤层以薄煤层为主且较为分散,煤变质程度相差较大,煤类较全,有气煤、肥煤、焦煤、瘦煤、贫煤和无烟煤,以烟煤为主。

华蓥山褶皱带开采晚三叠世煤层的矿井较多,在华蓥山褶皱带北部瓦斯含量较低,矿井瓦斯等级以低瓦斯为主,仅个别国有煤矿为高瓦斯矿井;在华蓥山褶皱带南部的永泸矿区瓦斯含量较高,尽管本区煤层较为分散,矿井开采规模较小,但仍以高瓦斯矿井居多。达竹矿区煤层瓦斯含量最大值为 7.04 m³/t(埋深 601 m),瓦斯风氧化带下界较深,深度最深可逾 400 m;而在永泸矿区泸县河沟煤矿埋深约 250 m 时测得瓦斯含量为 9.28 m³/t。资料显示,华蓥山褶皱带北部煤层瓦斯含量明显低于南部。

广旺矿区晚三叠世煤层瓦斯含量最大值为 16.95 m³/t,为地勘期间测定的瓦斯含量值,测点埋深为 985 m,随着矿区瓦斯地质图编制的进行,确定煤层瓦斯风氧化带下界为 150～360 m,矿区内未发生过煤与瓦斯突出事故,但在唐家河煤矿局部构造带发生有瓦斯异常现象。

乐威煤田开采晚三叠世煤层,资威矿区测得最高瓦斯含量为 21.70 m³/t,随着矿区瓦斯地质图编制的进行,确定煤层瓦斯风氧化带下界约为 110 m,井下实测瓦斯含量为 8.77 m³/t,压力值达 2.23 MPa(埋深 230 m),资威矿区内矿井最深开采深度约为 500 m。开采矿区内目前仅有威远煤矿为国有煤矿,但资源已枯竭,矿井瓦斯等级为高瓦斯和低瓦斯,高瓦斯矿井约占 30%,开采活动未见瓦斯动力现象和煤与瓦斯突出事故。犍乐矿区测得最高瓦斯含量为 15.08 m³/t,随着矿区瓦斯地质图编制的进行,确定煤层瓦斯风氧化带下界约为 100 m,井下实测瓦斯含量为 10.69 m³/t,压力值达 4.27 MPa(埋深 500 m)。开采矿区内目前仅有嘉阳煤矿为国有煤矿,矿井瓦斯等级以高瓦斯矿井为主,在矿区西部跨洪洞矿段和白石沟井田发生过煤与瓦斯突出事故,属于小型突出。

雅荥矿区和龙门山矿区同属龙门山含煤区,龙门山含煤区内煤层赋存条件较差,矿区内全部为地方煤矿,本区受龙门山逆冲推覆构造的影响,煤动力变质较为明显,局部区域有无烟煤分布。根据雅荥矿区内瓦斯地质资料,煤层瓦斯风氧化带下界最浅小于 100 m,荥经县富鑫煤矿在埋深 100 m 处测得瓦斯含量为 5.10 m³/t。龙门山含煤区内曾在多个点发生过多次煤与瓦斯突出事故,如红星煤矿就发生过多次煤与瓦斯突出事故,雅荥矿区亦有瓦斯动力现象。

攀枝花煤田内有宝鼎矿区和红坭矿区,宝鼎矿区地勘期间测定瓦斯含量最大值为 23.25 m³/t,测定点埋深为 816 m,随着矿区瓦斯地质图编制的进行,确定煤层瓦斯风氧化带下界为 150~200 m,矿区内桐麻湾煤矿(原为国有煤矿,现转为私有煤矿)发生过煤与瓦斯突出事故,重庆煤科院鉴定为地压引起的松散煤体垮落,开采的大荞地组深部煤层煤种为瘦煤和贫煤,宝鼎矿区在褶皱转折端发生过瓦斯异常现象。红坭矿区地质构造极为复杂,目前测定的瓦斯含量较低,但构造煤较发育,地质条件较复杂,开采条件差,全部为地方小煤矿,瓦斯等级为高瓦斯和低瓦斯,但管理部门要求矿区内部分矿井按照突出矿井管理。四川省晚三叠世煤层各矿区瓦斯分布特征见表 2-9。

表 2-9　四川省晚三叠世煤层瓦斯分布特征

矿区名称	平均最大理论吸附量/(m³/t)	测定最大瓦斯含量/(m³/t)	瓦斯风氧化带下界深度/m	突出情况
达竹矿区	—	7.04	150~420	无
南广矿区	20.72	9.28	—	无
广旺矿区	21.85	16.95	150~360	无
宝鼎矿区	21.61	23.25	150~200	有
资威矿区	20.07	21.71	约 110	无
犍乐矿区		15.08	约 100	有
雅荥矿区	—	14.90	约 190	有
红坭矿区	—	—	100~200	无
龙门山矿区	—	—		有

四川省晚三叠世煤层赋存条件普遍较差,一般含煤地层煤层较多,主要以薄煤层为主。开采晚三叠世煤层的矿井以小煤矿为主,不同区域瓦斯含量相差较大,但总体比晚二叠世煤层瓦斯含量低。开采浅部煤层的矿井瓦斯含量较低,瓦斯涌出量较小,以低瓦斯矿井为主,国有大中型煤矿瓦斯等级以高瓦斯为主。共统计 834 对开采晚三叠世煤层矿井瓦斯等级,其中突出矿井 9 对、高瓦斯矿井 164 对、低瓦斯矿井 661 对,低瓦斯矿井占开采晚三叠世煤层矿井的 79.3%(表 2-10)。

表 2-10　开采晚三叠世煤层矿井瓦斯等级统计表

矿区（含煤区）	矿井总对数	突出矿井对数	高瓦斯矿井对数	低瓦斯矿井对数
达竹	176	0	5	171
犍乐	149	7	54	88
资威	117	0	34	73
雅荥	121	1	27	84
永泸	40	0	23	17
广旺	90	0	6	84
大巴山	48	0	0	48
龙门山	21	—	—	—
宝鼎	56	1	1	54
红坭	29	0	13	16
红坭外围	6	0	1	5
盐源	21	0	0	21
合计	834	9	164	661

由表 2-10 可以看出，达竹、广旺、宝鼎、盐源、凉山和大巴山等 6 矿区（含煤区）以低瓦斯矿井为主，以上区域除了开采水平较深、开采强度较大的部分矿井为高瓦斯外，其余皆为低瓦斯矿井；犍乐、资威、永泸和雅荥矿区或因构造简单，地层平缓，褶皱幅度不大，断层稀少，对瓦斯赋存较为有利；或因受活动断裂带影响，煤变质程度较高，构造煤发育，应力集中，使得矿井以高瓦斯为主。集中在露头附近开采的矿井一般为低瓦斯，过了瓦斯风氧化带的矿井则瓦斯涌出量迅速增加，与其他几个开采深度相同的三叠系矿区相比，瓦斯涌出量相差悬殊，相当数量矿井表现为高瓦斯；而宝鼎、龙门山、雅荥等矿区在局部构造区域由于构造煤发育，有瓦斯动力现象甚至煤与瓦斯突出的现象，根据宝鼎矿区和红坭矿区的开采资料，矿井瓦斯涌出量一般比较低，但本区构造应力集中，特别是红坭矿区构造极为复杂，给瓦斯管理工作带来难度。在新建矿井中，可根据以上特征对矿井瓦斯等级进行初步确定，在宝鼎、龙门山、雅荥等矿区晚三叠世煤层建设大型煤矿时，矿井瓦斯等级至少应按照高瓦斯矿井设置，在揭露煤层后应当测定相关的瓦斯参数，准确地确定矿井瓦斯等级。

2.3.2　影响煤层瓦斯赋存的因素

2.3.2.1　地质构造对瓦斯赋存的影响

（1）褶皱构造

褶皱较为发育的川南煤田和华蓥山煤田，前者大地构造位置处于叙永-筠连叠加褶皱带，该带以东西向短轴复式褶皱为主，褶皱规模较大；后者位于华蓥山滑脱褶皱带，表现为背斜狭窄、向斜宽缓，横剖面显示为隔挡式构造。其中，华蓥山复式背斜是华蓥山滑脱褶皱带的主体构造之一，主要由龙王洞背斜、宝顶背斜、打锣湾背斜、李子垭向斜、天池向斜、田湾向斜及三百梯向斜等几个次级褶曲组成的不完整的复式背斜，南段较复杂，北段较简单。川南的叙永-筠连叠加褶皱带和华蓥山复式背斜是省内煤与瓦斯突出重灾区，分布有 72 对突出矿井，占突出矿井总数的 85.7％，突出次数达千次之多；褶皱对瓦斯的赋存起主体控制作用，褶皱的类型、封闭情况和复杂程度对瓦斯赋存均有影响。

川南煤田的芙蓉矿区主体构造为北西西向的珙长背斜,南翼岩层倾角小于 30°,北翼较大,局部可达 70°~80°,与此相应,位于北翼的杉木树和巡场矿井瓦斯突出相对较弱,而南翼的芙蓉、白皎和珙泉矿井瓦斯突出极为强烈,尤其是白皎煤矿为全国五大突出最严重的矿井之一。同样北东向褶皱则表现为背斜部位瓦斯含量大、突出严重,向斜部位突出威胁性小。比如同处于珙长背斜南翼的白皎和芙蓉矿井,由于白皎煤矿处于北东向的白皎背斜上,故突出更为严重,而芙蓉和珙泉矿井分别处于其两侧的向斜,突出相对较弱。在矿区范围内,自西向东由于北西-南东向最大主压应力场强度逐渐减弱,使北东向褶皱逐渐变得宽缓,对瓦斯封闭能力增强,因而突出危险性相对增大。

华蓥山煤田的华蓥山矿区受强烈构造作用应力集中,发生褶皱的岩层往往塑性较强、封闭性较好,有利于瓦斯的聚集和赋存。向斜构造比背斜构造更有利于瓦斯赋存,褶曲陡翼构造煤的发育程度比缓翼高,煤层破坏程度自东向西、自北向南有增强的趋势,煤与瓦斯突出总的分布规律也具有南强北弱、自东向西增强的特点。

褶皱轴部一般都为瓦斯良好的聚集地。当然,并不是所有的背向斜都有利于煤层瓦斯的保存,如筠连鲁班山背斜、筠连背斜轴部煤层埋深较浅或上覆岩层透气性较好,难以形成封闭瓦斯的有效盖层,瓦斯含量相对于附近地段则较低。

（2）层滑构造

纵弯褶皱引起的层间滑动在含煤地层中普遍存在,瓦斯赋存与突出严格地受层滑构造展布特征的制约,突出强度也取决于层滑构造的强度与规模。层滑引起的构造破坏、煤厚变化、煤体破碎、孔隙率增高、瓦斯富集、压力增大诸因素综合作用的结果。构造破坏是制约瓦斯赋存的重要因素,芙蓉矿区的瓦斯突出既与褶皱的叠加作用和煤层被揉皱强度有关,也与断层的破坏情况有关,特别是在层滑断层与中小断裂交汇处极易发生瓦斯突出。由于层滑作用煤层流变而增厚或减薄,瓦斯的富集与突出普遍发生在煤厚异常部位,尤其是厚薄过渡区,即煤厚变化率增大的区域,如珙泉井田 1413 滑动带内瓦斯动力现象突出前的煤厚变化率从 2.2% 突然变化到 7.2%,特别是煤与瓦斯突出点多处于由层滑引起的煤的构造煤分层急骤增厚区内(图 2-10)。

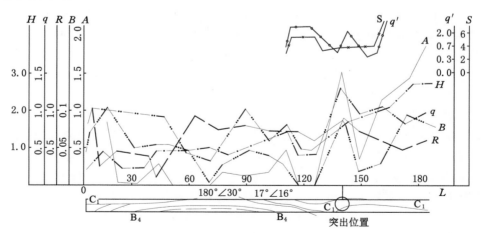

H—煤层厚度;q—绝对瓦斯涌出量;R—煤层揉皱系数;B—煤厚变化率;A—构造煤厚度。

图 2-10　珙泉井田 1413 滑动带各种实测参数变化曲线对比

层滑引起的煤体流动,使煤层整体或部分地揉皱、碎裂、破坏,形成碎裂煤、碎粒煤、糜棱煤等各种构造煤。巡场井田二水平 2111-1 工作面机巷 C_5 煤层煤体破坏严重,从顶到底分为原生结构煤、碎粒煤、碎裂煤、糜棱煤和原生结构煤等 5 个分层。该区煤层中部碎裂破坏严重的地区,钻孔的钻屑量和瓦斯放散的初速度都有所增大。煤层的破碎必然引起内部特征也发生变化,从而引起各种瓦斯参数的改变,通过对白皎煤矿 2092 滑动带内的瓦斯放散初速度、煤体坚固性系数、揉皱系数和综合指标测定,其特征极为明显,与正常区明显不同(图 2-11)。而相应地在 2092 滑动带(走向方向长 108 m,倾向方向长 200 m)内发生了 7 次瓦斯突出,最大突出强度为 230 t,最小为 21 t。

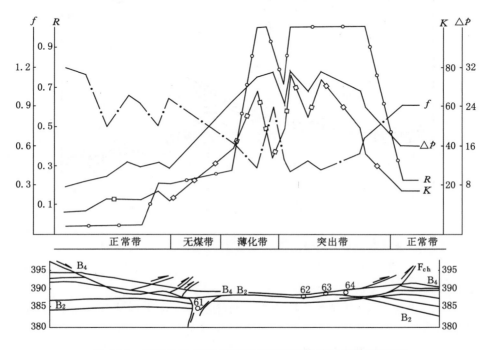

图 2-11　白皎井田 2092 滑动带实测瓦斯参数变化曲线对比

综上,层滑构造是形成构造煤的主要动力机制之一。在层滑构造作用下,煤层破坏,形成构造煤,煤强度降低,孔隙率增加,瓦斯压力升高,从而形成有利于瓦斯突出的地质条件。层滑构造在一定程度上控制着煤与瓦斯突出危险区、带的分布,是导致煤与瓦斯突出的重要控制因素之一。

(3) 断层构造

断层对瓦斯的控制,既表现在区域分布上,又反映在局部突出点上。不同级别、不同规模、不同性质的断层,对瓦斯赋存和突出有不同的影响方式。

通达地表的大型断层一般水平延伸远、断距大、破碎带较宽,无论是压性还是剪性均不同程度地破坏了瓦斯的封闭条件,对瓦斯赋存具有开放性,影响范围广,在其附近瓦斯含量相对较小。中小型断层以隐伏的方式为主,占断层总数的 90% 以上,一般延伸短、剖面切割能力弱,对瓦斯赋存具有封闭性,这些断层发育区瓦斯含量大、煤与瓦斯突出严重,尤以川南煤田最为典型。这些隐伏断层多为层滑构造的派生物,在断层附近的煤层和岩层受到不同程度的破坏,对煤层瓦斯的保存和运移起到了隔挡作用,造成瓦斯分布的不均衡性。在层间滑动上下两层煤之间,各煤层往往有其自身的断裂系统,与层滑构造单独配套。如上覆飞仙关组内发育的正断层(原多为张性),接近或进入煤系层滑构造带后消失殆尽,断层面(带)也变得紧闭,有利于瓦斯赋存,为煤与瓦斯突出的有利地带(图2-12)。

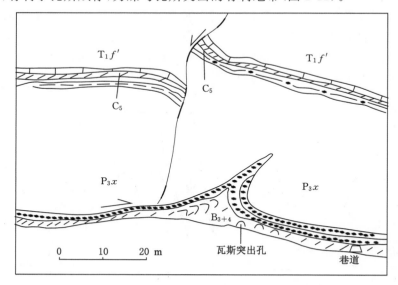

图2-12 芙蓉矿断层附近煤与瓦斯突出剖面图

在断层不同盘掘进巷道时,突出危险程度也有所不同,一般表现为逆断层上盘突出危险程度大于下盘,正断层下盘危险程度大于上盘,而且与断层规模、性质、产状等密切相关。

2.3.2.2 煤质对瓦斯赋存的影响

四川省煤类齐全,煤类跨度大。晚二叠系和晚三叠世煤类均从气煤至高变质无烟煤。晚二叠世煤的镜煤反射率为 $0.66\%\sim5.272\%$(如什邡太平井田),晚二叠世煤的镜煤反射率为 $0.71\%\sim5.0\%$(如天全昂州河煤矿)。

(1)晚三叠世煤类

四川省晚三叠世煤类分布如图2-13所示。气煤、肥煤主要分布在华蓥山滑脱皱褶带、威远隆起及龙门山推覆构造带,其中有两个高变质点,即天全县昂州煤矿的高变质无烟煤和龙门山前陆逆冲带西缘的什邡红星煤矿无烟煤3号(WY3)以及康滇前陆逆冲带东南部。

焦煤、瘦煤主要分布在叙永-筠连叠加皱褶带、盐源-丽江逆冲带(盐源盆地及川中陆内坳陷盆地)。

贫煤、无烟煤主要分布在米仓山基底逆冲带(广旺煤田)东部,峨眉山断块和康滇前陆逆冲带北部及其南部攀枝花断陷盆地(但该盆地南部的宝鼎矿区主要为焦煤)。

(2)晚二叠世煤类

四川省晚二叠世煤类分布如图2-14所示。气煤、肥煤主要分布在龙门山前陆逆冲带东部前山盖层逆冲带(其中安县太平为高变质无烟煤)及华蓥山滑脱皱褶带背斜构造高点区。

焦煤、瘦煤主要分布在华蓥山滑脱皱褶带和大巴山盖层逆冲带。贫煤、无烟煤主要分布在川南叙永-筠连叠加褶皱带和川中陆内坳陷盆地。

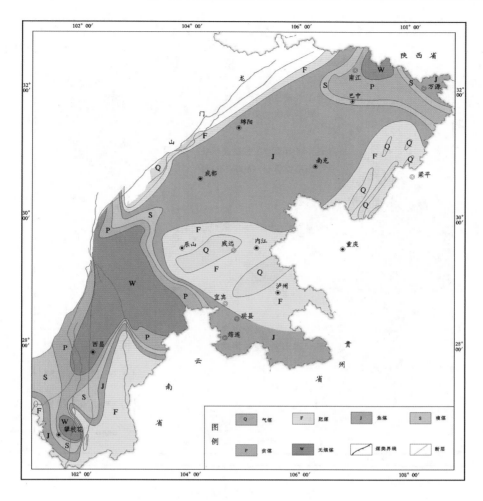

图 2-13　四川省晚三叠世煤类分布图

　　一般认为,温度、压力和作用持续时间是煤变质的主要因素,煤的变质作用有深成变质、接触变质、区域岩浆热变质和煤的动力变质等类型。煤的变质演化主要有两个阶段:即以深成变质作用为主的第一演化阶段,又称褶皱(造山)前变质作用,这个阶段煤级演化到气煤-肥煤阶段(有的仅为长焰煤),四川省龙门山前陆逆冲带的长焰煤、气煤,华蓥山滑脱褶皱带背斜高点的部分气煤亦可佐证;以多热源叠加变质为特征的第二演化阶段,又称褶皱(造山)后变质作用。依此,结合四川省煤类分布特征,认为省内高煤阶烟煤、无烟煤应是在喜马拉雅运动期多热源叠加变质的结果,其煤化作用高低与褶皱(造山)作用的强弱关系明显。如晚二叠世的煤在川南叙永-筠连叠加褶皱带,构造活动强烈、褶皱发育好、褶幅大,煤类为无烟煤(WY3);华蓥山滑脱褶皱带,构造作用相对较弱、褶幅较小,煤类以焦煤为主。又如攀枝花断陷盆地宝鼎矿区和红坭矿区的晚三叠世大养地组煤层,成煤环境及煤层发育基本相同,煤的变质演化程度均具有靠盆地边缘断裂附近(向斜东翼)高于西翼的特点,但两个矿区煤阶差别很大,宝鼎矿区为焦煤-瘦煤,红坭矿区为贫煤-无烟煤。两矿区隔(金沙)江相望,不同的仅是红坭矿区褶皱多(密集)而强烈。而分布在川中陆内坳陷盆地埋藏深度大的区

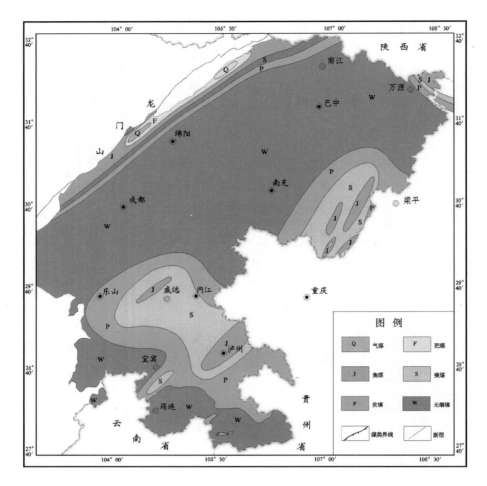

图 2-14 四川省晚二叠世煤类分布图

域,晚三叠世煤类为焦煤;晚二叠世煤煤类为无烟煤。它们均保持了深成变质的优势。有意思的是,靠近龙门山-小金河断裂带西缘(板缘断裂)200 m 左右的太平井田和昂州河的煤,均变质为高煤阶的无烟煤,700 m 左右的柴林井田(T_3)煤类为贫煤、无烟煤。应该说这三个点也是龙门山逆冲推覆构造带具有开发利用的三个高变质煤点,可能是与上述板缘断裂引起的煤的动力变质有关。然而,在远离板缘断裂 700～2 000 m 的推覆之内,包括早、晚二叠世(P_1 和 P_3)、晚三叠式(T_3)的煤均以低变质烟煤为主(CY、QM 和 FM),其煤阶提升甚微的情况就是我们所说的在滑脱褶皱带的背斜轴部、推覆构造的推覆体内,因应力释放改变了构造活动中煤层所受的应力状态、影响到煤化程度的递增所致。

煤是天然的吸附体,在其他条件相似时,煤的变质程度越高,其生气、储存瓦斯的能力越强,在其他条件相同时,煤的变质程度越高,煤的吸附能力就越大,煤层瓦斯含量一般也就越大。四川全省瓦斯含量参数与煤类分布情况的比对结果亦符合该规律,如川南叙永-筠连叠加褶皱带煤的变质程度高于华蓥山滑脱褶皱带,前者煤层瓦斯含量亦高于后者。

2.3.2.3　水文地质对瓦斯赋存的影响

四川盆地主要含煤地层龙潭组(吴家坪组)和须家河组(含小塘子组)的底板均为厚层石

灰岩或含膏盐层灰岩,而龙潭组顶板还有长兴组、玉龙山组厚层石灰岩。由于地下水活动的影响,这些可溶性碳酸盐岩的岩溶管道、洞室十分发育,经溶隙、溶洞、塌陷裂隙及陷落柱等通道直接与煤层沟通,使煤层中的瓦斯得以逸散、卸压,有利于瓦斯逸散。

(1)雷口坡组膏盐层溶蚀对上覆煤层瓦斯赋存的影响

在川东北,乃至四川盆地三叠系中统雷口坡组及下统嘉陵江组石灰岩中夹有多层蒸发岩,其中雷口坡组上部(或近顶部)膏盐层的厚度巨大。由于构造的作用将其抬升到浅部或地表,在潮湿多雨的气候环境中,地表水和地下水作用加速了盐类矿物的溶解和淋失,岩层中的盐类矿物溶解和淋失后形成空洞,造成围岩(顶板)塌陷,其直接标志就是该岩层中地表广泛分布的、具有固定层位(塌陷压实)的盐溶角砾岩以及南江煤矿、金刚煤矿井下见到煤层陷落柱群。

溶蚀、陷落特征:川东地区盐溶角砾岩发育深度在地表以下60～150 m,膏盐岩层淋滤作用深度达550 m;金刚煤矿陷落柱一般都直通地表,通过外连煤层底板标高为420～250 m,陷落柱底部标高(以雷口坡组顶界面计)为−30～200 m,陷落柱的高度近千米。雷一号钻井,在陷落柱群钻探时遇雷口坡组膏盐层见多起溶洞(标高−200 m),钻孔冲洗液漏失量达8 674 m³。据初步统计,川东北的南江煤矿揭露陷落柱35个,展布范围走向长4 100 m、宽度1 000 m;单个最大174 m×54 m(长轴×短轴),金刚煤矿揭露陷落柱29个,展布走向长度3 650 m、宽度750 m。陷落柱分布散乱,无规律可循,单个陷落柱最大80 m×40 m,平面多为椭圆形、长条形或不规则多边形,与煤层交界处的煤、岩层向陷落中心倾斜,其中金刚煤矿陷落柱周边5～20 m范围节理、裂隙较发育,见有断距几厘米至1 m左右的小断层,局部见有膝状挠曲和坳陷。

综上特征分析,上述矿井的煤层陷落柱是煤系底板雷口坡组蒸发岩(膏盐层)大面积溶解(蚀)形成的塌陷加柱状陷落的产物。

由图2-15可以看出,印支运动在四川盆地东南部有一个北东向的古隆起(称泸州古隆起),隆起的中心出露了嘉陵江组第三段,雷口坡组剥蚀殆尽。

也即是说,重庆以北的华蓥山煤田以及川北的广旺煤田,上三叠统煤系基底为雷口坡组上部(或近顶部)地层。而重庆以南的永荣(泸)煤田及乐威区上三叠统煤系基底是嘉陵江组和雷口坡组下部地层,由于雷口坡组内的膏盐层在地下水循环作用下形成大量溶蚀溶洞,造成上覆(煤系)地层塌陷和部分陷落,有利于煤层瓦斯逸散、卸压,因此,在华蓥山煤田、广旺煤田及大巴山区等广大区域呈现为低瓦斯区,而永荣(泸)煤田等煤系基底的岩溶相对不发育,瓦斯含量相对较高。

(2)栖霞、茅口组灰岩溶蚀对上覆煤层瓦斯赋存的影响

川南煤田古叙矿区二叠系煤系底板一般为含水丰富的强含水层,距离其底部煤层很近,从而对煤层瓦斯的运移、富集有不同程度的影响。据统计,煤系底部C_{25}煤层距底板岩溶含水层0.48～7.95 m,平均4.27 m。其间岩性一般为泥岩或黏土岩,渗透率低,属隔水层,同时也对煤层瓦斯起着一定的封闭作用,但是茅口组顶部灰岩质纯,岩溶裂隙发育,存在较复杂的暗河管道系统,富水性强,水动力强,为岩溶裂隙-管道流强含水层,与煤系底部C_{25}煤层距离近,水力联系强,C_{25}煤层瓦斯通过岩溶裂隙或直接溶解于岩溶地下水而被运移、逸散,使瓦斯含量大大低于远离含水层且封闭条件好的煤层。如C_{25}煤层距离茅口组含水层近,瓦斯含量0～18.33 m³/t,平均11.35 m³/t;C_{24}煤层距茅口组含水层较远,平均13.07 m,封

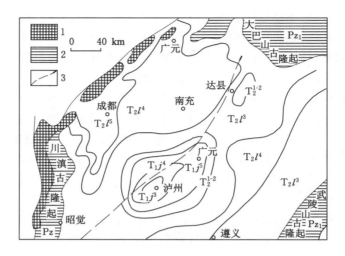

1—前震旦系；2—早古生代古隆起；3—古断裂；

T_1j—下三叠统嘉陵江组；T_2l—中三叠统雷口坡组。

图 2-15　四川盆地晚三叠世前古地质构造略图

闭条件较 C_{25} 煤层好,瓦斯含量 3.68～23.47 m^3/t,平均 15.07 m^3/t。因此,古叙矿区煤系底部瓦斯反常是受茅口组强含水层影响所致。

2.3.3　构造煤分布规律及对突出的控制

获得构造煤赋存和分布资料主要通过井下实际编录和钻孔取心等手段,由于井巷编录对未采区的资料无法获得,钻孔取心常因构造煤松软、取心率低而难以获得,因此,地质勘探阶段或矿区未采区构造煤的赋存和分布规律不甚明确。我们通过已采区构造煤的井巷编录和测井曲线特征的对比研究,应用测井资料对未采区构造煤发育部位与厚度进行了解释,找出构造煤所在层位测井曲线的特征,并对整个矿区或煤田的其他钻孔测井曲线进行对比分析,从而预测未采区构造煤分布特征。

2.3.3.1　构造煤判识方法

为了正确划分煤体结构,研究构造煤分布特征,根据前人研究成果,从测井原理、构造煤的物性以及实际构造煤分布对比,选择煤与瓦斯突出严重的川南煤田作为研究对象,确定本区构造煤判识方法。

（1）定性划分

利用视电阻率测井曲线为主要依据,再参考自然伽马和伽马曲线确定构造煤发育部位：构造煤的视电阻率明显低于硬煤；构造煤自然伽马曲线表现为低异常；伽马曲线表现为相对稍高幅值。少数情况下,视电阻率曲线为明确低幅值,尽管伽马出现稍低幅值,也定性为构造煤。

（2）分层定厚

视电阻率曲线是定厚主要曲线,伽马曲线基本同步反映,对于较薄的构造煤分层,直接用煤层的视电阻率曲线中相对低幅值的上、下拐点作为构造煤分层的界点且定厚,对较厚的构造煤分层用 1/3～1/2 相对低幅值点作为构造煤分层的界点定厚。如白皎煤矿 ZK1401 号钻孔 B_{4+2} 煤层中的构造煤分层厚度确定为 1.41 m,上、下原生结构煤分层厚度分别定为

1.31 m、1.39 m(图 2-16)。

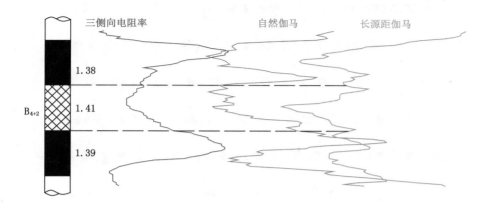

图 2-16　煤体结构分层定厚解释

　　依据上述方法,利用测井曲线对川南煤田主要煤层结构进行了判识,绘制了川南煤田测井曲线构造煤解译对比图(图 2-17),其主要煤层的煤体结构分布具有以下基本特征:

　　① 纵向剖面上都发育一定厚度的构造煤,薄者几厘米,厚者上米。

　　② 层域上厚度大的煤层,其构造煤相对较发育。因为厚煤层的总体力学稳定性相对较差,强度较低,在相同的构造应力作用下,更易于产生层间滑动,导致煤体易受破坏。

　　③ 在煤层合并较厚时,构造煤厚度相对较大,如白皎 1401 孔与大雪山 6-1 孔。

　　④ 就同一煤层而言,构造煤发育有如下规律:首先,煤层厚度变化大的部位,易发育构造煤。究其原因,一方面煤厚急剧变化现象本身就是挤压、层滑构造引起的煤层碎裂流变的结果;另一方面,也有可能是煤层原生厚度局部突变,在突变带内煤的受力状态与正常煤厚带不同而改变了应力方向,导致应力集中,煤体易受破坏所致。其次,褶皱轴部,由于构造应力相对集中,造成煤体破坏程度提高而易发育构造煤,这些部位煤层厚度一般较大,构造煤厚度亦大。如位于沈家村向斜轴部的维新 237-3 孔煤层与构造煤厚度比翼部的维新 236-9孔都要大。再次,煤层结构越复杂,构造煤越发育。

　　⑤ 构造煤具有选层发育的特点。芙蓉矿区主要集中在 $B_2 \sim B_4$、11 煤层附近,筠连矿区集中在 8 煤层附近,古叙矿区集中在 C_{11}、$C_{17} \sim C_{20}$ 煤层附近,均为构造煤的发育区。

　　总之,构造煤在不同构造位置、不同时代及不同煤层的分布有很大的差别,构造煤分布总体表现出多层性、分区性和选层发育的特点

2.3.3.2　四川省构造煤分布特征

　　构造煤是引起煤与瓦斯突出的主要因素之一,其分布受构造控制,对构造煤分布规律的研究既是煤层构造研究的组成部分,也是煤与瓦斯突出预测的需要。根据收集整理的煤体破坏类型资料和构造煤判识成果,绘制成四川省主要矿区煤体结构分布图(图 2-18)。

　　根据测试的煤体结构破坏类型资料,结合全省构造分布特征,分析四川省构造煤的分布具有如下特征:

　　① 同一大地构造位置不同含煤时代,构造煤发育不相同。如同位于华蓥山滑脱褶皱带(I_{1-4-5})的达竹、永泸和华蓥山矿区,前两个矿区开采晚三叠世须家河组煤层,煤体结构类型

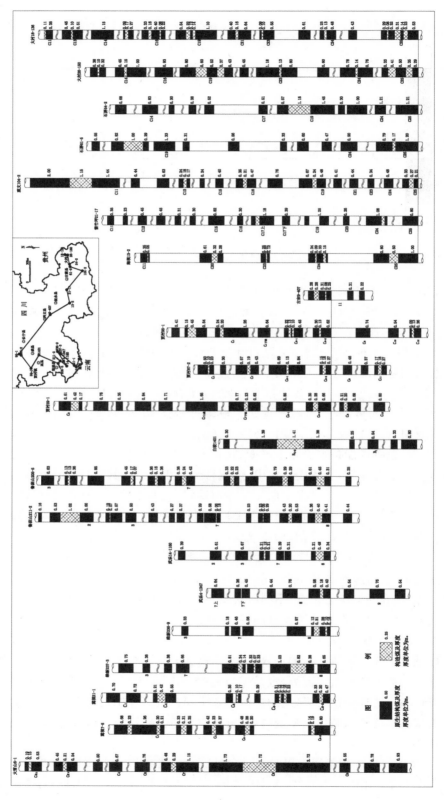

图2-17　川南煤田测井曲线构造煤解译对比图

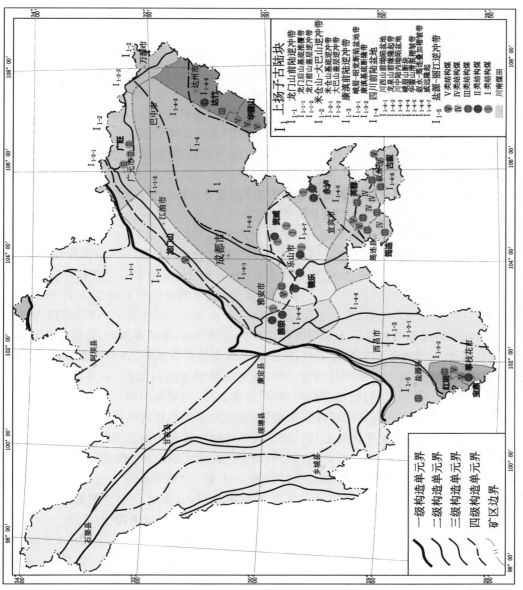

图2-18　四川省煤矿（区）煤体结构分布图

主要为Ⅰ~Ⅱ类,后者开采晚二叠世龙潭组煤层,煤体结构类型主要为Ⅲ~Ⅴ类。

② 构造煤受成煤时代与经历的构造有关,晚二叠世煤层的构造煤较晚三叠世煤层更发育。开采晚二叠世煤层的芙蓉、筠连、古叙和华蓥山矿区煤体结构类型主要为Ⅲ~Ⅴ类,而开采晚三叠世煤层的广旺、雅荥、犍乐和资威矿区煤体结构类型主要为Ⅰ~Ⅱ类,局部为Ⅲ~Ⅴ类。

③ 挤压构造带是构造煤主要分布区,如芙蓉、筠连、古叙、华蓥山和龙门山矿区,构造类型主要表现为叠加褶皱和逆冲推覆构造,在这些挤压构造区,煤体结构类型主要为Ⅲ~Ⅳ类,是盆地内煤体破坏程度最高的区域。

④ 盆地内部一般受构造应力作用较弱,构造煤不发育,如资威矿区、犍乐矿区,煤体类型主要表现为原生结构煤,这些区域以近水平煤层为主,煤层变形较小,煤体结构类型主要是Ⅰ~Ⅱ类,是四川省构造煤总体不发育的区域。

2.3.3.3 构造煤成因分析

构造煤的形成主要受两种因素的影响:一是煤层及围岩的力学性质和组合特征,二是煤层所处构造应力场中的位置。原始岩层受到构造应力的挤压作用岩层发生构造变形,力学性质不同的岩层其变形程度不同,夹于"褶皱能干"岩层之间的煤层是对地质构造作用反映最灵敏的流变敏感层,是地壳各类岩石中最易变形、最易流动的介质材料。煤层流变是一种普遍的构造现象,在经受过构造运动的含煤地区均可见到流变的构造痕迹,不同的构造环境会造成煤层流变特征的不同。

① 纵弯褶皱形成的层间滑动是形成构造煤的主要动力机制之一。川南煤田晚二叠世含煤地层在挤压过程中发生弯曲,形成纵弯褶皱,由于沉积地层的岩石物理特性和组合关系的差异对应力均有不同响应而产生不同的构造变形,就煤田地质相关的二叠系中下统至三叠系上统层段,在褶皱中栖霞、茅口组厚层石灰岩、飞仙关组厚层碎屑岩与长兴组石灰岩、须家河组砂、泥岩等层段起到了能干层的作用,构成了褶皱构造的基本形态,由于岩性硬脆,往往横张、X剪节理(或断层)较发育;嘉陵江组、雷口坡组薄层石灰岩、宣威组或龙潭组含煤地层作为软弱岩层则随褶皱发生部分塑性变形,前者主要发育层间褶曲,多伴生走向逆断层,后者则在主要煤层及其附近软岩层中发育顺层滑动,在强弱岩层间形成层间滑动面,由于层间的强烈剪切会引起顶底板强岩层的拱曲虚脱,迫使煤层由高压区向低压区流动,发生塑性变形,造成煤层厚度和煤层间距的变化。如在芙蓉矿区白皎井田内 B_4 煤层厚度可由0.64 m增至 4.20 m,B_4~B_3 煤层间距 0.00~11.80 m,其主要原因就是由于层滑构造挤压、滑动所形成的塑性流动变形的结果,在煤层挤压发生流变时煤体结构也会发生变化,形成构造煤;又如古叙矿区象顶井田大量钻孔资料及生产矿井揭露,在含煤地层中部的 C_{19} 煤层附近发育一压性的层间滑动断层,呈舒缓波状穿行于 C_{19} 煤层及其顶底板地层中(图 2-19),见大量擦痕和磨光镜面,受挤压后的 C_{19} 煤层多为鳞片状、粒状或糜棱状,由于层间滑动的揉搓作用及煤层的塑性流变引起的形变,使该煤层厚度出现多处增厚与变薄现象,增厚与变薄呈带状交替出现(图 2-20)。

层滑构造是川南煤田一种重要的构造样式,生产勘探期间揭露大量层滑带,造成部分煤(岩)缺失。顺层剪切力是顺煤层产生滑动的力学条件,煤体较低的力学强度是层滑发生的内因。在川南煤田背斜、向斜和逆断层形成过程中,煤层内均具有剪应力条件,层滑构造十分发育。在层间剪切应力的反复作用下,煤的原生条带和整体块状结构将遭到不同程度的破坏,形成各种类型的构造煤。这种作用形成的构造煤多呈层状分布,其厚度和煤体结构破

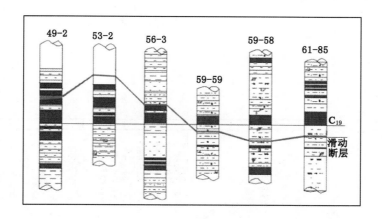

图 2-19　滑动断面示意图

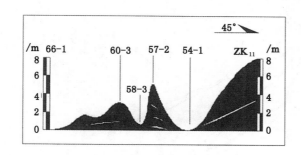

图 2-20　C_{19} 煤层厚度变化示意图

坏程度与层滑构造规模有关。在剖面上,滑面附近的煤层多为糜棱煤,厚度较大;远离层滑面的煤层,煤体结构逐渐变好至完整结构,厚度相对减小。

②　除层间滑动外,断裂构造控制了局部构造煤的分布。广义上讲,构造煤应属于构造形迹的伴生、派生产物,单一构造影响较局限,如资威矿区构造较为简单,煤层倾角缓,煤层基本上保持原生结构。但犍乐、宝鼎和红坭矿区在褶皱与断裂相互伴生地带,构造煤比较发育。

③　含煤地层经历的构造运动期次造成晚二叠世较晚三叠世煤层构造煤发育。因晚三叠世煤层只经历了印支运动以后相对短期应力作用,煤层表现为塑性和脆性形变,易产生褶皱和破碎,而晚二叠世煤层受到印支运动及其以后较长时间的应力作用,在高温高压影响下,煤物质就具有流变性质,形成流动形变特征,构造煤普遍发育。

2.3.3.4　构造煤对煤与瓦斯突出的控制作用

瓦斯地质研究表明,一定厚度的构造煤是煤与瓦斯突出发生的必要条件,煤体结构的破坏程度是衡量煤与瓦斯突出危险性的一项重要指标。根据四川省煤与瓦斯突出资料的统计,绘制四川省煤矿(区)煤与瓦斯突出点分布图,如图 2-21 所示。

从已开采区揭露的构造煤分布(图 2-18)与煤与瓦斯突出点(图 2-21)来看,二者完全重叠,说明构造煤的分布控制着煤与瓦斯突出危险区、带的分布。构造煤最发育的区域和层位,也是煤与瓦斯突出最严重的区域和层位。据白皎煤矿开采资料,矿井发生在煤层结构紊

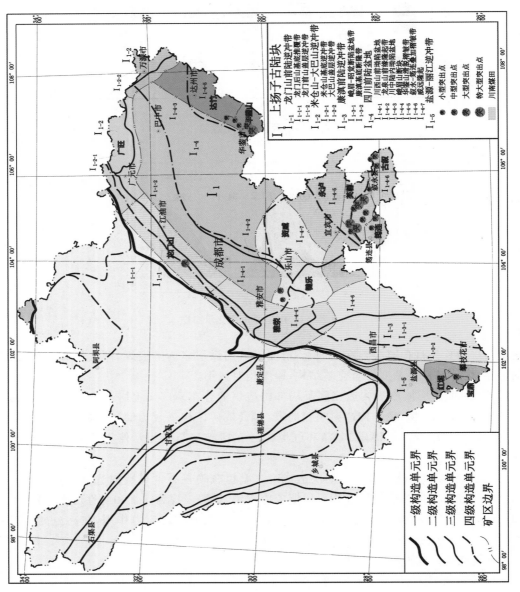

图2-21 四川省煤矿（区）煤与瓦斯突出简图

乱、煤质松软的构造煤分层内的突出就有 118 次,占总突出的 51.5％。且在相同构造条件下,煤层厚度越大,形成的构造煤越厚、破坏越强烈,突出的强度和突出危险性亦越大。由此可见,煤体结构及构造煤的发育程度对煤与瓦斯突出起着重要的控制作用。

因此,只有对构造煤分布规律及对煤层破坏程度进行深入研究,才能对煤与瓦斯突出防治工作做到有的放矢。在同一个构造区、矿区和矿井,厚煤层或层间滑动主滑面附近是突出最严重的区域,当煤层群开采时,优先开采突出危险性小或不具有突出危险性的煤层是开展区域防突工作的首要选择。为此,建议芙蓉矿区可选择开采 C_5 煤层作为保护煤层开采,将 C_{12}、C_{13}、C_{14}、C_{15}、C_{16}、C_{21}、C_{24} 和 C_{25} 煤层作为古叙矿区首采煤层,将 C_{11} 煤层可作为部分井田局部区域保护层。

2.3.4 瓦斯赋存构造逐级控制特征

四川地区晚二叠世含煤岩系沉积之后,主要经历了印支(Ⅰ、Ⅱ、Ⅲ幕)、燕山和喜马拉雅三期构造运动,而晚三叠世含煤岩系沉积在印支运动Ⅱ幕之后,经历了印支Ⅲ幕、燕山和喜马拉雅三期构造运动。多期构造运动的叠加形成的地质构造控制了煤层和瓦斯的分布特征。

印支期受盆地边缘造山带的控制,区域应力场呈现四周向盆地挤压的应力状态,上扬子陆块以川中古陆核为中心,受到来自特提斯洋关闭和陆内挤压产生的自西向东的压扭应力、来自太平洋板块向西俯冲产生的自南东向北西的压应力,以及来自秦岭的自北向南的压应力等三个方向地应力的作用。西侧以龙门山、龙泉山自北西向南东的逆冲推覆构造为代表,形成一系列呈北东向分布的冲断褶带,并在造山带的前缘(即川西地区)形成前陆盆地;北侧米仓山一带,由于秦岭褶皱隆升,产生自北向南的挤压应力场;北东侧大巴山一带,秦岭板块与扬子地块的俯冲、碰撞使北大巴山褶皱隆升,逆冲推覆,形成北西向褶皱、冲断带,应力场为北东-南西向,主压应力是自北东向南西的挤压;川东南主要受到雪峰山造山带隆起的影响,产生南东-北西向应力场,主压应力自南东向北西挤压。这些以压应力为主的应力场从盆缘向盆地内递进挤压,应力强度从盆缘向盆地内减弱,川中是形变最弱的地区。由于盆地基底性质与盖层等边界条件差异,地应力的强弱和作用力的深浅不同,形成了盆地中复杂的多方向褶曲与断裂。随着上覆地层的沉积和含煤地层持续下沉,巨大的沉积厚度促使含煤地层处于较高的地温环境,岩层压力增加,使得煤在变质过程中生成大量的瓦斯,同时随着上覆岩层的不断压实,瓦斯也难以逸散。所以,印支期是四川地区二叠系煤层瓦斯生成的主要阶段,且瓦斯以保存为主。

燕山期,四川地块向龙门山之下俯冲,受东部太平洋构造地质事件影响,主要表现为差异性的升降运动。盆地四周山地继续隆起,同时产生一些大断层,如西部的龙泉山断层和东部的华蓥山断层。川东在华蓥山-七耀山一带发生盖层滑脱作用,形成叠加于印支褶皱之上的高陡构造带。这个时期,含煤地层受燕山运动强烈挤压,形成褶皱、断裂,使得煤体遭受剧烈破坏,是构造煤形成的有利时期。

喜马拉雅早期,受太平洋板块的俯冲影响,产生北西-南东向挤压应力场,形成一系列北东向高陡背斜带。同时,随着印度板块与欧亚板块碰撞、拼合,上扬子地块西部产生了广泛的盖层褶皱,形成了南北走向的褶皱构造;喜马拉雅晚期,盆地西缘龙门山以东的雪峰山活动减弱,而大巴山表现出较强烈的逆冲推覆作用,区域应力场主要为北东-南西向,即盆地受自北东向南西的挤压应力作用,形成了一系列叠加在早期北东向构造之上的北西走向褶皱与断裂。喜马拉雅期使得盆地内部及边缘构造定型的同时,进一步强化了煤体结构破坏,也使瓦斯得到进一步的释放。

四川省各矿区由于盆地基底性质与盖层等边界条件差异,地应力的强弱和作用力的深浅不同,形成了盆地中复杂的多方向褶曲与断裂。随着上覆地层的沉积和含煤地层持续下沉,巨大的沉积厚度促使含煤地层处于较高的地温环境,岩层压力增加,使得煤在变质过程中生成大量的瓦斯,同时随着上覆岩层的不断压实,瓦斯易于保存。四川盆地的构造演化主要受压性应力控制,以印支期盆地边缘造山带形成挤压应力,燕山运动和喜马拉雅构造运动的叠加,有利于盆地瓦斯的赋存,次级构造及煤层赋存条件(水文地质、围岩特征、地应力、软弱层等)不同是区域内各煤矿煤与瓦斯突出形成差异变化的主要原因。

攀枝花矿区位于上扬子地块西缘川滇黔"菱形地块"(传统意义上的康滇地轴,但比后者略大)康滇断隆带的中部。"菱形地块"东邻上扬子台褶带,边界为康定-奕良-水城断裂;北与松潘-甘孜褶皱带相接,以小金河-中甸断裂为界;西伴西南三江褶皱系,边界为江-哀牢山断裂;南临华南加里东褶皱系,边界为弥勒-师宗-水城断裂。矿区内构造复杂,各区内瓦斯差异很大,各个矿段均不同程度地受到次级构造(断层和褶曲)的影响,在次级褶曲中向斜的核部和背斜的翼部最有利于瓦斯的保存,在断层构造的影响带内构造煤发育,且断层构造以压扭性为主,封闭条件较好,有利于瓦斯的保存。矿区内多条次级褶曲的交汇处和褶曲的扬起端、转折端由于受多个方向的构造应力作用,为应力的叠加区,特别是在褶曲的扬起端多数发育有大小不一的压扭性断层,瓦斯的封闭条件较好,瓦斯含量高,但本区受剥蚀作用明显,没有良好的瓦斯盖层,总体上瓦斯含量较低。

芙蓉矿区地处上扬子古陆块,西部为四川前陆盆地,南部为叙永-筠连叠加褶皱带。褶皱带西以小江断裂与康滇前陆逆冲带为界,北东以峨眉-宜宾断裂、七曜山断裂与威远隆起及华蓥山滑脱褶皱带为邻。区域构造主要受由南向北水平挤压应力作用形成的纵弯褶皱,褶皱发育,规模较大,其中背斜轴部出露最老地层多为寒武系,向斜轴部出露最新一般为侏罗系中、下统地层。含煤地层赋存于向斜或背斜翼部。褶皱带内破坏煤系的区域性大断层不发育,但其展布控制了晚二叠世煤层及煤层气资源的分布格局。在层间滑动变形带内,煤层受到了强有力的挤压、搓揉,不仅造成煤层厚度大幅度变化,而且又破坏了部分煤层的原生结构,形成了大量的构造煤(f 值一般都小于 0.5,煤体破坏类型为 Ⅲ~Ⅴ 类),这是芙蓉矿区构造煤十分发育的主要原因之一。印支期是芙蓉矿区煤层瓦斯生成的主要阶段,有利于瓦斯保存。燕山运动前本区以陆相沉积为主,瓦斯继续生成并得到良好保存。含煤地层受燕山运动强烈挤压,是构造煤形成有利时期,喜马拉雅运动时期使瓦斯得到一定释放。

筠连矿区位于叙永-筠连叠加褶皱带中段北部。矿区构造主要是受由南向北水平挤压应力作用形成的纵弯褶皱,褶皱发育,规模较大,其中背斜轴部出露最老地层多为寒武系,向斜轴部出露最新一般为侏罗系中、下统地层。含煤地层赋存于向斜或背斜翼部。褶皱带内破坏煤系的区域性大断层不发育,而由褶皱控制的次级断层则较发育。筠连矿区受褶曲影响,层间滑动构造较发育,构造应力以挤压为主,导致本区构造煤较发育。煤体破坏类型Ⅰ~Ⅳ均有,其中以 Ⅲ 类为主,煤体坚固性系数(f)为 0.34~1.33,瓦斯放散初速度(Δp)为9.60~18.53。

古叙矿区位于叙永-筠连叠加褶皱带中段北部。矿区构造主要是受由南向北水平挤压应力作用形成的纵弯褶皱,褶皱发育,规模较大,其中背斜轴部出露最老地层多为寒武系,向斜轴部出露最新一般为侏罗系中、下统地层。矿区煤层主要分布在古蔺复式背斜的两翼,煤层在地表有露头,瓦斯通过煤层露头释放到大气中。翼部的应力相对集中,以压应力为主,且多为高压区,应力释放速度慢,有利于瓦斯的保存;同时在两翼发育一系列次级褶曲,在这些次级褶曲中向斜的核部和背斜的翼部最有利于瓦斯保存。另外,在矿区内发育的断层以压扭性逆断层为主,在断层发育地段以压应力为主,封闭条件较好,有利于瓦斯保存。矿区内多条次级褶曲的交汇处和褶曲的扬起端、转折端由于受多个方向的构造应力作用,为应力的叠加区,特别是在褶曲的扬起端多数发育有大小不一的压扭性断层,构造煤发育,瓦斯的封闭条件较好,瓦斯含量高。此外,在矿区内的层间滑动变形带内,煤层受到了强有力的挤压、搓揉,不仅造成煤层厚度大幅度变化,而且又破坏了部分煤层的原生结构,形成了大量的构造煤(f 值一般都小于 0.5,煤体破坏类型为 Ⅱ～Ⅲ 类)。

华蓥山矿区位于上扬子地块四川构造盆地川东高陡背斜带西缘。北邻大巴山冲断褶皱带、秦岭造山带,东南邻江南-雪峰山冲断褶皱带,西北为龙门山冲断褶皱带、松潘-甘孜褶皱带,西南为康滇褶皱带。矿区内由一系列北北东-北东向展布的走向逆断层组成,倾向南东,与地层走向存在较小交角,展布方向向东偏转,与华蓥山复式背斜主体构造不完全协调一致,这是由于受基底构造制约。断面在走向及倾向上呈波状起伏,倾角南陡北缓,南段 70°～80°、北段 50°～70°;组成华蓥山断裂带的各条断层,在平面上相互平行,亦有合并,剖面上呈叠瓦式构造或“人”字形构造。华蓥山矿区在含煤岩系形成以后,始终处于挤压的环境下,川东地区多期复杂的构造叠加与改造对华蓥山矿区二叠系龙潭组含煤岩系产生了重要作用,这是华蓥山矿区构造煤特别发育的原因。

达竹矿区位于华蓥山滑脱褶皱带北段,与该带中段的华蓥山矿区毗邻。矿区以北为大巴山盖层逆冲带,东部为万县弧形构造带。矿区所在区域以北连续或断续分布一系列北西向构造及东西向构造,而矿区主要由峨眉山背斜、景市向斜、中山背斜、达县向斜、铁山向斜、渡市向斜、华蓥山背斜等一系列北北东向构造组成,背斜紧密、向斜宽缓,形成典型的隔挡式褶曲。从川东地区与相邻地块在印支、燕山、喜马拉雅等三期板块俯冲、碰撞造山和陆内造山的构造演化分析,本区在漫长的地质历史时期主要受来自东南雪峰山-湘鄂西地块向北西方向的挤压应力的作用,同时又受北面秦岭-大巴山向南挤压应力的影响。主体一级构造为北西西-南东东向挤压应力作用的结果。达竹矿区含煤岩系形成以后,始终处于挤压环境。喜马拉雅期的强烈隆升运动,一方面控制了现今构造的形成,另一方面引起能量场调整,促使地层势能的转换,对煤层瓦斯的赋存和运移有一定的影响。此外,川东地区多期复杂的构造叠加与改造造成达竹矿区三叠系须家河组煤层局部地层倾角增大直至直立、倒转,并在局部形成构造煤。

广旺矿区在区域构造位置上处于上扬子古陆块米仓山-大巴山逆冲带西段的米仓山基底逆冲带。该带由汉南杂岩构成结晶基底,由火地垭群构成褶皱基底,并构成走向近东西向复式背斜的核部。盖层分布于基底南缘,古生界层序不完整,中生界发育巨厚红色岩系,次级褶皱发育。矿区晚三叠世须家河组含煤地层经历了印支运动Ⅲ幕和燕山期的后期改造,至燕山期末的晚白垩世经“四川运动”的强烈褶皱形成现今的构造体系基本格架。矿区主体构造为呈近东西走向的背斜,断层稀少;矿区西段推覆构造发育,对煤层影响极大,构造煤较发育,受构造剥蚀和断层破坏影响,含煤地层及煤层仅在背斜翼部和向斜中保存较好,核部常遭受剥蚀或断层破坏,使得煤层出露地表,成为瓦斯逸散“天窗”。此外,矿区内的局部断层发育的地方在一定程度上可能影响煤层瓦斯的赋存特征，可能出现构造煤相对较发育。但总体上，构造简单的广旺矿区构造煤不发育。

资威矿区大地构造位置位于威远隆起，属四川前陆盆地的构造成分，四川盆地构造是在多期水平应力作用下形成的。由于各期水平应力在盆地边缘褶皱、断裂带被大量释放，至盆地内构造应力减弱，因此，盆缘区的构造活动强烈，而包括本区在内的盆地内部构造活动则相对较弱，表现出了地层平缓、褶皱幅度不大、断层稀少的特点。所以矿区内构造总体不发育，但发育的断层以压性、压扭性逆断层为主，对煤层瓦斯具有较好的封闭作用，矿井开采至断层附近时，岩层压力大，煤层和顶板变得十分破碎，巷道底鼓变形、巷帮有滴水，伴生断层密集，瓦斯涌出量相应增大，且构造煤发育。根据资威矿区的构造发育特征与煤层分布特征，推断挤压剪切部位常常是构造煤发育的部位。

宝鼎矿区地处康滇基底断隆带，断隆带东以峨眉-昭觉断陷盆地带为邻，西以盐源-丽江逆冲带为界，北接峨眉山断块。矿区主体构造和次要构造的走向基本为北北东或北东向，是燕山运动晚期在区域北北西向主压应力作用下形成雏形。矿区一级构造大箐向斜和次级褶曲，瓦斯沿垂直地层方向运移困难，大部分瓦斯仅能沿大箐向斜两翼流向地表，深部煤层瓦斯逸散量少。而次级背斜构造宽缓时，将有利于煤层瓦斯保存，背斜紧密时，轴部裂隙发育，有利于瓦斯逸散；次级向斜翼部和背斜翼部由于煤层瓦斯排驱阻力较大，往往形成瓦斯聚集，使煤层瓦斯在这些局部地段含量升高。矿区内煤层主要受喜马拉雅期构造作用影响，煤层发生变形破坏，构造煤发育不均。区内断层和次级褶曲集中分布于"裙边"地带，这都是遭受强烈挤压作用的结果，所以矿区构造煤主要分布在"裙边"地带。

2.3.5　瓦斯赋存的分区分带及特征

四川省境内东、西部构造分带明显，大致以北川-汶川-康定-小金河为界，该界以东为扬子陆块区，以西是西藏-三江造山系。此外，玛沁、略阳、城口、房县一带以北属秦祁昆造山系。东部上扬子陆块区的盖层为上震旦统至中三叠统，属海相地台型沉积；西部造山系的震旦系至三叠系为冒地槽型沉积。东、西两部分构造形态及其空间分布明显不同，东北的川中地块区为舒缓背斜、穹窿与向斜，川东为梳状褶皱，川西北为短轴褶皱，川南为叠加褶皱。西部造山系构造线多为北西和北北西向，或呈向南凸出的弧形褶皱。四川省主要含煤区基本分布在扬子陆块区，根据含煤区内不同的瓦斯分布特征和瓦斯赋存构造逐级控制规律，将四川省内划分为 7 个瓦斯带，其中严重突出带 1 个，高瓦斯突出带 2 个，高瓦斯带 3 个，低瓦斯带 1 个，其中华蓥山滑脱褶皱高突瓦斯带内划分出一个低瓦斯区。四川省煤矿瓦斯地质略图见附图 1。

四川省地质构造复杂，主要成煤时代为晚二叠世和晚三叠世，全省在构造演化过程中主要受挤压作用，特别是盆地周缘挤压作用更为明显，容易造成应力的集中、瓦斯聚集及构造煤发育。严格意义上来讲，四川省所有煤矿区没有绝对的低瓦斯带（区），尽管存在局部的低瓦斯区，但由于构造煤发育，时有瓦斯动力现象发生。在瓦斯赋存分区分带中划分了"米仓山-大巴山低瓦斯带"和"华蓥山三叠系低瓦斯区"，主要是考虑到这两个区域生产矿井以低瓦斯为主，仅国有大型煤矿且开采强度大的区域进入了高瓦斯区，这两个区域瓦斯灾害为目前全川最轻，是四川省相对的低瓦斯带（区）。

在瓦斯区带划分中，"川南叠加褶皱严重突出带"和"华蓥山滑脱褶皱高突瓦斯带"主要开采晚二叠世煤层，具有煤变质程度高、瓦斯含量高、煤破坏程度高的特点，突出特征较为典型,煤矿开采过程中容易发生大中型突出事故;"龙门山逆冲推覆高突瓦斯带"和"攀西逆冲高瓦斯带"存在煤变质程度、瓦斯含量、煤体破坏程度差异大的特点,以小型突出为主,常因煤层倾角大、煤体松软而导致煤体垮塌现象,在局部构造带存在煤与瓦斯突出危险性临界值低于《防治煤与瓦斯突出规定》标准;"资威穹窿高瓦斯带"煤层倾角平缓、煤层以薄煤层为主、构造煤不发育,根据目前开采资料显示存在煤与瓦斯突出危险性临界值高于《防治煤与瓦斯突出规定》标准;"米仓山-大巴山低瓦斯带"和"华蓥山滑脱褶皱带北部三叠系低瓦斯区"目前开采矿井以低瓦斯为主,随着开采垂深的延伸、强度的加大,必将出现更多的高瓦斯矿井。四川省所属矿区瓦斯赋存构造控制瓦斯分区分带划分特征见表 2-11。

(1)川南叠加褶皱严重突出带

川南叠加褶皱严重突出带包括古叙、筠连、芙蓉、南广矿区。川南地区构造主要受两期构造作用形成而定型,受印支运动Ⅲ幕南、北应力作用影响,四川前陆盆地边缘发生褶皱;喜马拉雅运动Ⅰ幕,印度板块向北东与欧亚古板块碰撞,太平洋古板块向北西俯冲,使边缘褶皱加强;喜马拉雅运动Ⅱ幕,本区盖层强烈褶皱,本区在沉积演化过程中晚二叠系上覆最高达 6 000 余米地层,长期处于高压和强烈的构造挤压环境,直到喜马拉雅运动Ⅲ幕区域仍以差异性上升为主,并在多种地质营力长期作用下,地表遭受强烈风化、剥蚀,从而造就了今日之地质地貌态势。最终孕育了本区煤层煤化程度高、煤层瓦斯生成量大的无烟煤(WY3),也铸就了川南煤田芙蓉、筠连、古叙等矿区煤层瓦斯含量高、瓦斯涌出量大、煤与瓦斯突出的特点,层滑构造形成的构造煤使突出变得尤为严重。

(2)华蓥山滑脱褶皱高突瓦斯带

华蓥山滑脱褶皱高突瓦斯带主要是指四川省川东地区,包括华蓥山矿区、达竹矿区和永泸矿区,矿区含煤时代包括二叠世和三叠世,由于含煤时代不同,因此瓦斯差异较大。在二叠系龙潭组煤系形成之后,喜马拉雅晚期之前主要受到来自北西向与南东向的水平挤压力作用,在北西向与南东向的水平挤压力和南北反时针扭动力的联合作用下,塑造了华蓥山中段北北东向的构造形式。直到喜马拉雅晚期,区域应力场发生了重要变化,自北东向西南的挤压应力作用占据了主导地位,改造了矿区早期形成的北北东向构造。这些压性和压扭性构造及其复合、叠加有利于煤层瓦斯的生成与保存,更使得本区构造煤发育,为煤层构造煤的局部发育和由于应力集中引起瓦斯局部聚集创造了条件,具有煤与瓦斯突出的危险。晚二叠世煤层主要分布在华蓥山复式背斜,普遍具有煤与瓦斯突出危险性,晚三叠世煤层成煤时代较晚则瓦斯灾害较轻,华蓥山滑脱褶皱带北部受构造影响相对较弱,煤层倾角大,有利于瓦斯释放,瓦斯含量相对较低。根据煤矿勘查与开发资料,矿井瓦斯等级以低瓦斯为主,部分开采强度大的国有煤矿为高瓦斯矿井;南部受叠加褶皱影响,煤层倾角平缓,瓦斯含量相对较高,矿井瓦斯等级以高瓦斯为主。故根据华蓥山滑脱褶皱带的构造特征与煤矿开采实际瓦斯灾害情况,将华蓥山滑脱褶皱带的北部晚三叠世煤层划归为低瓦斯区。

(3)龙门山逆冲推覆高突瓦斯带

龙门山逆冲推覆高突瓦斯带指龙门山含煤区、雅荥矿区和犍乐矿区西北部的一部分。现今龙门山前构造格局主要由一系列北东向的逆冲推覆构造带组成,即龙门山造山带发育的几条北东向主干断裂或断裂带基本控制本区的构造基本格架。从印支期开始,龙门山开始由北向南的推覆造山活动,喜马拉雅期则遭受更加强烈的挤压作用,早期的构造被改造,地层遭受强烈的构造变形。龙门山含煤区是由三条北东走向的逆冲断裂带和夹持其间的岩

表 2-11 四川省所属矿区区瓦斯赋存构造控制瓦斯分区、分带划分特征表

瓦斯分带划分	矿区名称	区域构造归属	褶皱断裂主控方向	构造应力场演化特征	主采煤层	煤体破坏类型	煤层瓦斯生成与保存条件	煤层瓦斯风化带垂深/m	瓦斯地质特征
川南叠加褶皱严重突出带	芙蓉	叙永-筠连叠加褶皱带	北西西、北东向	印支期受南、北应力作用影响，发生褶皱；喜马拉雅运动 I 幕；喜马拉雅运动 II 幕，本区盖层强烈滑褶，以喜马拉雅运动为主，地表上升为主，地表强烈风化、剥蚀	C_5、B_4、B_3、B_9、9、11	II~IV	二叠系无烟煤，瓦斯生成保存条件良好	70~130 m 以浅	
	筠连		北东、北北东向		C_{1-2}、C_{3-4}、C_7、C_{8-10}、C_{25}	II~IV	二叠系无烟煤，瓦斯生成保存条件良好	100~150 m 以浅	瓦斯含量高，构造煤发育，煤与瓦斯突出严重
	古叙		东西向		C_{7-10}、C_{17-20}、C_{25}	II~IV	二叠系无烟煤，瓦斯生成保存条件良好	90~150 m 以浅	
	南广		北东向	区域仍以差异性上升为主，地表强烈风化、剥蚀	P_3		二叠系无烟煤，瓦斯生成保存条件良好		
华蓥山滑脱褶皱带突出瓦斯带	华蓥山	华蓥山褶皱带	北东-北北东向	印支期受到北西向与南东向的水平挤压力作用，在水平挤压力和南北反时针扭动力的联合作用下，塑造了华蓥山中段北东向的构造形式。喜马拉雅运动晚期北东向，对早期雅运动作用占据向主，对早期形成的矿区北东向构造进行了一定改造	K_1	III~V	二叠系贫煤，瓦斯生成条件良好	100~180 m 以浅	瓦斯含量较高，构造煤发育，煤与瓦斯突出严重
	达竹		北东-北北东向		C_8、C_9、C_{10}、C_{11}、C_{12}、C_{17}、C_{23}	I~II	三叠系烟煤，煤层倾角大，有利于瓦斯释放	150~420 m 以浅	瓦斯含量普遍低，未发生过煤与瓦斯突出事故
攀西瓦斯带	宝鼎	康滇基底断隆带	北北东向	印支运动使松潘-甘孜褶皱成山，燕山期四川地块向西俯冲，本区域受来自南东向挤压应力的作用	4、14、15、18、24、27、32、38、40 等	I~II	三叠系烟煤，瓦斯保存有利，局部高，不同区域差异大	150~200 m 以浅	瓦斯含量普遍较低，构造煤局部发育，局部瓦斯含量高
	红泥	康滇基底断隆带	北北西向		大荞地组合煤层	II~IV	差异大，总体不利	100~200 m 以浅	

表 2-11（续）

瓦斯分带划分	矿区名称	区域构造归属	褶皱断裂主控方向	构造应力场演化特征	主采煤层	煤体破坏类型	煤层瓦斯生成与保存条件	煤层瓦斯风化带垂深/m	瓦斯地质特征
米仓山-大巴山瓦斯带	广旺	米仓山基底逆冲带	东西、北东向	本区构造活动有自南向北增强的特点；东段为大巴山北西-南东向弧形推覆构造带，构造变形以向南弧形凸出的压扭性断裂及紧密线状褶皱较为特征	正连、七连子、白烟炭、四连、油炭、大独连、三连子	I～II	三叠系烟煤，含煤区单斜构造，局部瓦斯保存有利	150～360 m以浅	瓦斯含量低，局部较高
	大巴山	大巴山盖层逆冲带	北西西向						瓦斯含量相对较低
资威鼻隆高突瓦斯带	犍为	叙永-筠连叠加褶皱带，威远隆起	北东东、近南北向	印支期后受多次构造侧向挤压后，形成了巨型弯隆状隆起，但应力在盆地边缘褶皱裂隙带放大量释放，传导至盆地内的构造应力大大减弱，构造较单	K₃、K₄、K₇、K₈、K₉、K₁₀等	I～II	三叠系烟煤，瓦斯保存有利	约110 m以浅	瓦斯含量较高，构造煤整体不发育，煤层较薄
	资威	威远隆起	近南北、北东东向	印支运动后受盆地内的构造应力量释放，传导至盆地内的构造应力大大减弱，构造较简单	高炭、大白炭、下元炭、上元炭、中元炭、草皮炭等			约100 m以浅	
龙门山高突瓦斯带	雅荥	川西山前坳陷盆地峨眉山断块	北东、北西向	印支运动开始，龙门山由北向南的推覆造山活动，喜马拉雅期则遭受更加强烈的构造改造，地层受强烈变形的构造变形	五连炭、上下连、双龙等	I～II	三叠系烟煤，无烟煤，瓦斯保存有利	约190 m以浅	瓦斯含量差异大，构造煤局部发育
	龙门山	龙门山前陆逆冲带	北东向		晚三叠世		三叠系烟煤，无烟煤，瓦斯保存有利，不同区域差异大		瓦斯含量差异大，构造煤局部发育
盐源弧形褶皱高瓦斯带	盐源	盐源-丽江逆冲带	北东向	印支运动以前受南北向区域应力作用，以后受本区区域构造影响，逐步形成弧形构造，北-北东向构造、北东向构造	晚二叠世、晚三叠世		受弧形褶皱的控制，煤层瓦斯保存条件较好		受弧形褶皱的整体控制，煤层瓦斯保存条件较好，局部构造煤较为发育

片、推覆体构成的,地层、煤层的连续性、稳定性均较差,这些都是强烈挤压作用的结果,导致局部挤压应力集中,发育大量构造煤,降低了煤与瓦斯突出的门槛,是四川省晚三叠世煤层具有典型突出的区域之一。

（4）资威穹窿高瓦斯带

资威穹窿高瓦斯带位于四川盆地中部,主要包括资威矿区和犍乐矿区的东部,主体构造为威远穹窿背斜和铁山鼻状背斜,属威远隆起的构造。威远穹窿背斜,早古生代为川中加里东古隆起的南翼,印支期处于泸州古隆起的西斜坡,在受多次构造侧向挤压后,形成了巨型穹窿状隆起,岩层产状平缓,穹顶出露最老地层为中三叠统。尽管受多期次水平应力作用,但应力在盆地边缘褶皱、断裂带被大量释放,传导至盆地内的构造应力大为减弱,本区煤层瓦斯保存条件好,构造煤不发育。根据资料显示,本区矿井瓦斯涌出量较大,但开采至今未发生过煤与瓦斯突出或瓦斯动力现象出现,故将本区划为高瓦斯带。

（5）攀西逆冲高瓦斯带

攀西逆冲高瓦斯带主要包括宝鼎矿区、红坭矿区、箐河矿区以及攀西地区零星的含煤区块。本区位于扬子陆块的南缘,西以金河-箐河断裂带为界,东以小江断裂带为界,呈南北向展布。自古元古代至中生代末漫长地史时期,一直处于大致东西向的地壳引张裂陷和隆起,构造运动受深大断裂活动控制,表现为差异升降。晚三叠世末,印支运动使松潘-甘孜褶皱成山,特提斯边缘微陆块与上扬子板块西缘软碰撞;燕山期,四川地块向西俯冲,本区域受来自南东方向挤压应力的作用,形成现今构造雏形。受康滇前陆逆冲构造的影响,导致本区瓦斯差异较大,区内宝鼎矿区、箐河矿区含煤地层沉积后瓦斯保存条件较好,瓦斯含量较高;受红坭矿区构造挤压和含煤地层抬升的影响,煤变质程度高、构造煤发育,但瓦斯含量较低;攀西地区零星的含煤区块一般以抬升为主,煤层埋藏较浅,以低瓦斯为主。由于各区瓦斯差异较大,煤体破坏程度不一,特别是红坭矿区地质构造复杂、构造煤发育,瓦斯较低时（瓦斯压力小于 0.74 MPa,含量小于 8 m³/t）存在发生煤与瓦斯突出的危险,区内容易发生瓦斯异常、煤岩动力现象等。根据区内开采资料,过去所发生的动力现象多数为地压引起的松散煤体垮落,煤与瓦斯突出特征不明显,因此将本区划分为高瓦斯带。

（6）盐源弧形褶皱高瓦斯带

中生代广泛发育了三叠系地层,印支运动本区所受影响较大,导致了本区北部三叠系地层发生了部分区域变质;燕山运动时,地壳仍急剧上升,造成金河断裂以西缺失侏罗系、白垩系地层。本区弧形构造、北东向构造、北北东向构造主要就是在印支运动以后发展起来的,并在早期南北向构造的基础上形成了现代的构造格局。总体来看,本区构造轮廓北西大致以小金河断裂为界,南东以金河断裂为界。可分东、中、西三部,东部因金河断裂使古生界出露,主要构造线呈北偏东且向南西呈弧形撒开,岩层褶皱紧密并被断层所破坏;中部为二叠系及三叠系地层组成的较开阔褶皱,形成复向斜,主要构造大致以瓜别-白乌-盐源一线为界,以东为北东向构造组,主要构造呈北北西向,并呈现向北东端收敛、向南西端撒开的"帚状",以西为北西向构造组,主要构造呈北北东向,其南端向东偏转而与东部构造形迹呼应;西部主要构造线走向东段为北东东,中段偏转成近东西,西段为北西西,主体呈现倾向朝北而朝南凸出的叠瓦式弧形构造。本区煤矿勘查开发程度低,少有瓦斯资料,受弧形褶皱的控制,预测煤层瓦斯赋存条件较好,局部构造煤较为发育。

（7）米仓山-大巴山低瓦斯带

　　米仓山-大巴山低瓦斯带西段属米仓山推覆构造带前缘,构造主要以近东西向及北北东向为主,断裂活动有自南向北增强的特点;东段为大巴山北西-南东向弧形推覆构造带,构造变形以向南弧形突出的压扭性断裂及紧密线状褶皱为特征系。早侏罗世,扬子地块持续向北挤入,秦岭造山带向盆内仰冲,广旺矿区处在南北向的挤压应力环境下,形成近东西的构造体系。中侏罗世中晚期,燕山运动开始,四川盆地受到来自北西和南东向应力的挤压,使得本区基底持续强烈隆升,原有的构造表现为开放性。另外,本区上三叠统煤系基底为雷口坡组上部(或近顶部)地层,由于雷口坡组内的膏盐层在地下水循环作用下形成大量溶蚀溶洞,造成上覆(煤系)地层塌陷和部分陷落,这些因素有利于煤层瓦斯逸散。根据目前的煤矿开采情况,矿井以低瓦斯为主,开采强度大的国有煤矿为高瓦斯矿井。结合矿井瓦斯特征,故将该区划分为低瓦斯区。

第3章　川南叠加褶皱严重突出带瓦斯地质规律

　　川南叠加褶皱严重突出带位于川南煤田,主要包括古叙、筠连、芙蓉、南广矿区,含煤地层主要有二叠系上统宣威组和龙潭组。古叙矿区主要含煤地层为二叠系上统龙潭组(P_3l),矿区的勘查程度不高,以地方小煤矿开采为主,开采强度低,且矿区北翼勘查程度和开采强度高于南翼。筠连矿区含煤地层有二叠系下统梁山组(P_1l)、二叠系上统宣威组(P_3x)、三叠系上统须家河组(T_3xj),其中二叠系上统宣威组为主要含煤地层,梁山组和须家河组含煤性差,多为没有开采价值的煤层,矿区包括沐爱、筠连、洛表、大雪山、蒿坝、塘坝6个区块,矿区内有国有重点(大中型)矿井鲁班山南、北煤矿等。芙蓉矿区含煤地层为二叠系上统宣威组(P_3x)和三叠系上统须家河组(T_3xj),宣威组煤层为本区主要含煤地层,且瓦斯灾害严重,矿区以芙蓉集团所属的杉木树煤矿、白皎煤矿、珙泉煤矿、红卫煤矿等国有煤矿和芙蓉煤矿开采为主,以地方煤矿开采为辅。南广矿区勘查程度较低,无国有煤矿,生产矿井较少。

　　本章主要论述了川南叠加褶皱严重突出带的区域构造演化及控制特征以及芙蓉矿区、筠连矿区和古叙矿区瓦斯地质规律与瓦斯地质图。

3.1　区域构造演化及控制特征

　　本区地处上扬子古陆块(I_1)西部四川前陆盆地(I_{1-4})南部叙永-筠连叠加褶皱带(I_{1-4-6}),属四级构造单元。褶皱带西以小江断裂与康滇前陆逆冲带(I_{1-3})为界,北东以峨眉-宜宾断裂、七曜山断裂与威远隆起及华蓥山滑脱褶皱带(I_{1-4-5})为邻。地质构造总体以北西西向和东西向构造为主,并有北东向构造穿插其间(图3-1)。

　　隐伏未露的峨眉-宜宾断裂和七曜山断裂均为基底断裂,它们既是叙永-筠连叠加褶皱带的北界,又是四川菱形构造盆地的西南边界断裂,前者为北西走向,长约220 km;后者为北东走向,长约350 km。断裂性质为压扭性,其强烈活动时代为古生代(P_z)及新生代(K_z)。断裂对该区的沉积、构造有明显的控制作用。峨眉-宜宾断裂的北东侧为威远隆起,主要由上三叠统和侏罗系组成的宽缓背、向斜;七曜山断裂北西侧则是华蓥山滑脱褶皱带南部"帚状"褶皱倾没消失区,地表多为侏罗系、白垩系地层,上二叠统煤层深埋地腹2 000 m之下。而与之对应的叙永-筠连叠加褶皱带中段(川南煤田)煤层(系)则被强烈褶皱抬升,背斜宽大、向斜狭窄,具隔槽式褶皱特征,属纵弯褶皱类型,背斜上的二叠系煤层大面积剥蚀。

　　上扬子古陆块大地构造演化经历了晋宁期及以前基底形成阶段→晋宁期以后基本稳定的发展阶段→二叠纪-晚三叠世早期扬子陆块裂解阶段→晚三叠世以后俯冲碰撞阶段→侏罗纪-白垩纪陆内造山阶段。矿区所在的叙永-筠连叠加褶皱带由环绕川中结晶地块增生的中元古代峨边群(昆阳群)及板溪群等组成褶皱基底,晋宁运动表现明显,下震旦统角度不整合于褶皱基底上。盖层发育齐全,自震旦系至白垩系均有沉积,但存在着不同时代地层的超

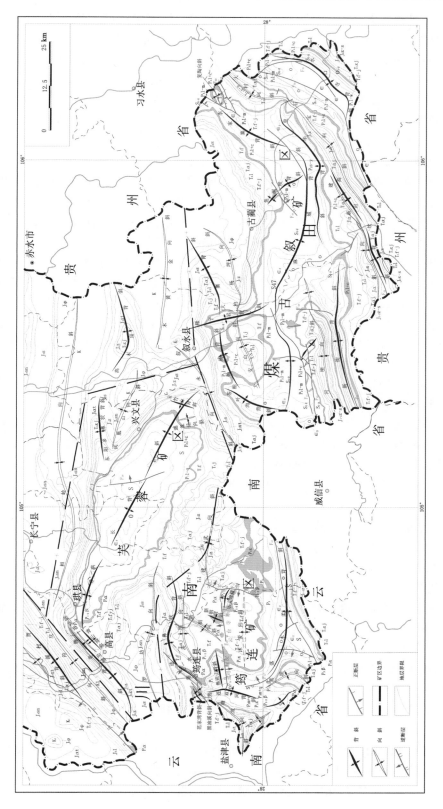

图3-1　川南煤田构造纲要图

覆现象,总厚度可达万米以上。加里东运动使区内抬升,剥蚀造成大部分地区缺失泥盆系、石炭系,这时,处于"川黔古坳陷"中的川南黔北地区,经历早二叠世阳新海侵沉积了 500 余米石灰岩建造,晚二叠世初海水退却,本区全面上升(茅口组石灰岩暴露剥蚀,近侵蚀面处见有古岩溶发育),由于峨眉地裂运动进入高潮,沿小江断裂喷溢形成大量大陆拉斑玄武岩建造,在本区堆积了 0～255 m 玄武岩。

经历长期的剥蚀夷平,晚二叠世坳陷区又复下沉,形成滨海-湖沼盆地,形成了厚达 130 余米自西向东由陆相递变为海陆交互相的含煤地层。

印支早期,早、中三叠世继承了晚二叠世的沉降活动继续下沉,堆积了厚达 1 370 余米浅海相碎屑岩类及碳酸盐类的沉积,沉积了飞仙关组、嘉陵江组、雷口坡组地层。印支晚期,坳陷区全面上升为陆,结束海相沉积。之后,转入大型陆相坳陷盆地(四川前陆盆地)的发展阶段,晚三叠世须家河期沉积了厚约 500 m(须家河组)陆相含煤碎屑岩沉积建造。

侏罗世早期,本区堆积了巨厚的陆相红色建造。晚侏罗世末,受燕山活动影响,坳陷区进一步抬升并遭受剥蚀,造成陆盆缩小,致使晚白垩世近千米红色碎屑沉积平行不整合于晚侏罗世地层之上。晚白垩世末的"四川运动"地壳运动强烈,使坳陷区乃至整个扬子区自寒武系至侏罗系地层全部发生剧烈褶皱、断裂,形成山系,造成现今的构造基本格架。

二叠系上统煤系沉积后,受印支运动Ⅲ幕及南、北应力作用影响,四川前陆盆地边缘发生褶皱,形成四川菱形盆地雏形。喜马拉雅运动Ⅰ幕,印度板块向北东与欧亚古板块碰撞,太平洋古板块向北西俯冲,使四川盆地边缘褶皱加强;喜马拉雅运动Ⅱ幕,本区盖层强烈褶皱,最终形成了现今四川省的构造格局;喜马拉雅运动Ⅲ幕至今,区域仍以差异性上升为主,并在多种地质营力长期作用下,地表遭受强烈风化、剥蚀,从而造就了今日之地质地貌态势。总的来说,从二叠纪末到中生代,"拉张→俯冲→挤压→隆升"构成一个完整造山旋回。

晚二叠系上覆 6 000 余米地层的高压和强烈的构造挤压环境,孕育了本区煤层煤化程度高、煤层瓦斯生成量大的无烟煤(WY3),也铸就了四川省川南煤田芙蓉、筠连、古叙等矿区煤层瓦斯含量高、瓦斯涌出量大、煤与瓦斯突出的特点。

3.2 芙蓉矿区瓦斯地质规律与瓦斯地质图

3.2.1 矿区构造特征

3.2.1.1 褶皱、断裂构造

矿区位于叙永-筠连叠加褶皱带中段北部,矿区主体构造称珙长背斜。该背斜轴向呈北西西展布,背斜东起叙永、西至高县,东西长 86 km、南北宽 23～38 km(西窄东宽),二叠系上统封闭面积近 907 km²,轴部出露最老地层为寒武系,翼部由二叠系、三叠系组成。背斜北翼陡、南翼缓,地层倾角:北翼 10°～80°、南翼 10°～40°,翼部陡、轴部缓,整个大背斜是由多个次级背、向斜组成的似箱状花边复式短轴背斜。受多期次构造应力作用影响,背斜西部倾没端附近叠加有走向北东的青山背斜、滥泥坳向斜和腾龙背斜;背斜北翼中段(富安北)及背斜南东倾没端附近各发育一组次级背、向斜(图 3-2)。

(1)青山(芙蓉山)背斜:位于珙长背斜北西倾没端、滥泥坳向斜南东侧,西起高县铁厂,东至珙县卷子坪,长约 12 km,轴向 N60°～70°E,轴部出露最老地层为二叠系上统宣威组,两翼为三叠系下统飞仙关组及嘉陵江组,地层倾角:北西翼 45°～68°、南东翼 10°～25°,该背

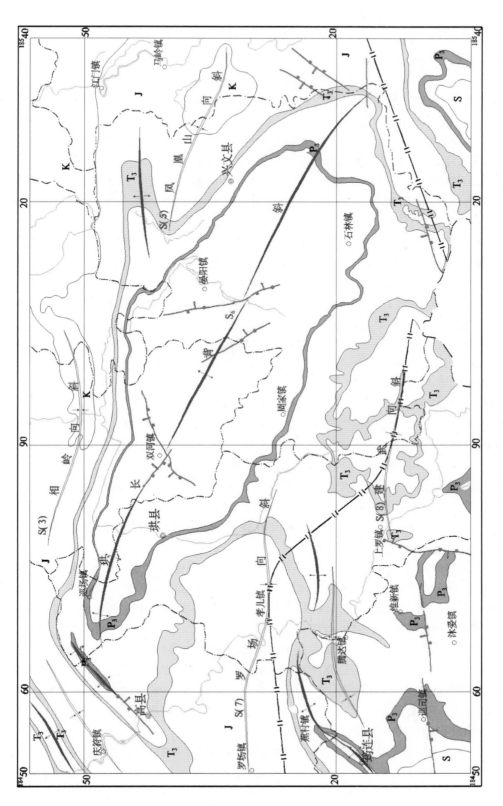

图3-2　芙蓉矿区地质简图

斜轴线为杉木树煤矿与芙蓉煤矿的分界线。

（2）滥泥坳向斜：介于青山（芙蓉山）背斜与腾龙背斜之间，向斜东至珙县金沙湾，西至高县铁厂，全长 16 km，轴线走向在桃子坪以南为 N45°～55°E，向北转为 N80°～85°E，轴部出露最新地层为三叠系下统嘉陵江组，翼部为飞仙关组及二叠系上统宣威组，地层倾角：南陡北缓，北翼 15°～30°、南翼 30°～60°，该向斜为一开阔的不对称向斜。向斜中段受珙长大背斜影响，向斜轴部被抬升，上隆构成"马鞍"状，向斜枢纽自"马鞍"部分分别向北东和南西方向倾伏，向北东倾伏角 2.5°～10°，向南西倾伏角 3°左右。

（3）腾龙背斜：位于滥泥坳向斜西北侧。背斜南西起于高县洗脚溪，北东至高县石板田，长 10 km，轴向 N40°～50°E，轴部出露最老地层为二叠系中统茅口组，翼部为宣威组和飞仙关组，地层倾角：北西翼 54°～85°、南东翼 20°～56°，为狭长的不对称背斜，轴部发育高角度走向断层。

（4）坳田背斜：为腾龙背斜北东延伸构造，两背斜在 7～9 勘探线间首尾并列，属同一背斜。背斜轴向在 10 线西为 N55°E，2 线以东由 N78°E 渐转为 S74°E，至金沙湾倾没，全长9.2 km，呈向北凸出的弧形。轴部出露最老地层为峨眉山玄武岩组，翼部地层倾角：北西翼大于60°、南东翼 15°～40°，为不对称背斜，轴部多被断层破坏。背斜南东翼断层较发育，在杉木树煤矿北翼形成一个较密集的断层带。

（5）尖岗山（东阳乡）鼻状背斜：为珙长背斜北翼中段一个指状分支构造，西起金银山，往东经尖岗山、川主庙伸出矿区，区内长 8.5 km，往东延伸可接高木顶背斜。在飞仙关组地层中，背斜轴部宽缓，轴向近东西、向东倾没，倾伏角约 8°，翼部地层倾角：北翼 20°～35°，北界边界附近较陡达 60°，南翼 15°～25°。该背斜为富安井田分布区。

（6）七郎坳（凤凰山）向斜：位于尖岗山鼻状背斜之南，由海子湾向西经团山包、新高村延至区外，区内长 5.5 km。向斜轴部较宽缓，轴向 N65°W，向东倾伏，倾伏角为 10°，地层倾角：北翼（即尖岗山背斜南翼）约 15°～25°、南翼 20°～35°。

（7）玉竹山短轴背斜：位于珙长背斜南东倾没端附近，地表为飞仙关组。背斜北起于义团坳，向南经玉竹山至红河沟，全长 14 km，轴向 N17°W，向两端倾伏，倾伏角 8°～10°，背斜两翼倾角为 20°～35°，基本对称。背斜轴部北段被 F_3、F_5 走向逆断层破坏，断层最大落差为85 m 和 45 m。

（8）回龙场向斜：位于玉竹山背斜西，北起于义团坳，经杨柳湾至金鹅池，全长 13.5 km，轴向 N15°W，向斜向北扬起、向南倾伏，倾伏角 3°～10°，两翼地层倾角 10°～25°。

矿区内除珙长背斜北西及南东倾没端附近次级褶皱区发育的中小型断层对煤层有一定破坏作用外，无切割煤系的区域性断层。

在珙长背斜南东倾没端附近，地勘查明地表断层 21 条，其中 20 条破坏了主采煤层（11煤层）。主要分布在回龙场向斜西翼浅部（地勘称其为关索岩-二龙山构造复杂区）及玉竹山背斜轴部。断层落差大于 30 m 者 12 条，多为走向逆断层，断层倾角大，其性质属压性、压扭性。其中，以 F_9、F_8 断层较大，其走向长为 4 300 m 和 4 350 m，落差 130 m 和 45 m，均为回龙场、玉竹山井田内的中小断层。

珙长背斜北西倾没端附近的北东向构造叠加区，断层多集中在滥泥坳向斜西翼北段，为一组（5 条以上）大致平行的斜交走向逆断层，走向长度 680～1 800 m 不等。断层倾向与地层倾向相同，造成煤层重复，落差 27～70 m 不等，断层性质为压性，为杉木树井田内的中小断层。

3.2.1.2　层间滑动构造

由于沉积地层的岩石物理特性和组合关系的差异,各地层组(段)在褶皱变形过程中的变形特点也有所不同,就本矿区与煤田地质相关的二叠系中下统至三叠系上统层段(共厚约2 200 m),在褶皱中栖霞-茅口组厚层石灰岩、飞仙关组厚层碎屑岩与长兴组石灰岩、须家河组砂泥岩等层段起到了能干层的作用,构成了褶皱构造的基本形态,由于岩性硬脆,往往横张、X 剪节理(或断层)较发育;嘉陵江组、雷口坡组薄层石灰岩、宣威组或龙潭组含煤地层作为软弱岩层,则随褶皱发生部分塑性变形,前者主要发育层间褶曲,多伴生走向逆断层,后者则在主要煤层($B_4 \sim B_1$ 或 $9 \sim 12$ 煤层等近距离煤层群)及其附近软岩层中发育顺层滑动,形成层滑构造带等塑性变形构造,显现为煤、岩层结构被破坏,发生塑性流动变形,部分形成构造煤,煤层(层位)连续性较好,基本能对比。煤层时分时合,煤层间距变化特大。据白皎煤矿部分统计资料,井下各煤层的厚度及层间距变化均大,但又以 B_3、B_2 煤层的厚度和 $B_4 \rightarrow$ $B_3 \rightarrow B_2$ 煤层的层间距变化幅度最大,具突变特点,变化规律不明显,见表 3-1。

表 3-1　芙蓉矿区白皎煤矿煤层厚度及各煤层间距一览表

盘区	煤层厚度/m				煤层间距/m		
	B_4	B_3	B_2	B_1	$B_4 \sim B_3$	$B_3 \sim B_2$	$B_2 \sim B_1$
11 盘区	$\dfrac{0.64 \sim 2.35}{1.5}$	$\dfrac{0.2 \sim 0.8}{0.5}$	$\dfrac{1.41 \sim 3.5}{2.5}$	$\dfrac{0.4 \sim 0.7}{0.5}$	$\dfrac{0.5 \sim 3.1}{2.2}$	$\dfrac{0.5 \sim 2.4}{1.4}$	$\dfrac{3.3 \sim 7.1}{5.0}$
13 盘区	$\dfrac{1.1 \sim 2.5}{1.5}$	$\dfrac{0 \sim 2.15}{0.4}$	$\dfrac{0.7 \sim 3.0}{2.4}$	$\dfrac{0.3 \sim 0.8}{0.6}$	$\dfrac{0.2 \sim 4.8}{1.0}$	$\dfrac{0.2 \sim 3.5}{2.0}$	$\dfrac{3.2 \sim 9.5}{6.8}$
15 盘区	$\dfrac{0.72 \sim 3.06}{1.66}$	$\dfrac{0 \sim 1.0}{0.4}$	$\dfrac{0.69 \sim 2.86}{1.47}$	$\dfrac{0.3 \sim 1.5}{0.6}$	$\dfrac{0.3 \sim 5.3}{0.8}$	$\dfrac{0.0 \sim 5.0}{1.2}$	$\dfrac{3.0 \sim 6.0}{5.0}$
17 盘区	$\dfrac{0.7 \sim 2.3}{1.4}$	$\dfrac{0.65 \sim 2.2}{1.55}$	$\dfrac{0.7 \sim 1.36}{0.92}$	$\dfrac{0.3 \sim 0.7}{0.5}$	$\dfrac{0.3 \sim 5.3}{0.8}$	$\dfrac{0.3 \sim 2.5}{1.5}$	$\dfrac{1.5 \sim 7.5}{6.1}$
12 盘区	$\dfrac{1.1 \sim 1.6}{1.2}$	$\dfrac{0.7 \sim 1.2}{0.8}$	$\dfrac{1.0 \sim 2.5}{2.0}$	$\dfrac{0.4 \sim 0.8}{0.5}$	$\dfrac{0.2 \sim 2.5}{1.1}$	$\dfrac{2.1 \sim 5.5}{3.4}$	$\dfrac{2.5 \sim 8.1}{5.6}$
14 盘区	$\dfrac{0.64 \sim 1.6}{1.5}$	$\dfrac{0.5 \sim 1.3}{1.1}$	$\dfrac{1.0 \sim 2.5}{2.0}$	$\dfrac{0.4 \sim 0.8}{0.5}$	$\dfrac{0.4 \sim 2.5}{1.1}$	$\dfrac{1.1 \sim 5.0}{2.1}$	$\dfrac{4.1 \sim 9.8}{6.1}$
16 盘区	$\dfrac{1.1 \sim 1.8}{1.5}$	$\dfrac{0.8 \sim 1.14}{1.1}$	$\dfrac{1.0 \sim 2.1}{2.0}$	$\dfrac{0.2 \sim 0.6}{0.45}$	$\dfrac{0.1 \sim 6.2}{2.5}$	$\dfrac{1.1 \sim 3.5}{1.9}$	$\dfrac{3.4 \sim 6.3}{5.1}$
20 盘区	$\dfrac{0.64 \sim 2.77}{1.62}$	$\dfrac{0 \sim 1.4}{0.4}$	$\dfrac{1.55 \sim 4.2}{3.0}$	$\dfrac{0.3 \sim 0.7}{0.5}$	$\dfrac{0.7 \sim 4.4}{2.4}$	$\dfrac{0.4 \sim 6.4}{2.6}$	$\dfrac{4.0 \sim 5.4}{4.6}$
全矿井综合	$\dfrac{0.64 \sim 4.2}{1.10}$	$\dfrac{0 \sim 2.2}{0.92}$	$\dfrac{0.64 \sim 4.30}{2.04}$	$\dfrac{0.2 \sim 1.5}{0.5}$	$\dfrac{0.0 \sim 11.8}{3.5}$	$\dfrac{0.2 \sim 9.2}{2.5}$	$\dfrac{1.4 \sim 14.0}{6.0}$

注:① 据《芙蓉矿区白皎矿井地质报告》(1989 年);

　　② 分子为最小～最大值,分母为平均值。

由此可判定,白皎煤矿煤层变化大是由于层滑构造挤压、滑动,煤、岩层原生结构被破坏后所形成的塑性流动变形的结果。因此,层滑构造又是加工形成构造煤的主要动力机制之一。同时由于受层面(间)滑动作用的影响,在层滑构造带派生有大量的、错综复杂的断层(煤系隐伏小断层)。

这类由纵弯褶皱控制的层间滑动所形成的顺层滑动构造,在珙长背斜西部宣威组中上部 $B_4 \sim B_1$ 煤层、东部龙潭组上部 $9 \sim 12$ 煤层等近距离煤层群内十分发育。

根据芙蓉、白皎煤矿矿井揭露资料,这类隐伏小断层有以下特征:

① 断层密度大,方向多异,走向延伸距离短(绝大多数小于 200 m),垂直落差小(绝大多数小于 3 m),断层倾角大($50° \sim 80°$),性质以正断层居多,落差小于 5 m 的断层往往成组密集出现。

② 在上部煤层(C_5)中发育的断层,到下部煤层(B_{3+4}、B_2)时,大多数都已消失。在 B_4 煤层中揭露的断层,在 B_2 煤层中往往消失。同样,B_4 煤层正常区段相应部位的 B_2 煤层常常发育有落差 $1 \sim 2$ m 的断层,即是说各煤层往往有其自身的断裂系统。C_5 和 B_{3+4} 煤层中以正断层占绝对优势,而 B_2 煤层中则以逆断层为主(图 3-3)。

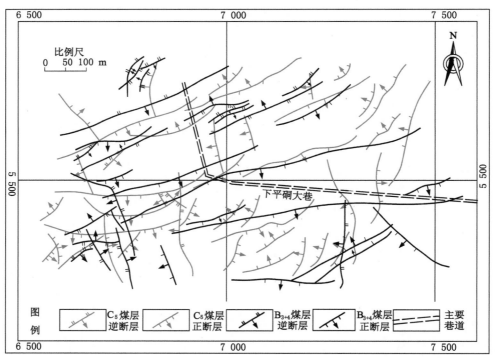

图 3-3　芙蓉煤矿下二盘区 B_{3+4}、C_5 断层展布图

从芙蓉、白皎煤矿的实践证明,层滑构造对矿井瓦斯赋存影响极大,也较难控制。认真深入研究层滑构造的发育特点(程度)及其分布规律也是矿区、矿井瓦斯地质工作要务之一。

综上所述,煤系地层的顺层滑动(构造剪切带)多出现在煤系中上部 $B_4 \sim B_1$ 煤层附近,$B_4 \sim B_1$ 煤层实际为近距离煤层群,受构造因素影响煤层时厚时薄、时分时合。矿区主体褶皱控制了中小断层、顺层滑动及层间滑动构造(层间剪切带)的发育,由层滑构造派生的大量小断层使矿井及采煤工作面地质构造复杂化,它们对矿井煤层瓦斯赋存、分布及聚集起重要作用。

3.2.2　矿区分段划分及煤层特征

芙蓉矿区二叠纪含煤地层围绕珙(县)长(宁)背斜呈环带状展布。根据其含煤特征,将其列分为四段(图 3-4)叙述,即古宋矿段、先锋矿段、官兴矿段和芙蓉矿段。煤层赋存呈由东(古宋矿段)向西(芙蓉矿段)逐渐抬高。在兴文县红桥、四龙一线以西,除龙潭组顶部的煤层可采外,还有兴文组(长兴组)的煤层。

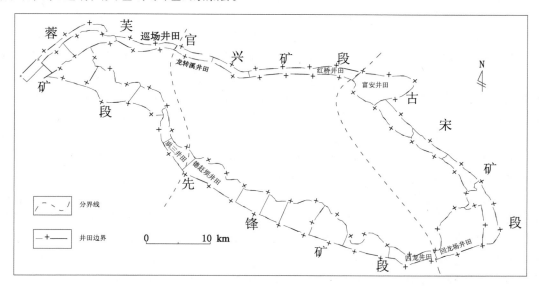

图 3-4　芙蓉矿区分段示意图

(1) 古宋矿段:龙潭组厚 94～154 m,含煤 4～12 层,全矿段可采煤层 1 层,赋存于该组顶部,距长兴灰岩底界 1.10～12.5 m,煤层厚度 0.29～6.04 m,含夹石 1～2 层,个别点达 4 层,夹石厚度 0.02～3.80 m。夹石岩性以黏土岩为主,碳质泥岩次之。局部可采煤层 2 层,主要赋存于底部和上部。长兴组厚 39 m,为石灰岩,其顶部有一煤层(厚度约 0.14 m)或碳质泥岩,与下三叠统飞仙关组分界。

(2) 官兴矿段:龙潭组含煤 10～15 层,含煤总厚度 4.74 m,含煤系数 3%。其中,局部和部分可采煤层 3 层(B_4、B_3、B_1),全区可采 1 层(B_2),其余为煤线。主要煤层集于龙潭组上部。

(3) 先锋矿段:龙潭组厚 104～125 m,含煤 5～10 层,全段可采煤层 2 层,局部可采 2 层,赋存于中上部和顶部。长兴组厚 25～44 m,含煤 1～5 层,局部可采 1 层。岩性为深灰色泥岩、砂质泥岩、泥质粉砂岩,间夹数层薄层状生物碎屑灰岩。生物碎屑灰岩层数由东向西减少,而煤层层数增多。在新塘井田,含生物碎屑灰岩 11 层,一般 6～9 层,总厚度 11～18 m,个别点 23 m,含煤层 1～2 层及数层碳质泥岩,仅 1 层煤层。全井田煤层稳定,但仅 1 个点达可采厚度。在德赶坝井田,泥质生物碎屑灰岩向西层数有减少趋势,含煤 3～6 层,仅 1 层煤(C_1)在井田内局部可采。

(4) 芙蓉矿段:宣威组下亚段厚 99～148 m,含煤 4～9 层,可采煤层 2～3 层,局部可采

1～2 层,赋存于本组顶部。其中,B_3 煤层和 B_4 煤层有合并现象。兴文组厚 20～44 m,岩性以泥质砂岩、砂质泥岩、泥岩为主,夹薄层泥质生物碎屑灰岩,由东边红卫煤矿 5～8 层向西逐渐减少至杉木树煤矿和芙蓉煤矿的 3 层,含煤层 5 层,局部地段可采煤层为 1 层(C_5)。

3.2.3 矿区瓦斯赋存(突出)规律与控制因素

3.2.3.1 瓦斯赋存控制因素分析

（1）地质构造对瓦斯赋存的影响

芙蓉矿区总体受北西西向珙长背斜影响,背斜轴部遭受强烈剥蚀,形成约 907 km² 的瓦斯逸散窗,煤层在地表有露头,瓦斯通过煤层露头释放到大气中。煤层露头附近存在瓦斯风氧化带,背斜两翼随着煤层埋深的增加瓦斯含量增加。

芙蓉矿段规模较大的构造主要为褶皱,无控制全区的大型断层。西部的杉木树煤矿自西向东有腾龙背斜、滥泥坳向斜、青山背斜,到中部随着东西向构造越来越强烈,加上风化剥蚀作用,存在多个煤层露头,瓦斯逸散通道最为发育,瓦斯含量相对较低,目前的煤与瓦斯突出以中小型突出为主。但在珙长背斜北翼的红卫及南翼的芙蓉、白皎、珙泉等各矿井内部,北东向隐伏褶皱均有不同程度的反映,它们是巡场向斜(A_4)、白皎背斜(A_5)、珙泉向斜(A_6)(图 3-5)。如果将珙长背斜南北两翼各矿井内部构造联系起来看作一个整体,则会清楚地得出:由西向东,褶皱强度减弱,有利于煤层瓦斯的保存,使得白皎、珙泉煤矿瓦斯含量高,煤与瓦斯突出较严重。这些以挤压为主的断层褶皱,使得地应力分布、煤层瓦斯分布和构造煤发育很不均匀,煤与瓦斯突出具有分布不均的特点。如在白皎矿井(井田)中部,主平硐附近发育(或叠加)有一走向 N50°E 的宽缓背斜(有人称白皎背斜),+500 m 至+50 m 的煤层底板等高线显示为倒扇形,展布宽度约为 4 km。这个次级背斜在珙长大背斜南翼,斜交煤岩层走向形成背形高点,极利于瓦斯富集和储存,如井田中央的 20 盘区,正处于该背斜的轴部,瓦斯相对富集,矿井的 7 次特大型和大部分大型煤与瓦斯突出事件都较集中分布在此区。

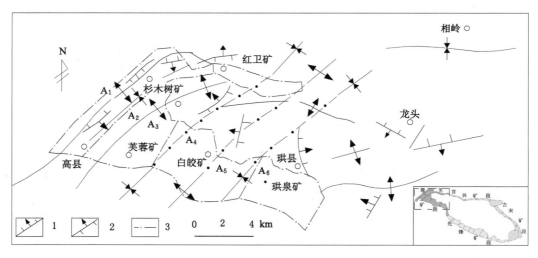

A_1—腾龙背斜;A_2—滥泥坳向斜;A_3—青山背斜;A_4—巡场向斜;A_5—白皎背斜;A_6—珙泉向斜;

1—正断层;2—逆断层;3—矿界。

图 3-5　芙蓉矿段构造复合特征及煤矿分布示意图

古宋矿段在背斜北翼有一组走向近东西向的褶曲（即尖岗山背斜和七郎坳向斜），在南东倾没端附近有另一组走向近南北的褶曲（即玉竹山背斜和回龙场向斜）。这些向、背斜都是挤压作用的结果，不同背斜和向斜构造的瓦斯赋存特征有一定的差异，表现为向斜构造比背斜构造更有利于瓦斯赋存，当煤层埋藏较深时，背斜和向斜核部均有高压瓦斯积聚，以背斜倾伏端、向斜轴部为高压瓦斯富集的最有利场所，向斜轴部突出危险性更大。而此区域断层以重复地层为主，较为集中地发育在主体断层两侧，从断层的力学性质看，以压性结构面为主，岩石挤压明显，多呈角砾状、糜棱状，煤层破坏严重，构造煤发育。特别是在断层歼灭端，常常造成应力集中，以致断层端点附近的煤层具有很高的煤与瓦斯突出倾向。如位于古宋矿段北部的富安井田主体构造为尖岗山鼻状背斜，背斜两翼基本对称；井田北部有出露地表的 F_{41} 斜交走向逆断层，井田南部为次一级七郎坳向斜；在井田范围内尖岗山背斜轴部，本区含煤地层未出露地表，瓦斯难以通过地表逸散，在背斜倾伏端和局部地带瓦斯含量较高，测得 123-44 钻孔瓦斯含量为 23.94 m^3/t，119-41 钻孔瓦斯含量为 27.94 m^3/t，为富安井田测定的最高值；七郎坳向斜为井田的次一级构造，向斜轴部较为宽缓，对瓦斯保存较为有利；北翼发育 F_{41} 斜交走向逆断层对井田北部煤层破坏较为严重，断层附近具有糜棱岩，定向挤压明显，为压扭性断层，有利于瓦斯富集，是煤与瓦斯突出的易发地带（图 3-6）。

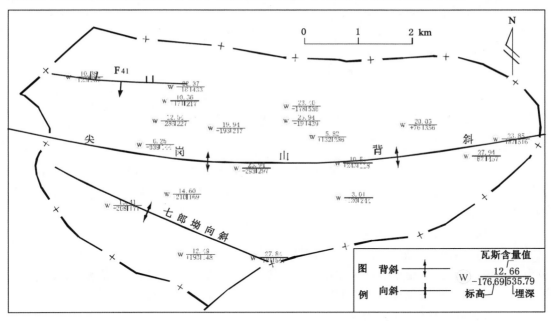

图 3-6　富安井田煤层瓦斯含量分布图

此外，在层滑构造形成的煤层揉皱区，一方面导致煤体结构破坏、软分层增厚，改变了瓦斯赋存方式，使其易于富集；另一方面，煤层厚度和煤层层间距发生变化，引起瓦斯涌出量改变。

（2）煤层埋深对瓦斯赋存的影响

随着煤层埋藏深度的增加，地应力不断增高，煤层和围岩的透气性也会降低，而且瓦斯向地表运移的距离也增大，这些变化均有利于瓦斯的赋存。因此，在煤矿开采时，瓦斯涌出量通常与煤层埋藏深度有密切关系,煤层瓦斯涌出量主要随着基岩增大呈线性规律增加。芙蓉矿区各井田范围内随埋深增加,瓦斯含量均相应增大(表 3-2),而不同井田瓦斯含量梯度不一。在煤层埋藏较深的区域,瓦斯通过煤层露头释放较为困难,瓦斯含量大,如白皎煤矿、金堂煤矿、五星煤矿在深部勘查和生产实际测得瓦斯含量都较高,分别为 36.69 m^3/t(埋深 748 m)、28.83 m^3/t(埋深 811 m)和 35.57 m^3/t(埋深 588 m)。

表 3-2 芙蓉矿区主要井田煤层瓦斯含量与埋藏深度关系表

矿区分段	井田名称	煤层	关系表达式	相关系数(R^2)
芙蓉矿段	白胶煤矿	B_4	$y=0.040\ 5x+0.061\ 1$	0.92
	杉木树煤矿	B_4、B_{3+4}	$y=0.014\ 9x+5.652\ 4$	0.95
	红卫煤矿	C_5	$y=0.020\ 3x+0.838\ 3$	0.867 3
		B_4	$y=0.022\ 1x+2.742\ 5$	0.577 9
	珙泉煤矿	B_4	$y=0.025\ 4x+5.882\ 6$	0.661 1
		C_1	$y=0.021\ 7x+6.983$	0.506 3
	珙县二、三号井田	B_3	$y=0.024\ 1x+4.496\ 4$	0.868 8
古宋矿段	富安井田尖岗山背斜北翼	11	$y=0.038\ 7x+6.264\ 6$	0.680 2
	富安井田尖岗山背斜南翼	11	$y=0.038\ 9x+6.976\ 1$	0.809 1
	古宋一、二号井田和东梁坝井田	11	$y=0.043\ 3x+5.729\ 2$	0.934 8
	玉竹山井田、回龙场井田	11	$y=0.041\ 6x+6.831\ 2$	0.668 2
先锋矿段	德赶坝井田	B_3	$y=0.025\ 1x+4.791\ 6$	0.979 4
	新塘、新华、铜锣坝和川堰井田	B_3	$y=0.035\ 2x+6.864\ 4$	0.739

注:y—煤层瓦斯含量;x—煤层埋藏深度。

埋藏深度是影响本区煤与瓦斯突出强度的一个重要因素,结合白皎煤矿来说,这种影响关系又具有一定的规律性,即矿井深部突出强度远大于浅部。突出频率及突出强度随埋深增加而迅速增加。

(3)顶底板岩性对瓦斯赋存的影响

芙蓉矿区内煤层顶底板的透气性与煤层瓦斯赋存关系密切,矿区主采煤层顶底板岩性多为砂质泥岩或泥岩,由于砂质泥岩或泥岩孔隙度小,排驱压力大,透气性能差,瓦斯封闭条件较好,对煤层瓦斯的储存较为有利,这也是致使矿区瓦斯浓度较高的一个重要因素。

(4)水文地质对瓦斯赋存的影响

矿区茅口组(P_2m)和嘉陵江组(T_1j)为强含水层,浅部岩溶很发育,地下水活动强烈,但这两组岩溶裂隙含水层与煤层之间有峨眉山玄武岩组($P_3\beta$)、宣威组(P_3x)下部的砂质泥岩、泥岩和飞仙关组(T_1f)以粉砂岩、砂质泥岩互层组成的隔水层相隔。在自然状态下,各含水层并无水力联系,含煤地层围岩地下水活动较弱,对瓦斯的保存较为有利。

(5)其他因素对瓦斯赋存的影响

从矿区各井田煤层厚度来看,C_8 煤层在铜锣坝、川堰井田和古宋矿段厚度最大,瓦斯生成与赋存的物质基础条件较好,瓦斯含量高。据白皎煤矿资料,井田内可见两条厚煤区带,一条分布在 20、21 盘区一带,煤层厚度多在 2.0 m 以上,瓦斯含量相对较高,其展布方向为近东西向,形如梭状,矿井所发生的特大型突出和大部分大型突出都在此区带内。而在富安井田的中部存在一煤层薄化区域,在此区域之内测得的煤层瓦斯含量相对较低,但在此区域边缘煤层增厚的同时,瓦斯含量迅速增大。以上说明煤层厚度也是影响瓦斯赋存的一个因素。

3.2.3.2　构造煤发育及分布特征

根据矿区各井田煤体坚固性系数和煤体破坏类型的测试情况,统计结果见表 3-3。

表 3-3　煤体坚固性系数和煤体破坏类型测试成果表

井田名称	f 值	煤体破坏类型	备注
白皎井田	0.25	Ⅲ～Ⅴ 类	白皎煤矿
巡场井田	0.24	Ⅲ～Ⅴ 类	红卫煤矿
珙县二号井田	0.51	Ⅲ 类	马鞍寺煤矿
德赶坝井田	0.56	Ⅲ 类	棕树坡煤矿
新塘、新华井田	0.65	Ⅲ～Ⅳ 类	南方煤矿
川堰井田	0.45	Ⅲ～Ⅳ 类	永安煤矿
富安井田	0.36	Ⅲ	江安煤矿
东梁坝井田	0.29	Ⅳ 类	建设煤矿
古宋一、二号井田	0.15	Ⅲ～Ⅳ 类	五星煤矿
	0.24	Ⅳ 类	金河煤矿
回龙场井田	0.19	Ⅲ 类	半边山煤矿
	0.19	Ⅲ 类	高滩煤矿
	0.14	Ⅲ 类	大沟头煤矿
红桥井田	0.20	—	长兴煤矿

珙长背斜受区域构造线方向多异的限制,使背斜内部也具有构造线方向多异的特点,多期、异向构造使得赋存于茅口组石灰岩(或峨眉山玄武岩)与飞仙关组砂、泥岩之间的宣威组,尤其是宣威组中上部 B_2、B_4、C_5 软岩层段受上、下硬岩组(褶皱骨干层)之间的滑动剪切作用影响,煤系软岩层段产生塑性流动、变形,成为由多个滑动面组成的层间滑动变形带。因此,这一层间滑动变形带在整个珙长背斜是普遍存在的,只是在背斜层内所处的部位不同,其发育和破坏程度亦有所差别。

处在顺层滑动带的煤层,构造煤发育,多是煤与瓦斯高突煤层。从宏观看,煤与瓦斯突出需要有一定厚度的构造煤,而由纵弯褶皱控制的层滑构造是形成构造煤的主因。在层间滑动变形带内,煤层受到了强有力的挤压、搓揉,不仅造成煤层厚度大幅度变化,而且破坏了部分煤层的原生结构,形成了大量的构造煤(f 值一般都小于 0.5,煤体破坏类型为Ⅲ～Ⅴ类),这也是芙蓉矿区构造煤十分发育的主要原因。

3.2.3.3　矿区瓦斯赋存分布规律

芙蓉矿区到晚二叠世,形成以陆相为主的海陆交互相含煤地层。早、中三叠世继承了晚二叠世的沉降活动继续下沉,印支期是瓦斯生成的主要阶段,燕山运动前本区以陆相沉积为主,瓦斯继续生成并得到良好保存。含煤地层受燕山运动强烈挤压,朝着有利于瓦斯释放的构造形态发展。燕山期是构造煤形成的有利时期,同时瓦斯也得到一定的释放;喜马拉雅构造运动时期使瓦斯得到进一步的释放。

本区煤的变质程度较高,在煤化过程中生成的瓦斯含量较大,吸附瓦斯能力较强。在煤层埋藏较深的区域,瓦斯通过煤层露头释放较为困难,如白皎煤矿、珙泉煤矿、金堂煤矿、五星煤矿在深部勘查和生产实际测得瓦斯含量都较高。芙蓉矿区属于高瓦斯、突出矿区,根据全省编图资料,截至 2010 年煤与瓦斯突出矿井共 46 对,瓦斯风氧化带以下是煤与瓦斯突出地带。矿区瓦斯风氧化带的确定:① 芙蓉矿段,参照白皎煤矿瓦斯风氧化带深度及区域突出情况,定为 70～100 m;② 古宋矿段,依据钻孔实测瓦斯成分,富安井田瓦斯风氧化带深度为 125 m,古宋一、二号井田 10-536 号孔所揭露的 11 煤层 CH_4 成分为 92%,埋深为 106 m,因此确定古宋矿段瓦斯风氧化带深度为 100～125 m;③ 先锋矿段,根据各井田实测瓦斯成分分析可知,铜锣坝井田 ZK9702 号孔所揭露的 B_3 煤层 CH_4 成分达 88%,埋深为 97 m,由此可以确定,此区域瓦斯风氧化带深度为 90～100 m;④ 官兴矿段,龙蟠溪、天堂坝井田做过瓦斯含量和瓦斯成分测试,但由于当时测试技术的限制,测试精度较差,难以界定该井田瓦斯风氧化带深度,参考富安井田瓦斯风氧化带划定深度,该井田划定瓦斯风氧化带深度为 125 m,由于本区倾角较大,因此将风氧化带深度划为 130 m。

珙长背斜北翼地层倾角较大,有利于瓦斯释放,南翼地层平缓,煤层倾角小,不利于瓦斯释放,根据目前矿井生产测定瓦斯参数,珙长背斜南翼瓦斯含量最高。瓦斯通过煤层露头释放到大气中,靠近背斜轴煤层露头附近存在瓦斯风氧化带,远离背斜轴的背斜两翼随着煤层埋深的增加瓦斯含量增加。杉木树煤矿主要受腾龙背斜、滥泥坳向斜、青山背斜等北东向褶皱构造影响,存在多个煤层露头,瓦斯逸散通道最为发育。向东到白皎、珙泉煤矿,褶皱强度减弱,有利于煤层瓦斯的保存,使得白皎、珙泉煤矿瓦斯含量高,煤与瓦斯突出较严重。古宋矿段不同背斜和向斜构造的瓦斯赋存特征有一定的差异,表现为向斜构造比背斜构造更有利于瓦斯赋存,当煤层埋藏较深时,背斜和向斜核部均有高压瓦斯积聚,以背斜倾伏端、向斜轴部为高压瓦斯富集的最有利场所,向斜轴部突出危险性更大。

依据芙蓉矿区地质构造特征、瓦斯分布、构造煤分布以及煤与瓦斯突出规律来看:① 芙蓉矿段位于北西西向构造和北东向构造的复合带,构造较为复杂,以挤压为主的断层褶皱同时存在张性构造,地应力分布不均,因此瓦斯分布和构造煤发育很不均匀,煤与瓦斯突出具有分布不均的特点。杉木树煤矿区域瓦斯逸散通道较为发育,瓦斯含量相对较低,目前的煤与瓦斯突出以小型突出为主。背斜南翼(白皎煤矿、珙泉煤矿)是煤与瓦斯突出的有利区域,突出由构造应力、滑动构造导致的煤层厚度变化与构造煤发育为主要因素引起。② 背斜北翼(红卫煤矿、永兴煤矿)煤层倾角较大,急倾斜煤层且煤体结构松软,自重力、构造应力等是引起煤与瓦斯突出的主要因素,突出以小型为主,在倾角较缓的区域容易发生大型突出事故。③ 古宋矿段是煤与瓦斯突出的有利区域,又以古宋一、二号井田最为有利,突出以层滑构造与构造煤发育为主导因素。

矿区大部分煤层都具有煤与瓦斯突出危险性,根据本区瓦斯地质特点,煤层瓦斯在由瓦斯风氧化带过渡到瓦斯带时存在突变现象,即矿井开采区域进入瓦斯区就存在煤与瓦斯突出的危险。受地理地形因素的影响,矿区局部地段瓦斯表现为高异常、突出呈现集中的现象。芙蓉矿区瓦斯地质特征及突出特征见表 3-4、表 3-5。

表 3-4 芙蓉矿区瓦斯地质汇总表

矿区名称	芙蓉矿区				
矿井总数 （国有重点/地方）	矿井瓦斯等级及对数			煤炭资源总量/万 t	
	突出矿井对数	高瓦斯矿井对数	低瓦斯矿井对数	勘查	预测
5/107	46	47	19	150 250	357 703
矿区瓦斯突出总数	592	始突深度/m	103	矿别	玉竹山煤矿
最大瓦斯突出强度	煤量/(t/次)	3 100	标高/m	±0	矿别	红卫煤矿
	瓦斯量/(m³/次)	252 100	埋深/m	400		
瓦斯压力最大值/MPa	3.98(地勘)	矿别	珙泉三号井田	标高/m	+322
				埋深/m	629
瓦斯含量最大值/(m³/t)	36.69(地勘)	矿别	白皎煤矿	标高/m	+65
				埋深/m	748
主采煤层	C_5、B_4、B_3、B_2、9、11				
煤层气(瓦斯)资源总量/(10^8 m³)	1 209.90				
备注	矿区瓦斯地质图仅包含晚二叠世煤层,晚三叠世煤层勘查开发程度低				

表 3-5 芙蓉矿区突出矿井特征表

井田	矿井名称	突出煤层	突出次数	始突深度 /m	最大突出强度/(t/次) 标高(m)/埋深(m)	备注
巡场井田	红卫煤矿	C_5、B_4、B_2	25/2/5	293	$\dfrac{3\ 100}{\pm0/440}$	
	芋荷煤矿	C_5、B_4、B_2	/	/	/	按突出矿井管理
杉木树井田	杉木树煤矿	B_{3+4}	27	250	$\dfrac{413}{+325/450}$	
芙蓉井田	芙蓉煤矿	C_5、B_{3+4}	36/6	293	$\dfrac{500}{+462/}$	截至 1983 年
白皎井田	白皎煤矿	B_2、B_3、B_4	66/7/156	128	$\dfrac{2\ 777}{+360/333}$	
珙县一号井田	珙泉煤矿	C_1、B_4	6	300	$\dfrac{197}{+441/416}$	
珙县三号井田	马鞍山煤矿	B_3	1	500	$\dfrac{10}{+450/500}$	
德赶坝井田	珙兴煤矿	B_3	2	300	$\dfrac{150}{+500/300}$	
龙塘井田	龙塘煤矿	B_3	/	/	/	按突出矿井管理
周家井田	龙洞煤矿	B_3	/	/	/	按突出矿井管理
	蜀河煤矿	B_3	/	/	/	按突出矿井管理

表 3-5(续)

井田	矿井名称	突出煤层	突出次数	始突深度/m	最大突出强度/(t/次) 标高(m)/埋深(m)	备注
新华井田	满山红 六组煤矿	B_3	/	/	/	按突出矿井管理
	大坪煤矿	B_3	1	400	$\dfrac{334}{+1\,224/400}$	
	资中煤矿	B_3	/	/	/	按突出矿井管理
	南方煤矿	B_3	/	/	/	按突出矿井管理
铜锣坝井田	大元村 一号煤矿	B_3	/	/	/	按突出矿井管理
	利群招信煤矿	B_3	/	/	/	按突出矿井管理
	吴家沟煤矿	B_3	/	/	/	按突出矿井管理
川堰井田	大雪村煤矿	B_3	/	/	/	按突出矿井管理
	金竹林煤矿	B_3	/	/	/	按突出矿井管理
	大旗煤业 公司大旗井	B_3	/	/	/	按突出矿井管理
	永安煤矿	B_3	2	361	$\dfrac{376}{+562/361}$	
玉竹山井田	兴民煤矿	11	1	300	$\dfrac{57}{+173/300}$	
	兴龙煤矿	11	/	/	/	按突出矿井管理
	玉竹山煤矿	11	3	103	$\dfrac{30}{+260/300}$	
东梁坝井田	大田湾煤 硫矿	11	2	270	$\dfrac{30}{+200/270}$	
	建设煤矿	11	2	140	$\dfrac{1\,147}{+267/140}$	
古宋一号井田	五星煤矿	K_6	158	120	$\dfrac{1\,200}{+200/220}$	
	金河煤业公司 (梧桐井)	K_6	60	200	$\dfrac{1\,000}{+250/260}$	
古宋二号井田	桂花煤矿	K_6	20	240	$\dfrac{1\,008}{+280/300}$	
	光明煤矿	11	1	240	$\dfrac{42}{+267/240}$	
	磺厂湾煤矿	11	/	/	/	按突出矿井管理

表 3-5（续）

井田	矿井名称	突出煤层	突出次数	始突深度/m	最大突出强度/(t/次) 标高(m)/埋深(m)	备注
富安井田	石桥煤矿	11	/	/	/	按突出矿井管理
	和平煤矿	11	1	196	$\dfrac{300}{+154/196}$	
红桥井田	联吉煤矿	K_2	/	/	/	按突出矿井管理
	工农煤矿	K_2	/	/	/	按突出矿井管理
	振兴煤矿	K_2	/	/	/	按突出矿井管理
	幸福煤矿	K_2	/	/	/	按突出矿井管理
	龙凤煤矿（二井）	K_2	/	/	/	按突出矿井管理
	竹海煤矿	B_2	/	/	/	按突出矿井管理
	长兴煤矿	B_2	/	/	/	按突出矿井管理
	龙双煤矿	B_1、B_2	/	/	/	按突出矿井管理
	良朋煤矿	K_2	/	/	/	按突出矿井管理
龙潘溪-天堂坝井田	永兴煤矿	B_2	1	180	$\dfrac{255}{+249/180}$	
	龙华煤矿	B_2				按突出矿井管理
	玛瑙煤矿	B_2				其整合的海子湾为突出矿井

3.2.3.4　典型矿井煤与瓦斯突出规律分析

（1）煤与瓦斯突出统计与分析

芙蓉矿区是四川省乃至全国著名的突出矿区,矿区内白皎煤矿是全国五大重点突出矿井之一,截至 2009 年 6 月,矿井共发生煤与瓦斯突出事故 229 次,突出强度(煤量)小于 100 t 的突出多属煤层"倾出"和"压出"类型,对白皎煤矿煤与瓦斯突出事故统计分析如下:

① 倾出

大多数情况下倾出煤量不超过 100 t,倾出时涌出的瓦斯不会逆风流运行,在正常通风的情况下一般经过 4～8 h 便能降至正常浓度。倾出的煤主要是碎煤和少量粉煤,无分选现象,每吨倾出煤的瓦斯涌出量超过煤层瓦斯含量不多。如最大一次倾出为东三盘区 1582 工作面在掘 B_4 煤层风巷时,发生较大的倾出,倾出煤岩量 93 t,为碎粒煤,涌出瓦斯量 4 477 m^3。倾出点距地表垂深 513 m。

② 压出

20 盘区的 2092 工作面,在初采期间的走向 30 m 范围内连续发生 11 次突然挤出(表 3-6),最大的一次煤量 211 t,涌出瓦斯量 4 364 m^3。该位置距地表垂深 549 m,煤层重复增厚为 18 m(正常煤厚为 1.2 m),结构紊乱,且相当松软。

表 3-6　白皎煤矿 2092 工作面突出明细

地点	时间	性质	煤层	突出强度		埋深/m
				煤岩量/t	瓦斯量/m³	
2092 工作面	1989.02.12	爆破诱突	B₄	28	345	549
2092 工作面	1989.02.14	爆破诱突	B₄	68	2 755	548
2092 工作面	1989.02.19	爆破诱突	B₄	158	6 448	548
2092 工作面	1989.03.12	爆破诱突	B₄	42	1 988	548
2092 工作面	1989.03.15	爆破诱突	B₄	211	4 364	549
2092 工作面	1989.03.18	爆破诱突	B₄	38	5 536	552
2092 工作面	1989.03.26	爆破诱突	B₄	23	2 569	542
2092 工作面	1989.05.05	爆破诱突	B₄	198	10 922	545
2092 工作面	1989.12.05	爆破诱突	B₄	48	1 680	544
2092 工作面	1989.12.12	爆破诱突	B₄	27	945	547
2092 工作面	1990.01.13	爆破诱突	B₄	35	1 035	545

③ 煤与瓦斯突出

矿井发生的 229 次煤与瓦斯突出(含倾出和压出):大中型的占 27.5%,特大型的占 3.1%。平均每次突出煤炭 164.93 t,突出瓦斯量 12 038.04 m³。其中,掘进工作面突出 184 次,采煤工作面突出 45 次,都为爆破诱突。以下是几起典型特大型突出,见表 3-7。

表 3-7　白皎煤矿典型特大型突出统计表

时间	突出地点	性质	煤层	突出强度		吨煤瓦斯涌出量/(m³/t)	埋深/m
				煤岩量/t	瓦斯量/万 m³		
1984.12.25	2052 上山	爆破诱突	B₂	1 700	12.39	72.8	426
1988.08.23	20102 回风上山	爆破诱突	B₂	2 777	49.75	179.1	333
1988.08.25	207 块段	爆破诱突	B₄	2 266	13.54	65.0	485
1993.03.27	1582 工作面	爆破诱突	B₄	1 520	11.3	74.3	489
1987.11.04	20102 下切眼	爆破诱突	B₄	1 170	8.14	69.6	438
1988.03.14	20102 下切眼	爆破诱突	B₄	1 161	8.64	74.0	435
1991.08.11	2013 材料上山	爆破诱突	B₂、B₄	1 550	8.32	53.0	306

1988 年 8 月 25 日,20 盘区 207 块段,在开采首采的 B₄ 煤层时,因断层影响留下走向长 145 m 的断层煤柱,下部 B₂ 煤层的机道顺槽掘进至煤柱下,掘进爆破引发突出,突出煤矸量 2 266 t(其中煤量 2 079 t),涌出瓦斯量 13.54 万 m³,吨煤瓦斯涌出量 65 m³/t,突出点距地表垂深 485 m。

④ 喷出

这是由于开采近距离保护层后,突出危险煤层得到卸压,在很高的瓦斯压力(3.0～4.0 MPa/cm²)作用下,层间岩柱被破坏,其下的 B₂ 煤层发生瓦斯突出。即 1993 年 7 月 5 日,20 盘区 20142 炮采工作面发生瓦斯突然喷出,喷出瓦斯量 7.255 5 万 m³,没有煤矸抛出。喷出

点 B_2 煤层厚 $2.5 \sim 3.0 \text{ m}$，层间距 9.4 m，其中砂岩厚 7.6 m。

根据白皎煤矿煤与瓦斯突出危险性特点，统计白皎煤矿煤与瓦斯突出强度类型及突出点分类，见表 3-8 和表 3-9。

表 3-8　白皎煤矿突出分类表

突出类型	以煤岩量分类	次数/次	与邻近断层关系	断层落差/次			备注
				1 m	2 m	3 m 以上	
小型	100 t 以下	159	有的与断层相距 $10 \sim$ 30 m，有的在断层边缘或揭露断层时	106	43	10	有 8 次在地应力较强且集中地段发生突出，但不属于在断层内发生突出
中型	$100 \sim 499$ t	52		1	19	32	
大型	$500 \sim 999$ t	11		2	3	6	
特大型	1 000 t 以上	7				7	
合计		229		103	71	55	

表 3-9　白皎煤矿采掘工作面突出分类表

突出类型	特大型	大型	中型	小型	备注
掘进工作面	7	11	46	120	
采煤工作面	0	0	6	39	
与地质构造关系	均与地质构造有关，有的与断层相距 $10 \sim 30$ m，有的在断层边缘或揭露断层时				
合计	7	11	52	159	

（2）煤与瓦斯突出规律与特点

① 白皎煤矿突出分布规律

根据白皎煤实际揭露资料和目前对突出机理与突出规律的认识，基本能划出 6 个突出集中带（图 3-7）及历年煤与瓦斯突出次数、强度变化曲线（图 3-8）。白皎煤矿突出分布存在以下规律：

a. 以首采层为主。矿井开采的 B_2、B_3、B_4 煤层均发生过煤与瓦斯突出，但以首采的 B_4 煤层为主，已突出 156 次，占总数的 68.1%，如果加上邻近层参与联合突出共 185 次，占总数的 80.8%。究其原因，B_4 煤层在主采煤层的上部，为矿井首采层，最先被揭露，故掘进过程中最易发生煤与瓦斯突出。

b. 矿井开采近距离煤层群，煤层均有突出危险，当上下主采煤层急剧变化、间距小于 1.0 m 及合层区域，突出危险性增强，一旦突出就是大型以上突出。例如 20102 材料回风上山，受层滑构造影响层间距急剧变化，使 B_2、B_4 煤层合层，造成煤层增厚、揉皱严重，揭煤时发生特大型突出，突出强度 2 777 t，涌出瓦斯量 49.75 万 m^3，吨煤涌出瓦斯量 179.15 m^3/t。

c. B_2 煤层突出强度较大。B_4 与 B_2 煤层相比，突出强度相对较小，B_2 煤层则较大。这是由于 B_2 煤层厚度较大，又在层滑构造中部（主滑面位置），构造煤更为发育，加之在正常情况下已被上部 B_4 煤层开采所保护，突出多在 B_4 煤层煤柱下发生，而这些地方往往是地应力、采动应力最为集中的部位，所以一旦发生突出，其强度要大得多。例如 1988 年 8 月，2074 机巷在构造区和煤柱下掘进，煤厚在局部增加到 6 m，发生了 6 次突出，最大强度为 2 266 t，平均强度 494 t。

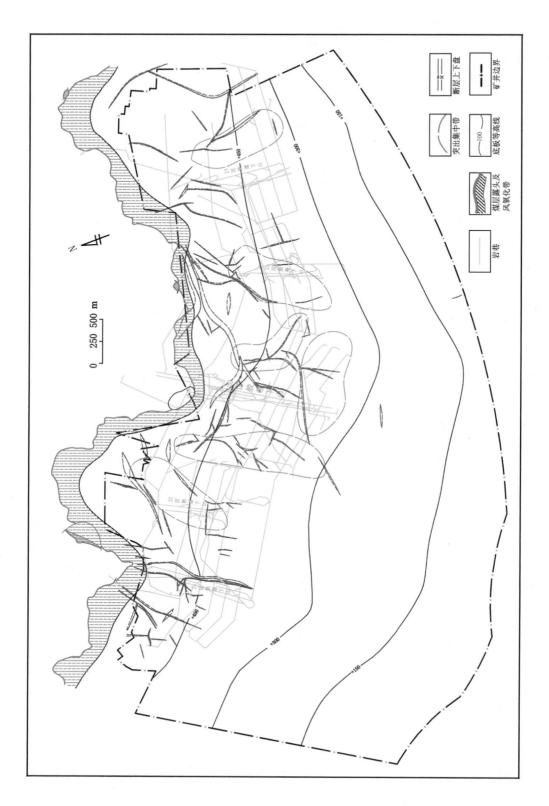

图3-7 白皎矿井瓦斯突出集中带分布略图

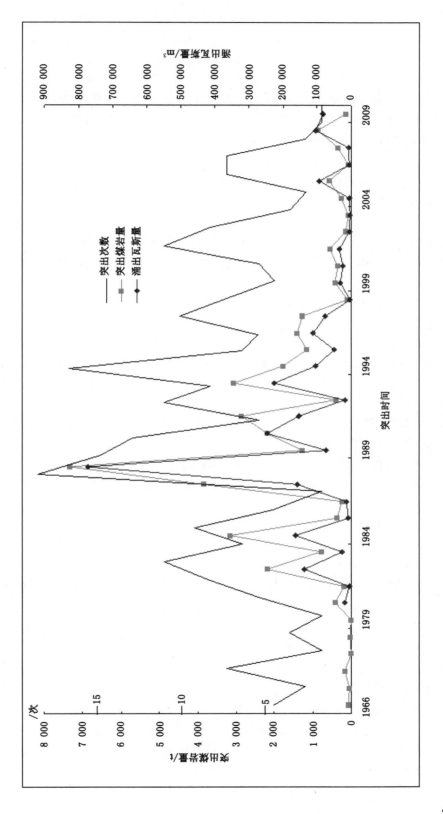

图3-8 白皎煤矿历年煤与瓦斯突出次数及突出强度变化曲线图

d. 矿井深部突出强度远大于浅部。突出频率及突出强度随埋深增加而迅速增加，同一水平不同盘区突出情况又有差别。全区 7 次特大型突出中有 6 次发生在二水平 20 盘区。一水平只有一次，即 1993 年 3 月 27 日，一水平东三盘区的最后一块段 15822 工作面，在掘进断层切眼时，发生煤与瓦斯突出，突出点距地表垂深 489 m，突出煤量 1 520 t，涌出瓦斯量 11.3 万 m^3，吨煤瓦斯涌出量 74.3 m^3/t，这也是一水平唯一的一次特大型突出。

e. 突出具有集中分布、成片成带性。发生的 229 次突出中有 204 次集中分布于 6 个突出带内，占总突出次数的 89%。突出集中带内不仅突出强度大，而且突出点密集，全矿 70 次 100 t 以上的突出在集中带内就达 66 次。

f. 应力的分布随着岩体埋深增加呈线性增大，但在山谷沟底、悬崖峭壁处，应力急剧增大，突出呈集中现象。

② 白皎煤矿煤与瓦斯突出特点

突出集中分布在井田近东西向的厚煤区带及白皎背斜瓦斯富集区。上述 6 个突出集中带的 4 个突出频率较高、突出强度大的带，均在白皎背斜范围内。白皎煤矿煤与瓦斯突出存在以下特点：

a. 突出点有明显的分区分带性，并都在地质构造发育的复杂带附近，与断层带展布方向平行或近似平行。

b. 突出点的位置具有一定的部位性，且与层滑构造关系密切。由于层滑构造使煤层分层或重叠，煤层结构被破坏，矿井已在煤体由厚变薄或由薄变厚的过渡区域或煤体起伏变化强烈地段发生突出 119 次，占总突出次数的 51.9%，构造煤分层厚度大于 0.2~0.6 m 即有突出危险。

c. 突出次数和突出强度具有一定的连续性和递增性。连续性是指某一地段往往有连续发生突出的现象，发生连续突出的水平距一般不超过 20 m。例如在 14112 工作面掘进风巷和瓦斯隧道的过程中（图 3-9），连续发生突出的次数达 6 次之多，突出点间距离均在 10~15 m 左右。更为明显的是 2092 风巷、开切眼、采煤工作面，仅在走向 150 m 范围内就连续突出 18 次。

d. B_4、B_2 煤层均为严重突出危险性煤层，都发生过千吨以上的突出，B_4 及 B_4、B_3 和 B_4、B_2 合层的突出占总次数的四分之三，这是由于 B_4 煤层属首采层，在 B_4 煤层开采保护范围内，B_2 煤层的突出大幅度减少、减弱。

e. 迄今为止的突出中，多数是中小型突出，大型和特大型的突出只占约 8%，但后者主要发生在二水平，今后大强度的突出将会随着开采延深而有所增加。

f. 不同巷道类别中，煤巷的突出占 81%，石门揭煤的突出虽次数不多，但强度大。

g. 绝大部分突出均发生在爆破时。

（3）煤与瓦斯突出影响因素分析

① 地质构造的影响

矿井的煤与瓦斯突出与地质构造密切相关：一是层滑构造对煤层挤压揉皱变形和煤层结构的破坏，派生的隐伏断层发育；二是井田中部叠加的北东向宽缓背斜（白皎背斜），对瓦斯起了良好的封闭和聚集作用。该背斜展布区的瓦斯含量高、压力大，加之有大量隐伏小断层，应力较集中，因而在这个区域的煤与瓦斯突出不仅次数多，而且突出强度特别大。据煤与瓦斯突出统计资料，多数突出地点都在地质构造复杂带附近，这些构造带常伴有明显的层

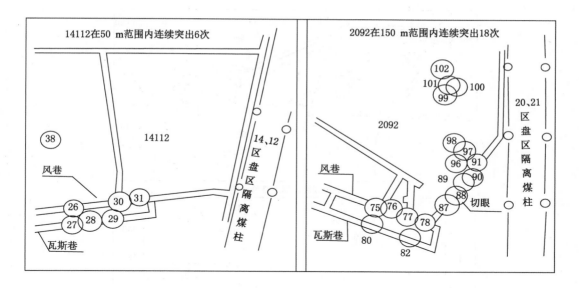

图 3-9　煤与瓦斯突出连续突出实例

滑,即发生轻微的滑动,造成煤岩层局部破碎。例如 2052 突出集中带,如图 3-10 所示。

② 煤层瓦斯含量高

矿井主要为中厚煤层,煤厚变化幅度大,为高煤阶的无烟煤,瓦斯产出高,煤层储气条件好,煤层厚度越大储气越多。大型、特大型突出点的煤厚多在 2.0 m 以上。突出煤层随着开采深度的加大,瓦斯含量会更高,突出次数和强度也有所增加。

③ 煤体结构的影响

煤的结构直接关系到抗破坏程度、破碎程度所需要的功和在力的作用下的运动形式。煤体结构分原生结构与突出煤层的构造结构两种形式。煤的原生结构是指煤岩成分的形态、大小所显现的特征,而突出煤层的构造结构是指煤层的原生结构遭到地质构造破坏的煤分层,这种煤分层即矿井所叫的构造煤分层或构造煤。矿井突出点多分布在煤层结构紊乱、煤质松软的构造煤分层部位。构造煤的强度极低,又具有赋存大量瓦斯的空间,当其他条件具备时,就最容易发生突出,全矿发生在煤层结构紊乱、煤质松软的构造煤分层内的突出就有 118 次,占总突出的 51.5%。

据矿井开采资料,在相同构造条件下,煤层厚度越大,形成的构造煤越厚,突出的强度和突出危险性亦越大。

由此可见,煤体结构及构造煤的发育程度对煤与瓦斯突出也起着重要的控制作用。

④ 地应力的影响

突出危险煤层内存在着地应力(包括地层静压应力、地质构造应力和采动应力)、瓦斯压力和煤体的自重力。这些应力在一般情况下不是平列的,有大有小,方向也不相同,地层静压和煤体自重应力都是铅垂方向,静压应力多派生的侧压应力是水平的,地质构造应力一般是水平的,瓦斯压力属于流体压力且是各项均等的。

由白皎煤矿与重庆大学共同研究测定的矿井原岩应力于 1991 年 9 月 15 日评定确认:白皎矿井的水平应力(地质构造应力)大于垂直应力(煤岩体自重应力),即白皎矿井东西向

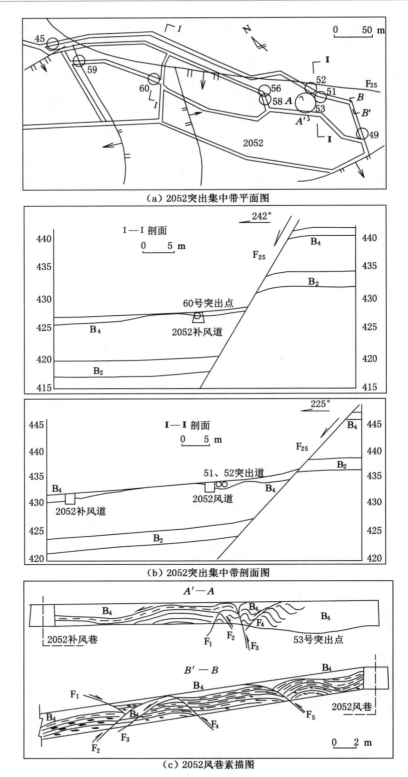

（a）2052突出集中带平面图

（b）2052突出集中带剖面图

（c）2052风巷素描图

图 3-10　2052 突出集中带

一组的水平应力为 28.701 MPa、南北向水平应力为 17.245 MPa,另一组垂直方向的垂直应力约 10.714 MPa。东西向的水平应力是垂直应力的 2.8 倍,南北向的水平应力是垂直应力的 1.7 倍,主应力方向(即顺层滑动构造方向)与煤层走向方向近垂直,因此应力场的大小对瓦斯突出也起到控制作用。

地应力是一般瓦斯应力的几倍到几十倍,在集中应力带地应力值就更高。应力叠加区的煤壁常常是破碎的,同时突出又多发生在应力叠加区,说明应力在煤体破碎过程中起着重要作用,在有地质构造应力的地带其值往往比采动应力还要大,同时此带在具有高的瓦斯含量和瓦斯压力的条件时,是更容易发生突出的地带。

在开采突出危险性煤层时,采动应力的影响是非常明显的,在应力叠加区,突出危险性显著增大。一般在同一煤层中,间距较小的两条巷道平行掘进、两条巷道相向掘进、两条巷道相交掘进、巷道与采面相交、两个采面相向推进、已采区域边界附近等都会产生应力叠加。白皎煤矿的长期生产实践表明,这些区域的突出更为严重。

另外,首采层(B_4)留下的煤柱地段亦潜存较大突出危险。例如 1994 年前在 B_4 煤层煤柱下开采 B_2 煤层时,发生突出 17 次,占 B_2 煤层突出总数的 44%。

3.2.4　矿区瓦斯地质图

在编制芙蓉矿区白皎煤矿等 26 对矿井(井田)瓦斯地质图基础上(表 3-10),根据各矿井瓦斯地质规律及瓦斯预测成果,结合矿区范围内的地质勘查资料、矿井生产资料以及其他的瓦斯地质资料,预测了煤层瓦斯含量和涌出量,绘制了瓦斯含量和瓦斯涌出量等值线;预测了煤与瓦斯区域突出危险性,划分了突出危险区和无突出危险区;计算了煤层气资源量。汇编完成了芙蓉矿区 C_8 煤层瓦斯地质图(1:50 000),简图见附图 2。

表 3-10　芙蓉矿区矿井(井田)瓦斯地质图

矿井名称	企业性质	编制煤层	编制单位	编制时间
白皎煤矿	国有重点	B_4	川煤地勘院	2010.08
杉木树煤矿	国有重点	B_{3+4}	川煤地勘院	2010.08
红卫煤矿	国有重点	C_5、B_4	川煤地勘院	2010.08
珙泉煤矿	国有重点	B_4、C_1	川煤地勘院	2010.08
怀远煤矿	乡镇煤矿	B_{3+4}	川煤地勘院	2010.08
两河口煤矿	乡镇煤矿	B_{3+4}	川煤地勘院	2010.08
永兴煤矿	乡镇煤矿	B_2	川煤地勘院	2010.08
富安井田	/	K_2	川煤地勘院	2010.10
古宋一、二号井田	/	11	川煤地勘院	2010.10
东梁坝井田	/	11	川煤地勘院	2010.10
玉竹山、回龙场井田	/	11	川煤地勘院	2010.10
川堰、铜锣坝井田	/	B_3	川煤地勘院	2010.10
新华、新塘井田	/	B_3	川煤地勘院	2010.10
周家、龙塘井田	/	B_3	川煤地勘院	2010.10
德赶坝井田	/	B_3	川煤地勘院	2010.10

表 3-10（续）

矿井名称	企业性质	编制煤层	编制单位	编制时间
珙县二、三号井田	/	B_3	川煤地勘院	2010.10
高县一、二号井田	/	B_{3+4}	川煤地勘院	2010.10
腾龙-桂花井田	/	B_{3+4}	川煤地勘院	2010.10
巡场井田	/	B_4	川煤地勘院	2010.10
龙潭溪-天堂坝井田	/	B_2	川煤地勘院	2010.10

3.3　筠连矿区瓦斯地质规律与瓦斯地质图

3.3.1　矿区构造特征

3.3.1.1　褶皱、断裂构造

矿区位于叙永-筠连叠加褶皱带中段北部，主体构造为落木柔背斜，该背斜走向近东西，为南翼陡、北翼缓并发育宽缓次级褶皱的不对称背斜。背斜北翼以近南北走向的扎子坳断层（F_3）为界：断层以东为洛表单斜区；断层以西，由于受近南北向的筠连、双河背斜和近东西向的米滩子背斜的影响，形成了一个复杂的次级褶皱发育区，其主要赋煤构造有沐爱向斜、鲁班山背斜、新场背斜、筠连鼻状背斜、范家塝（米滩子背斜东倾没端）背斜、塘坝向斜、蒿坝向斜等（表 3-11）；矿区内断层较发育，主要是由褶皱构造控制的中小断层，切割煤系地层的较大的区域断层仅 4 条，分别是筠连勘查区的筠连断层（F_{53}）及沐爱勘查区的巡司断层（F_1）、云台寺断层（F_2）、扎子坳断层（F_3），如图 3-11 所示。

表 3-11　筠连矿区主要赋煤构造特征表

构造名称	位置	轴线		轴部出露最老地层	褶皱特征
		走向	长度		
落木柔背斜	矿区南部	近东西	40 km	寒武系	北翼次级褶皱发育，主要有沐爱向斜、鲁班山背斜、洛表单斜等，煤系层滑构造发育，主滑面（带）多在 C_8 煤层附近。南翼地层倾角陡，由西往东由 25° 变至 80° 左右，主要煤层因构造挤压形成塑性流动，厚度变化大
沐爱向斜	矿区中部 F_1、F_2 断层及乐义穹窿南	近东西	20 km	三叠系下统嘉陵江组	两翼地层倾角 15°～25°，较对称。向斜内叠加（横跨）有一组北东走向褶皱，由西至东为武德向斜、老牌坊背斜、铁厂沟向斜、三转包背斜、官田湾向斜。煤系层间滑动构造较发育，主滑面（带）多在 C_8 煤层附近
乐义穹窿	矿区中部	近东西	6.5 km	二叠系中统茅口组	穹窿背斜宽缓，地层倾角 10°～30°，背斜往东被南北向的扎子坳断层切割而消失
新街向斜	巡司背斜南东侧	北东	13 km	三叠系上统须家河组	向斜南西端翘起，向北东倾伏，倾伏角一般 8°，地层倾角：北西翼 15°～20°，南东翼 30°～42°。煤系层滑构造发育，主滑面在 C_8 煤层附近

表 3-11(续)

构造名称	位置	轴线		轴部出露最老地层	褶皱特征
		走向	长度		
新场背斜	新街向斜与沈家山向斜间	北东	14 km	峨眉山玄武岩组	背斜形态不完整,地层倾角:南东翼 5°～15°、北西翼 20°～42°。煤系层滑构造发育,主滑面(带)多在 C_7 煤层之下
鲁班山背斜	矿区西侧 F_1 断层北侧	北东	13 km	二叠系中统茅口组	背斜向西南昂起,向北东倾没,倾没角 5°～10°,一般 8°。地层倾角:北西翼 20°～26°、南东翼 15°～20°。煤系层滑构造发育,主滑面(带)多在 C_8 煤层附近
水茨坝向斜	筠连背斜与巡司背斜之间	北东	5 km	三叠系中统须家河组	向斜南东端翘起,仰起角近 20°,向北东倾伏。地层倾角:北西翼约 15°、南东翼 20°～30°。煤系层滑构造较发育
筠连鼻状(马草沟)背斜	矿区西北部	北东	19 km	志留系中统	可分两段。南段称筠连背斜,轴线呈 N30°～40°E 方向延伸,宣威组在代罩坝北倾没,倾伏角约 6°,两翼地层倾角:北西翼 30°～40°、南东翼 10°～50°。北段称马草沟背斜,分布于飞仙关组-须家河组出露区,轴向 N60°E,长约 7.5 km,地层倾角:北西翼 40°左右、南东翼 15°～20°,轴部较宽缓
范家塆背斜	矿区西北角	北东	区内长 5.5 km	志留系中统	为东西走向的米滩子背斜东倾没端部分,轴向 N50°E,往北东在茨梨坎倾没,消失于飞仙关组二段。地层倾角:北西翼 30°～40°、南东翼 40°～60°
黑油溪向斜	筠连背斜与范家塆背斜之间	北东	7.1 km	飞仙关组四段	向斜南东仰起,向北东倾伏,轴向 N50°E。向斜较紧凑,地层倾角:北西翼 30°～40°、南东翼 50°～60°
塘坝向斜	矿区西缘	近东西转向北东	19 km	侏罗系中下统	西由云南省经龙川溪进入矿区后,向东延至冷雀槽,轴向转为 N40°E,经塘坝在木印坝仰起,塘坝-木印坝一带,北西翼陡(50°～80°),南东翼稍缓(30°～52°),两翼不对称
蒿坝向斜	矿区西南角	北东	区内长 12 km	三叠系上统须家河组	轴线向南凸出呈弧形,向斜北东端在蒿坝翘起,两翼产状较对称,一般倾角 20°～50°
"洛表单斜"	落木柔背斜北翼	东西	20 km		地层倾向北,倾角 5°～10°,局部地段 20°左右,在飞仙关组内大致垂直岩层走向方向,发育一组较密集的横向断层,断层倾角大,部分直立、倒转,对煤系地层有一定影响

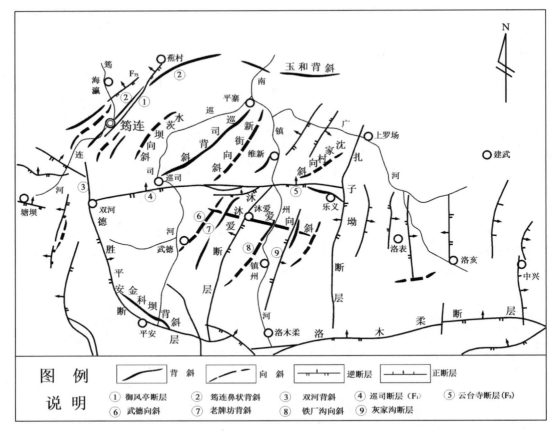

图 3-11　筠连矿区构造纲要图

（1）筠连逆断层（F_{53}）：位于筠连背斜轴部偏东，南起木冲坝，向北经筠连城区、莲花坝，在代罩坝切割背斜轴进入北西翼，于蕉村伸出区外并插入侏罗系中，轴向 N30°～50°E，区内长 11 km。断层倾向北西，倾角约 60°～70°，北西盘上升，系高角度逆冲断层，煤系最大落差700 m（蕉村南 445 勘查线）。该断层在代罩坝切割背斜轴，将筠连鼻状背斜分为两段，南段称为筠连背斜，北段称为马草沟背斜，亦是海瀛井田与蕉村井田分界断层。

（2）巡司断层（F_1）：为矿区主干断层之一。西起筠连县双河场，在铁索桥切割煤系进入沐爱勘查区，往东经道溪、和尚坳，于螺蛳沟东侧交于 F_2 断层。断层长 11.5 km，走向近东西，倾向南，断面倾角 65°～80°，断层落差 80～100 m。在其西段田家湾至付家湾，两盘煤层水平错移达 1 000 余米，北盘在西，南盘在东，为北（上）盘上升、南盘下降的正断层。

（3）云台寺断层（F_2）：同为矿区主干断裂。西起螺蛳沟，经叶家坝、云台寺、梅家坳，至龙洞塝交于 F_3 断层。断层长约 15 km，走向近东西，断层倾角大于 70°，断面呈舒缓波状变化，倾向时南时北，断层性质忽正忽逆。在云台寺一带横切轴向近南北的新场背斜，使北盘宣威组与南盘飞仙关组接触。F_2 断层与 F_1 断层基本在同一条线上，共同为沐爱勘查区南、北区的分界断层。

（4）扎子坳断层（F_3）：位于乐义穿窿、沐爱向斜东侧，南起棉布埂东奥陶系地层，向北在苦田坝进入沐爱勘查区，经山皇庙、扎子坳、龙洞塝于上罗场西消失于嘉陵江组地层中，长度大于

14 km。断层走向约 N20°E,倾向北西,倾角 60°～85°,为西盘上升、东盘下降的逆断层。断层落差一般 20～100 m,最大达 200 m。该断层为沐爱勘查区与洛表勘查区的分界线。

3.3.1.2　层间滑动构造

由纵弯褶皱控制的层间滑动所形成的顺层断层,主要见于黑油溪向斜两翼及筠连背斜南东翼 C_3～C_8 煤层层段(地勘断层编号为 F_{87}、F_{168} 及 F_{54}),其中以 F_{54} 规模较大,揭露也较清楚。

F_{54} 断层:位于筠连背斜南东翼,由凉风坪顺煤系地层露头向北经寨子坡、灯杆坝至背斜倾没附近交 F_{53} 断层,全长 6.9 km,在煤系中顺层延伸,倾向与走向 N20°～40°E,与地层倾向一致,倾角 20°～55°,最大落差局部可达 30 m 左右。

该断层主要特征可归纳如下:

① 断层多在 C_3、C_8 煤层之间发育。断层面大致与所处部位地层产状基本一致。由于断层面呈舒缓波状弯曲,因而在走向或倾向上常对煤(岩)层产生不同程度的铲蚀。

② 断层整体表现为正断层性质,多造成煤(岩)层缺失。断层面多见岩层破碎,滑面发育。挤压、揉皱、构造角砾岩、鳞片岩及擦痕现象明显,断层两侧裂隙、小错动较发育,使煤、岩层时有变薄、增厚现象。

③ 断层沿走向、倾向上发育有较多的与其斜交的分支断层。如 F_{99}、F_{97}、F_{637} 及 F_{636}(即羽毛状断层)等,这些断层从益民煤矿的巷道资料看,多直接破坏上部煤层的连续性,尤其是对 C_3 煤层影响较大。

本区的 F_{54} 断层(图 3-12)与东部古叙矿区的 F_9 断层(图 3-13)等十余条顺层断层的特征基本一致。其成因均是由纵弯褶皱控制的层间滑动作用(层滑带)造成的部分煤(岩)缺失而显示的顺层断层。

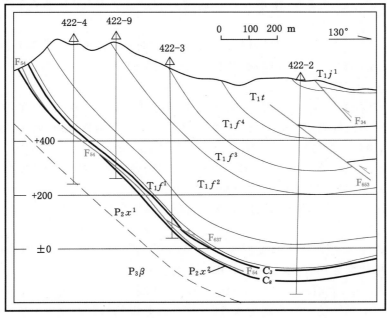

图 3-12　F_{54} 顺层断层剖面图

(据川煤 141 队《青山井田勘探(精查)地质报告》)

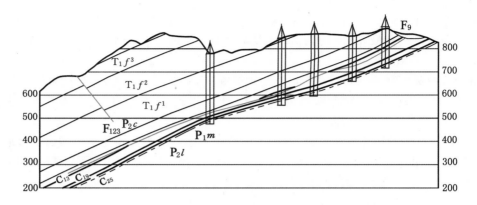

图 3-13　古叙矿区石屏井田 F_9 顺层断层剖面图

除此之外,在矿区已投入的勘查工作中,钻孔在 $C_7 \sim C_9$ 煤层层段均见岩石破碎及滑动镜面,孔壁掉块严重,易垮塌,部分钻孔有造成煤层缺失的隐伏断层。据沐爱勘探区的粗略统计,施工的 882 个钻孔中(详、精查),约有 25％的钻孔见到隐伏断层,造成 C_9 煤层以上厚度 3～25 m 不等的岩(煤)层缺失。处在该层段内的 C_8 煤层,厚度、结构普遍变化较大,如武德、大乐井田 27-1324 至 17-1307 钻空间 5 500 m,C_8 煤层厚度在 1.1～3.15 m 之间频繁变化,煤层结构由单一煤层变为 6 个煤分层的复煤层,如图 3-14 所示。

3.3.2　矿区分段划分

筠连矿区是国家大型煤炭基地——云贵基地组成矿区之一,属煤炭国家规划矿区。矿区包括沐爱、筠连、洛表、大雪山、蒿坝、塘坝 6 个矿段,目前矿区内国有重点(大中型)矿井除鲁班山南、北煤矿建成投产外,在建的有新场矿井和维新矿井,还规划有船景矿井和武乐矿井。

(1)筠连矿段:筠连矿段东起巡司河,绕经水茨坝向斜、筠连鼻状背斜及其次一级褶曲黑油溪向斜、范家坞背斜,西止 462 勘探线,浅部到煤层采空区及风化带下界,深部为 −200 m 标高。

(2)沐爱矿段:沐爱矿段西起煤层露头线及巡司河、东止 F_3 断层、南起煤层露头线、北止 2 煤层底板等高线标高 −200 m 及南广河。沐爱矿段划分为鲁班山、新场、维新、武乐、金銮、金珠、沐园、船景 8 个井田。

(3)洛表矿段:洛表矿段西以 F_3 断层为界,浅部以煤层露头线、洛表矿段划分为洛表和洛亥 2 个井田。区内目前未设置有大中型煤矿。

(4)蒿坝矿段:蒿坝矿段浅部以煤层露头线及省界线为界,深部以煤层底板等高线标高 ±0 m 为界。

(5)塘坝矿段:塘坝矿段以煤层露头线为界,矿段面积 31.2 km²,地质储量 77.81 Mt。塘坝矿段的勘探程度为预查,没有进行井田的划分。

(6)大雪山矿段:大雪山矿段东以 18 号地质剖面线为界,西至省界线,深部以 −300 m 标高为界。大雪山矿段的勘探程度为预查,没有进行井田的划分。大雪山矿段西段为普查。区内目前未设置有大中型煤矿。

筠连矿区各矿段、井田分布及勘查程度如图 3-15 所示。

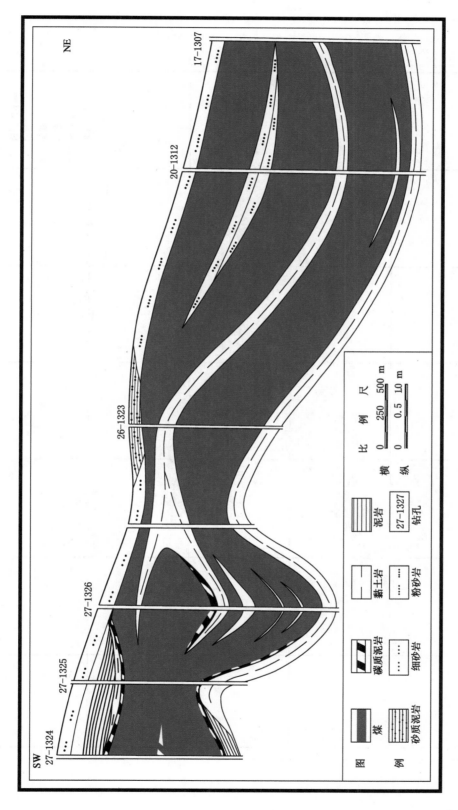

图3-14　武德、大乐井田27-1324至17-1307钻孔间C$_8$煤层变化示意图

（据川煤135队精查地质报告）

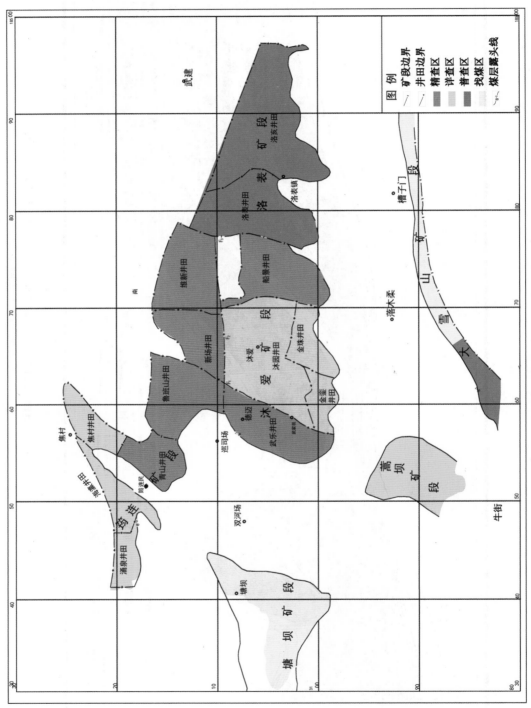

图3-15 筠连矿区各矿段划分及勘查程度

3.3.3　矿区瓦斯赋存规律与控制因素

3.3.3.1　瓦斯赋存控制因素分析

（1）地质构造对瓦斯赋存的影响

筠连矿区构造主要是受由南向北水平挤压应力作用形成的规模不等的褶皱，褶皱发育，规模较大（图 3-11）；矿区内断层较发育，主要是由褶皱构造控制的中小断层。

由于褶曲形态与受力的作用不同，对瓦斯的影响各异，当围岩的封闭条件较好时，背斜往往有利于瓦斯的存储，在封闭条件差时，背斜中的瓦斯则容易沿裂隙逸散，向斜轴部煤层瓦斯排放的条件往往是比较困难的，大部分瓦斯仅能沿煤层两翼缓慢流向地表，瓦斯赋存条件较好。筠连矿区上覆岩层致密，透气性差，大部分褶曲轴部为瓦斯积聚区。但有部分背斜轴部由于煤层埋深较浅或上覆岩层透气性较好，难以形成封闭瓦斯的有效盖层而使得轴部瓦斯含量较低，如鲁班山背斜、筠连背斜轴部。同时，褶曲的两翼力学性质及煤层赋存条件不同对瓦斯的影响亦不同。如蒿坝向斜的东翼较西翼瓦斯含量明显要高，主要由于向斜的向东弯曲段东翼相对受张应力，而西翼相对受挤压所致；官田湾向斜西翼较东翼瓦斯含量略高，其主要原因是东翼煤层倾角较大且连接煤层露头。筠连矿区断层以压扭性为主，断层带对口部位为泥质岩，封闭性能好，断层附近瓦斯含量较高；且滑动构造不仅使得煤层赋存状态发生改变，也对瓦斯起释放作用，不同位置形成不同瓦斯赋存条件，滑动断面及附近由于构造裂隙发育，瓦斯易于释放；上盘岩层发生拖拽褶曲，伴生断层和构造裂隙发育，有利于瓦斯释放，下盘由于断层带对口部位为泥质岩，封闭性能好，瓦斯含量较为正常。但滑动面附近构造煤发育，也容易产生局部应力集中，在应力集中处常常也是瓦斯聚集处，也是造成本区瓦斯分布不均的一个重要因素。

在筠连矿段内 F_{54}、F_{87} 为滑动断层，浅部切割煤层，断层附近构造裂隙发育，给瓦斯逸散创造了有利条件，致使两断层附近瓦斯含量较低。F_{53} 断层西侧（上盘）瓦斯含量相对较低，蕉村井田和海瀛分界线附近测得的瓦斯含量在本区最低，东侧（下盘）瓦斯含量较为正常，瓦斯含量较高。F_{650} 正断层落差 12 m，其两盘煤层对口部位为较致密的泥岩（图 3-16），封闭性较好，致使 412-7 号钻孔 8 煤层瓦斯含量略高。8 煤层在钻孔 429-2 至 433-1 一带处在筠连背斜枢纽上，煤层上覆岩层封闭性较好，瓦斯含量较高；416-4 号钻孔处在范家塆背斜轴上，8 煤层的瓦斯含量均高于该背斜其他部位；水茨坝向斜轴部瓦斯含量较高但低于两翼，主要是由于煤层上覆岩层封闭性较好，向斜轴部瓦斯向背斜轴部运移的结果。

在沐爱矿段内沈家村向斜的两翼应力集中，且以压应力为主，减缓了瓦斯释放的速度，在两翼的井田边界发育有边界断层 F_1、F_2、F_{175} 逆断层，在维新井田的东部边界发育有 F_3 逆断层，均为压扭性封闭边界断层，阻隔了瓦斯向地表逸散，另外在地表的浅部煤层露头附近发育有一定数量的规模大小不等的滑坡，由于滑坡掩盖了煤层露头，对瓦斯具有相对的封闭作用，同时发育较多的小断层，且以逆断层为主，有利于瓦斯的赋存；在向斜的核部，由于煤层埋深较大，瓦斯含量也相对较高；在向斜的两翼中发育有一些规模大小不一的褶曲，这些褶曲的发育地段亦是瓦斯富集的有利地段。

武乐井田主体构造为武德向斜，在向斜构造区，其顶部为压性闭合，其下部张性裂隙发育，有利于瓦斯储集，是主要的储气构造，因此向斜构造区瓦斯富集，瓦斯含量和压力大，如4-1347 号孔位于向斜轴部，瓦斯含量为 24.84 m^3/t，为井田测定的最大瓦斯含量点；发育在向斜核部的浅层褶皱和一系列低角度逆断层对深部煤层无破坏作用，但井田内钻孔揭露较

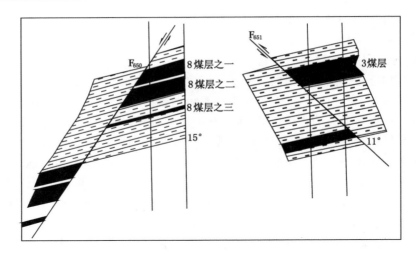

图 3-16   煤层隐伏小断层对盘岩性封闭性示意图

多的隐伏小断层附近煤体破碎,且断层未与地表导通,易形成局部高瓦斯异常区。

船景井田主要表现在三转包背斜和官田湾向斜轴部附近瓦斯聚集,2 煤层在三转包背斜轴部的北端应力较为集中,同时位于断层 F_{215} 附近,测得瓦斯含量最高值,可燃值瓦斯含量为 23.87 m^3/t,2 煤层在背斜轴部瓦斯含量亦较高,测得可燃值瓦斯含量为 21.88 m^3/t、20.12 m^3/t,8-1 煤层在背斜轴部有较 7 煤层降低的趋势,向斜东翼则有零星高值,8-2 煤层瓦斯含量高值分布在向斜轴部附近,各煤层褶曲对瓦斯的影响见表 3-12。区内断层主要分布在东、西边界,破碎带窄且被泥沙质填充,瓦斯逸散条件差,有利于瓦斯保存,根据断层附近的采样资料来看(表 3-12),部分小断层使其附近的煤层瓦斯含量相对富集,如 63-3 号钻孔的 Fj_{10} 断层及 63-1 号钻孔的 Fj_6 断层,使得位于它们其间的 63-2 号钻孔的 8 煤层之一的瓦斯含量相对高于周围邻近钻孔的瓦斯含量(18.38 m^3/t)。

表 3-12   船景井田褶曲对瓦斯赋存的影响

煤层	钻孔	瓦斯含量 /(m³/t.daf)	位置	标高/m	埋深/m
2 煤层	73-1407	23.87	三转包背斜轴部	546.67	439.02
	66-1580	8.75	官田湾向斜轴部	188.31	627.44
	72-1591	7.48	官田湾向斜东南翼(近轴部)	134.29	620.75
7 煤层	73-1407	21.88	背斜轴部	517.17	467.98
	66-1580	20.12	向斜轴部	164.37	651.72
	72-1591	16.73	向斜东南翼(近轴部)	100.38	646.15
	63-2	16.96	向斜东南翼	618.48	471.47
8 煤层	73-1407	15.23	背斜轴部	512.77	472.84
	70-1410	19.39	背斜与向斜交接处(翼部)	314.48	515.09
	63-2	18.38	向斜东南翼	613.79	476.78
	60-4	16.67	向斜东南翼	391.27	545.58

表 3-13　船景井田断层附近瓦斯含量变化统计表

煤层	钻孔号	断层				采样点标高/m	瓦斯含量 /(m³/t)
		编号	断距/m	性质	在采样点的位置/m		
2	58-1189	$F_{215}b$	20		之下 17.79	359.22	10.02
2	70-1	Fc_1	10		之下 26.43	346.52	16.85
2	75-2	Fc_2	15		之下 25.07	613.15	11.42
7	70-1	Fc_1	10		之下 0.98	321.07	9.43
7	503-2	Fc_{11}	3	正断层	之上 24.44	479.23	14.72
8-1	503-2	Fc_{11}	2		之上 26.30	477.37	15.05
8-1	70-1410	Fc_1	4		之下 9.93	314.48	19.39
8-2	75-3	Fc_2	15		之上 36.47	595.11	12.06
8-2	503-2	Fc_{11}	3		之上 32.44	471.23	13.88
8-2	66-2	Fj_{17}	2.5	逆断层	之上 2.69	665.94	10.09

金珠、金銮井田和沐园井田主要受老牌坊背斜和铁厂沟向斜的控制。老牌坊背斜和铁厂沟向斜,在井田范围内褶曲变形自南向北增大,以致构造煤自南向北趋于增强;背向斜均向北倾伏,使煤层埋深在井田北部较大,有利于瓦斯保存。断裂构造对煤层及其顶底板造成破坏,当断层附近伴生和派生构造发育,导致煤层破碎,构造煤增多,煤层厚度发生较大变化,瓦斯分布不均,局部产生应力集中和高压瓦斯。井田内较大的两条断层(F_{15}、F_{32})均为逆断层,对瓦斯的封闭性能好。

洛表矿段为一大致向北倾斜、近东西走向的单斜构造,岩层倾角多为 5°~10°,局部地段20°左右,为缓倾斜矿区,在垂直岩层走向方向上(向南北),在东西向挤压应力作用下平行排列着一组较密集的大小不等的南北向高角度断层,破坏了地层(或矿层)在走向方向上的连续性,成为本区的基本构造形态。构造特征控制本区瓦斯主要随着煤层通过煤层露头释放到大气中,使得本区南部矿井煤层露头一侧瓦斯含量低,北部煤层较深,瓦斯含量较高。褶曲不甚发育,仅见有为数不多的短轴状层间褶曲或断层伴生的牵引小褶曲,幅度及规模一般较小,大都不波及煤层,对瓦斯赋存影响较小。矿区西部边缘的 F_3 断层附近发育有幅度不大的牵引褶曲及洛表镇短轴背斜,这些褶曲对深部煤层有一定影响,应力较为集中,瓦斯含量相对其他区域较大。

蒿坝矿段构造线方向主要有南北向、北西西向两组,南北向构造主要表现为各种不同的褶曲和断层(图 3-17),蒿坝向斜北端及东部的次一级 S_5、S_6 及 F_{10}、F_{11} 断层,断层多表现为右旋顺扭特征,并切割东西向构造,表明发育较晚。北西西向构造主要发育于西北部,如 F_9、F_{12}、F_{13}、F_{14}、F_{15} 断层多具压扭性特征。蒿坝矿段内瓦斯含量主要受褶皱控制,向斜轴部瓦斯含量增高,翼部及扬起端有所降低。向斜的东翼较西翼瓦斯含量明显减小,主要由于向斜向东弯曲段,东翼相对于受张应力作用,而西翼相对受挤压所致。其内的小断层普遍具有封闭性,且无论断层性质如何,是否出露地表,未造成瓦斯含量明显降低,相反促进了瓦斯的富集。如 17-1 号孔的 C_{8-1} 煤层由于受隐伏断层 F_1 的影响,瓦斯含量达 60.12 mL/g.可燃物,是该矿段钻孔揭露瓦斯含量最高的点。

（2）煤层埋深对瓦斯赋存的影响

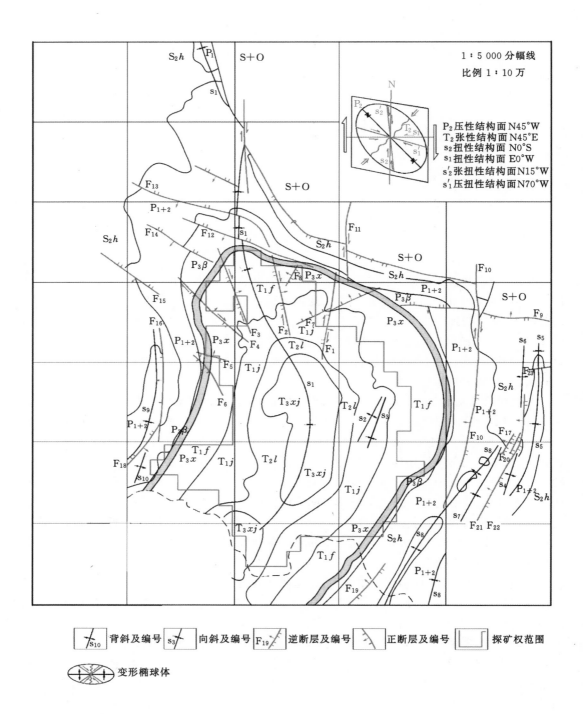

图 3-17　蒿坝矿段构造分布特征

筠连矿区除沐园井田外煤层均通过煤层露头出露地表,由于筠连矿区有相对良好的盖层,张性断裂较少,一般情况下瓦斯主要通过煤层露头释放到大气中,在煤层露头附近,存在瓦斯风氧化带,在矿井建设开采初期存在低瓦斯区,随埋深增加,煤层瓦斯含量逐渐增大(表 3-14),煤层区域逐渐变为高瓦斯和突出区。沐园井田煤层埋藏较深,没有煤层露头,瓦斯含量较高。一般情况下,瓦斯随着埋深的增加而增大,但在部分井田内,由于受沟壑山谷的影响,部分区域受地表的剥蚀作用,尽管煤层埋藏深度相对较浅,但并未剥蚀掉封闭瓦斯的有效盖层,故瓦斯难以逸散,即使煤层埋深较浅,瓦斯含量亦有可能较高。邻近乐义河、镇州河等河道两旁,地表较低,同样埋深瓦斯含量一般较高。如在船景井田内乐义河西侧的78-2 钻孔,煤层埋藏仅 160 m,但测定的瓦斯含量为 15.99 m^3/t.daf。

表 3-14　筠连矿区主要井田煤层瓦斯含量与埋藏深度(底板标高)关系表

矿区分段	井田名称	煤层	关系表达式	相关系数(R^2)
筠连矿段	青山井田	8	$y=0.026\ 2x+0.457\ 7$	0.95
	蕉村煤矿	8	$y=0.018\ 6x+1.045\ 7$	0.95
	F_{53}断层西侧	8	$y=0.022\ 1x+2.963\ 2$	0.77
沐爱矿段	鲁班山井田	3	$y=0.039\ 1x-2.503\ 8$	0.86
		8	$y=0.052\ 9x-9.13$	0.89
	新场井田	8	$y=0.027\ 7x+2.291\ 5$	0.85
	维新井田	8	$y=0.025\ 8x+4.658\ 8$	0.78
	武乐井田	8	$y=0.020\ 8x+4.633\ 4$	0.81
	船景井田东翼	8	$y=0.034\ 6x-1.182\ 1$	0.75
	船景井田两翼	8	$y=0.038\ 1x+2.555\ 6$	0.89
	金珠、金銮和沐园井田	8	$y=0.037\ 1x+3.851\ 7$	0.78
洛表矿段	洛表井田、洛亥井田	8	$y=0.025\ 5x+5.823\ 5$	0.83
蒿坝矿段	/	8	$y=-0.032\ 1x+32.596$	0.88
大雪山矿段	/	8	$y=0.053\ 9x-1.797\ 1$	0.99
塘坝矿段	/	8	$y=-0.032\ 1x+32.596$	0.88

(3)顶底板岩性对瓦斯赋存的影响

筠连矿区煤层顶底板以泥岩、细粉砂岩和细砂岩为主,各煤层顶底板岩性差异不大。经对煤层顶底板 10 m 范围内的岩石渗透性测试成果与岩层统计分析,气体渗透率小,属非渗透性岩石,排驱压力较高,孔隙半径较小,围岩对瓦斯的封闭性能较好,对煤层瓦斯的储存较为有利。但构造裂隙、节理的产生导致孔隙率和渗透率成千倍地增大(表 3-15),给瓦斯运移造成良好通道或积聚的空隙。

表 3-15　筠连矿段 450-2 钻孔煤层围岩渗透性试验结果表

序号	岩样编号	井深/m	层位	岩石名称	空隙率	气体渗透率	备注
1-2	8-2	394.69～398.89	8-2 号顶板	中粒砂岩	1.35		
2-2	8-3	399.43～399.54	8-3 号顶板	泥岩	7.79		
3-2	2	355.31～355.41	2 号顶板	粉砂岩	3.50		
4-2	3	361.90～362.00	3 号顶板	粉砂岩	0.11		
1-1	8-2	394.38～394.58	8-1 号顶板	中粒砂岩		$<9.87\times10^{-6}$	
2-3	8-3	399.22～99.33	8-3 号顶板	泥岩		1.057×10^{-3}	裂隙
3-3	2	355.74～355.84	2 号顶板	粉砂岩		0.025×10^{-3}	
4-1	3	362.00～362.20	3 号顶板	粉砂岩		0.006×10^{-3}	

（4）水文地质对瓦斯赋存的影响

筠连矿区含煤地层围岩地下水活动较弱，总体对瓦斯的保存较为有利。但玄武岩之下的阳新灰岩，有可能通过断层、裂隙间接向矿床充水，带走部分瓦斯。

3.3.3.2　构造煤发育及分布特征

筠连矿区受褶曲影响，层间滑动构造较发育，构造应力以挤压为主，导致本区构造煤较发育。根据筠连矿区目前测试的煤体破坏特征参数，统计结果见表 3-16。

表 3-16　筠连矿区煤体破坏特征统计表

井田名称	测试矿井	煤层	煤体破坏类型	煤体坚固性系数（f）	瓦斯放散初速度（Δp）
蕉村井田	裕丰煤厂	8	Ⅲ类	0.79	—
青山井田	朝阳煤矿	8-2	Ⅲ类	0.56	16.70
	景阳煤矿	8	—	0.34	28.53
	益民煤矿	8	Ⅲ类	0.34	28.53
鲁班山井田	小河煤矿	8	Ⅲ类	0.52	10.91
船景井田	利兰煤矿	2	Ⅲ类	0.75	19.87
		8	Ⅲ类	0.38	14.88
	九龙煤矿	8	Ⅲ～Ⅳ类	0.25	26.36
金銮井田	夏泉煤矿	2	Ⅲ类	0.57	22.04
		7	Ⅲ类	0.62	18.23
		8	Ⅱ类	1.33	14.87
洛表井田	珙县复兴煤矿	8	Ⅲ类	0.31	17.3
洛亥井田	珙县洛亥二号井煤矿	8	Ⅱ～Ⅲ类	0.625	18.87
	蒿坝矿段	8-1	Ⅲ类	1.22	11.32

根据资料测试结果显示，煤体破坏类型Ⅰ～Ⅳ类均有，其中以Ⅲ类为主，煤体坚固性系数（f）在 0.34～1.33，瓦斯放散初速度（Δp）在 9.60～18.53。由于数据来源于不同单位以及测试点的位置构造特征、测试方法的差异，煤体破坏类型差异较大，即使同一矿区在构造煤

分层和硬煤层差异也较大。总体说来,筠连矿区构造煤较发育。

3.3.3.3　矿区瓦斯赋存分布规律

筠连矿区含可采煤层的地层为二叠系上统宣威组(P_3x),煤质均为无烟煤,煤变质程度较高,煤化过程中生成的瓦斯量较大,同时无烟煤吸附瓦斯能力强,整体对瓦斯保存有利。根据矿区瓦斯地质编图工作,本区瓦斯含量总体较高,在煤层露头附近存在瓦斯风氧化带,但瓦斯风氧化带不深,一般在埋深 100～150 m 以浅区域;根据矿井地勘测试的瓦斯参数,绝大部分钻孔瓦斯成分的甲烷比例在 80% 以上。

筠连矿区开发程度较低,目前生产矿井大部分沿煤层露头分布,矿区内生产的大中型煤矿仅有鲁班山南、北矿,且开采区域煤层埋藏也比较浅,为高瓦斯矿井。目前矿区内已经"戴帽"的突出矿井共 6 对,记录的有发生过煤与瓦斯突出事故的矿井有两对,其余均为鉴定突出或自愿"戴帽",突出矿井分布在洛亥井田和维新井田。由于地方小煤矿资料保存不规范,没有突出资料的相关记录,但可以肯定的是,地方小煤矿开采深度较浅。根据川南煤田煤与瓦斯突出规律,当开采区域进入瓦斯带后即有可能发生煤与瓦斯突出事故。根据芙蓉矿区资料记载,煤与瓦斯突出的始突深度为 128 m,筠连矿区瓦斯风氧化带在 100～150 m,埋深 100～150 m 以下存在煤与瓦斯突出的可能。由于矿区煤矿(特别是深部区域)开采资料较少,加之矿区不同区域瓦斯地质特征差异较大,始突深部各区域略有不同。

筠连矿区瓦斯地质特征见表 3-17。

表 3-17　筠连矿区瓦斯地质汇总表

矿区名称	筠连矿区				
矿井总数 (国有重点/地方)	矿井瓦斯等级及对数			煤炭资源总量/万 t	
	突出 矿井对数	高瓦斯 矿井对数	低瓦斯 矿井对数	勘查	预测
7/74	6	54	21	326 446	245 412
矿区瓦斯突出总数	4	始突深度/m	240	矿别	洛亥二煤矿
最大瓦斯 突出强度	煤量/(t/次)	200	标高/m　+450	矿别	洛亥二煤矿
	瓦斯量/(m³/次)	5 000	埋深/m　240		
瓦斯压力最大值/MPa	5.07(地勘)	矿别	蒿坝矿段	标高/m	+461
				埋深/m	634
瓦斯含量最大值/(m³/t)	28.28(地勘)	矿别	大雪山矿段	标高/m	+101
				埋深/m	534
主采煤层	C_{1-2}、C_{3-4}、C_7、C_{8-10}、C_{25}(或 C_{25-2}、C_{25-1})				
煤层气(瓦斯)资源总量/(10^8 m³)	1 559.77				
备注	矿区开发程度较低,国有煤矿主要为新建或拟设				

3.3.4　矿区瓦斯地质图

在编制筠连矿区鲁班山南矿等 13 对矿井(井田)瓦斯地质图基础上(表 3-18),根据各矿井瓦斯地质规律及瓦斯预测成果,结合矿区范围内的地质勘查资料、矿井生产资料以及其他的瓦斯地质资料,预测了煤层瓦斯含量和涌出量,绘制了瓦斯含量和瓦斯涌出量等值线;预测了煤与瓦斯区域突出危险性,划分了突出危险区和无突出危险区;计算了煤层气资源量。汇编完成了筠连矿区瓦斯地质图(1:50 000),简图见附图3。

图 3-18　筠连矿区矿井(井田)瓦斯地质图

矿井名称	企业性质	编制煤层	编制单位	编制时间
鲁班山南矿	国有重点	2、3、8	河南理工大学	2009.08
鲁班山北矿	国有重点	3、8	河南理工大学	2009.08
汪家沟煤矿	乡镇煤矿	8	川煤地勘院	2010.08
筠连县利兰煤矿	乡镇煤矿	8	川煤地勘院	2010.08
高县蕉村镇煤厂	乡镇煤矿	8	川煤地勘院	2010.09
洛亥二号井煤矿	乡镇煤矿	8	河南理工大学	2010.10
青山井田	—	8	川煤地勘院	2010.10
维新井田	—	8	川煤地勘院	2010.10
新场井田	—	8	川煤地勘院	2010.10
武乐井田	—	8	川煤地勘院	2010.11
船景井田	—	8	川煤地勘院	2010.11
金珠、金銮井田	—	8	川煤地勘院	2010.11
洛表、洛亥井田	—	8	川煤地勘院	2010.10

3.4　古叙矿区瓦斯地质规律与瓦斯地质图

3.4.1　矿区构造特征

3.4.1.1　褶皱、断裂构造

古叙矿区位于叙永-筠连叠加褶皱带中段北部,矿区主体构造为古蔺复式背斜,其间主要赋煤褶皱构造共 10 个,其构造特征见表 3-19。

表 3-19　古叙矿区主要赋煤构造特征表

构造名称	位置	轴线		轴部出露最老(新)地层	褶皱特征
		走向	长度		
古蔺复式背斜	横贯矿区中部	北东转为近东西	区内长 100 km	寒武系	古蔺以东走向为北东,以西转为近东。北翼地层倾角一般 15°～50°,西段发育有次级构造,地层产状变化较大;南翼为一组紧密褶皱,地层倾角 20°～80°,呈北缓南陡,局部直立甚至倒转,煤系中层间滑动构造发育
梯子岩背斜	古蔺复式背斜北翼西段	近南北略偏西	18 km	志留系下统	古蔺复式背斜的分支,影响背斜北翼地层,其翼部地层倾角:东翼 10°～30°、西翼 40°～60°,不对称

表 3-19(续)

构造名称	位置	轴线		轴部出露最老(新)地层	褶皱特征
		走向	长度		
大安山向斜	梯子岩背斜西	近东西	20 km	侏罗系中下统	横跨于梯子岩背斜之上,两翼由二叠系、三叠系组成。地层倾角12°~36°,轴部开阔平缓,为对称盆式向斜,两翼由二叠系、三叠系组成。由褶皱控制的次级断层及煤系内层滑构造发育,有顺层断层显现
大寨背斜	古蔺复式背斜北翼西段	近东西	31 km	志留系	横跨于梯子岩背斜之上(其西段称柏杨场背斜),向东倾没。翼部由二叠系、三叠系组成,地层倾角:北翼4°~20°、南翼6°~20°,基本对称
茶叶沟背斜	古蔺复式背斜北翼西段	北北东	约21 km	奥陶系	西部采桑坪背斜分支,向北倾没,受柏杨坪背斜、大安山向斜影响,龙潭组呈M形展布。地层倾角:北西翼36°~54°、局部74°~80°、南东段20°~39°
河坝向斜	古蔺复式背斜南翼西段	近东西	区内长33 km	侏罗系中统	向斜东端翘起,向西进入云南。两翼由二叠系、三叠系组成。北翼地层倾角35°~50°,次级褶曲和断层较发育;南翼地层倾角一般为63°~87°,为不对称向斜。煤系内层滑构造发育,主滑带在C_{11}、C_{13}煤层附近
石宝向斜	古蔺复式背斜南翼	北东东	区内长57.5 km	侏罗系沙溪庙组	向斜北东端翘起,南西深入贵州,两翼由二叠系、三叠系组成。地层倾角:南东翼东缓(20°~40°)、西陡(63°~89°),局部倒转;北西翼东陡(40°~60°)、西缓(30°左右)。煤系内层滑构造发育,有顺层断层显现,主滑带分布在C_{11}~C_{20}煤层层段
大村向斜	古蔺复式背斜南翼东段	北东	区内长21.5 km	侏罗系沙溪庙组	向斜南西端翘起,地层倾角:南东翼40°~70°、北西翼25°~55°。煤系内层滑构造发育,主滑带在C_{13}、C_{17}~C_{20}煤层附近,有顺层断层显现
新街背斜	河坝向斜南	近东西	区内长约45 km	寒武系	北翼为河坝向斜,南翼煤系在"海风矿段",地层倾角35°~70°,局部倒转。层滑构造发育
水口寺背斜	矿区南东角	北东,北段向北偏转	区内长约39 km	寒武系	背斜北西翼为大村、石宝向斜,南东翼龙潭组为单斜构造,地层倾角较陡

　　矿区内断层较发育,主要是由褶皱构造控制的中小断层,切割煤系地层的较大断层仅1条,即核桃坝走向正断层(F_{60})。该断层位于大村向斜北西翼的次级褶皱——复陶向斜南东侧,北端由贵州观音岩向南西过赤水河进入矿区,沿雷家沟经新华、复陶、张家寨交于岩栈口断层,长约15 km,其走向约N50°E,基本与大村向斜平行。在复陶以北,断层面倾向南东,倾角70°左右,落差160 m。复陶附近断面直立,南东盘T_1f^1地层与北西盘P_2m灰岩接触,

落差约 250 m。再往南西断面扭向北西，显示为北西盘上升的逆断层。过张家寨后又转为断面倾向南东的正断层。断层破碎带宽 3～30 m，全为大小不等的棱角状及次棱角状角砾岩。断层性质属张扭性，该断层为大村矿段李家寨一井田边界断层。

3.4.1.2 层间滑动构造

由纵弯褶皱控制的层间滑动所形成的顺层断层，在古蔺背斜北翼、石宝向斜两翼、大村向斜北西翼、大安山向斜南翼（海坝井田）地表均见有出露，出露长度几百米至约 2 km 不等，皆为煤系地层部分缺失。现以古蔺复式背斜北翼石屏井田 F_9 顺层断层为代表，将其特征简述如下：该断层在地表沿煤系延伸，走向长 3.8 km，主要显示为地层缺失，深部经大量钻孔揭露，断层显示同样为地层缺失。其影响范围：走向长约 4 700 m，宽约 1 300 m，面积约 5.7 km² ，断层产状与上覆地层（上盘）产状基本一致。断层面呈舒缓波状，缺失厚度数米至 32 m 不等（分布在 C_{13}～C_{20} 煤层段）；另有一部分区段为地层重复，重复厚度数米至 10 m 左右。断层在煤层中形成无煤带范围面积以 C_{14} 煤层最大（2.30 km²），其次为 C_{13} 煤层（0.82 km²），C_{19}、C_{20} 煤层影响范围最小。煤层无煤带展布的长轴方向约 N45°E，与地层走向交角约 15°，显示断面反扭特征。断层破碎带内岩石原生结构被破坏，部分具挤压、揉皱现象。处在滑动面（带）的煤层，原生结构被破坏，产生塑性流动变形，煤层厚度变化很大，如图 3-18～图 3-20 所示。

同时，由于煤层受层间滑动构造（剪切）作用影响，煤层及其顶底板中小断层较为发育，断层性质以正断层居多，断距一般数十厘米至 1～2 m 左右，使井田（矿井）地质构造复杂化。据古蔺复式背斜北翼东端岔角滩井田宏达煤矿揭露资料，矿井内小的正断层很发育，断距多小于 2.0 m，但对煤层的破坏和瓦斯聚集影响较大。该矿井为单斜构造，地层倾角 20°～35°，主采煤层（C_{19}）厚度 1.30～2.0 m。据矿井 1191 工作面（巷道）编录资料，煤巷中见有较密集的断层点，基本为正断层，断距 0.2～1.35 m 不等，其成因系层面滑动的剪切作用形成的书斜式（或叠瓦状）断层，实为层间滑动所伴生的次级构造；巷道中煤层被挤压、搓揉，构造煤发育，构造煤分布在煤层上部，其厚度为全层厚的 2/3 左右，如图 3-21 所示。

又据古蔺背斜北翼象顶井田（石屏二矿）勘查资料：井田内的 F_{701} 顺层断层纵贯全井田，其走向长度大于 10 km。断层面呈舒缓波状穿行于 C_{19} 煤层及其上下煤、岩层中，南东-北西向（滑动）的剪切应力促使 C_{19} 煤层煤体遭受破坏，并产生塑性流变，该煤层厚度 1.09～8.25 m（局部为 0 m），煤层厚度增厚与变薄呈带状交替出现。从钻孔煤芯鉴定与测试资料得知：C_{19} 煤层以碎粒煤-糜棱煤为主，煤的坚固性系数（f）为 0.4～0.7，一般小于 0.5；C_{17}、C_{20} 煤层为碎裂煤-碎粒煤；C_{14}、C_{24}、C_{25} 煤层为原生结构煤-碎裂煤，煤的坚固性系数（f）一般大于 0.7。

上述资料表明，象顶井田存在较典型的层间滑动构造，其主滑面（带）发育在 C_{17}～C_{20} 近距离煤层群。同时还说明位于主滑面（带）以下的 C_{24}、C_{25} 煤层受层滑作用的影响较小，其原因可能是该层段的岩层在褶皱变形中随下伏茅口石灰岩（"能干层"），具有产生横张、X 剪节理或断层特征的变形机制。在层滑构造同样发育的海坝井田，在开采 C_{25} 煤层的矿井中就见有较多隐伏的横向小型正断层，断层走向小于 1 km，落差小于 10 m。

综上所述，煤系地层的顺层滑动面（构造剪切带）多出现在煤系中上部 C_{13}、C_{17}～C_{20} 煤层附近，其中 C_{17}～C_{20} 煤层实际为近距离煤层群，受构造因素影响煤层时厚时薄、时分时合。而处在顺层滑动带的煤层构造煤发育，多是煤与瓦斯突出严重区。从宏观看，煤与瓦斯突出

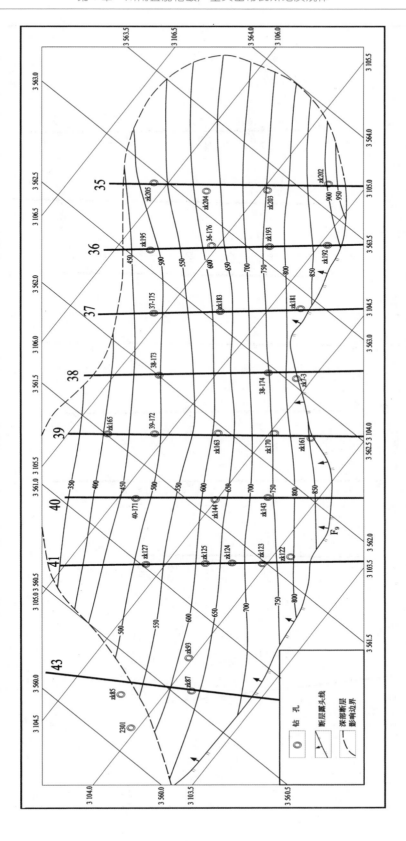

图3-18　石屏井田F₉顺层断层面等高线图

（据川煤地勘院《古蔺县川南煤田古叙矿区石屏一井勘探（精查）地质报告》）

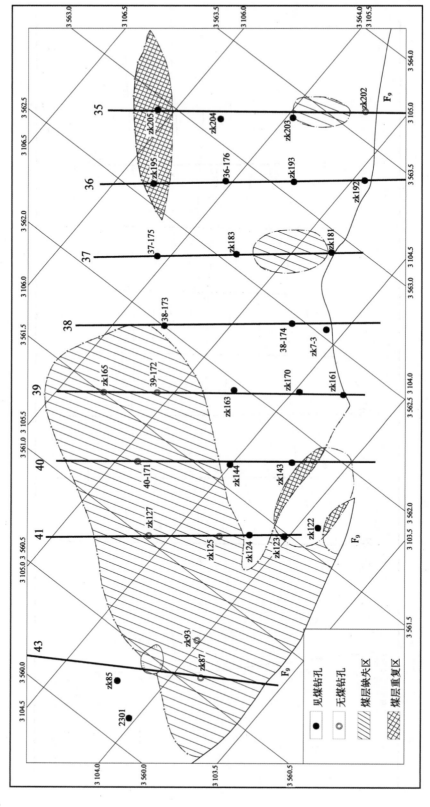

图3-19　石屏井田F$_9$顺层断层形成的C$_{14}$煤层无煤区重复区

（据川煤地勘院《古蔺县川南煤田古叙矿区石屏一井勘探（精查）地质报告》）

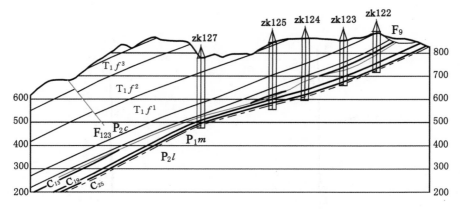

图 3-20　石屏井田 F_9 顺层断层剖面图

(据川煤地勘院《古蔺县川南煤田古叙矿区石屏一井勘探(精查)地质报告》)

需要有一定厚度的构造煤,而由纵弯褶皱控制的层滑构造是形成构造煤的主因。据川南煤田三个矿区已有勘查资料证实,褶皱或褶皱带的规模越大,层间滑动构造(作用)越剧烈。煤系内的层滑构造,古叙矿区就强于芙蓉、筠连矿区。

3.4.2　矿区矿段划分

古叙矿区的勘查程度不高、开采强度低,且矿区北翼勘查程度和开采强度高于南翼。《古叙煤炭国家规划矿区矿业权设置方案》把古叙矿区共划分为 11 个矿段:两河矿段、河坝矿段、海风矿段、叙永矿段、椒茨矿段、古蔺矿段、大村矿段、石宝矿段、观文矿段、椒园矿段和庙林矿段。其划分主要是依据各井田的勘查程度,未充分考虑矿区内的构造单元和赋煤特征,本次根据不同井田所处构造单元和赋煤特征相结合,把处于同一构造单元和赋煤特征相同的井田纳入同一矿段进行瓦斯预测,共计划分 9 个矿段,见表 3-20。

表 3-20　古叙矿区矿段划分一览表

构造单元	矿段名称	井田(矿段)名称
古蔺复式背斜北翼西段,落窝背斜西翼	两河矿段	两河井田、团结井田、云山井田、放马坝井田、海坝井田、后山井田、震东井田
古蔺复式背斜中段,落窝背斜东翼	叙永矿段	胜利井田、落叶坝井田、沈家山井田、灯盏坪井田、箭竹坪井田、茨竹沟井田、芭蕉井田、椒坪井田
古蔺复式背斜东段	古蔺矿段	瓦窑坪井田、护家井田、象顶山井田、高笠井田、岔角滩井田
古蔺复式背斜南翼,二郎坝向斜两翼	大村矿段	李家寨一井、李家寨二井、桑木坝一井、桑木坝二井、马岩滩井
古蔺复式背斜南翼东段,水口寺背斜南东翼	庙林矿段	
古蔺复式背斜南翼中段,石宝向斜两翼	石宝向斜	石家沟一井、石家沟二井、石鹅一井、石鹅二井、邱家河井、椒园矿段
古蔺复式背斜南翼中段,石宝向斜北翼	观文矿段	观文井田、双沙井田
古蔺复式背斜南翼东段,石坝背斜南翼	海风矿段	
古蔺复式背斜南翼中段,河坝向斜两翼	河坝矿段	西华井田、河坝井田

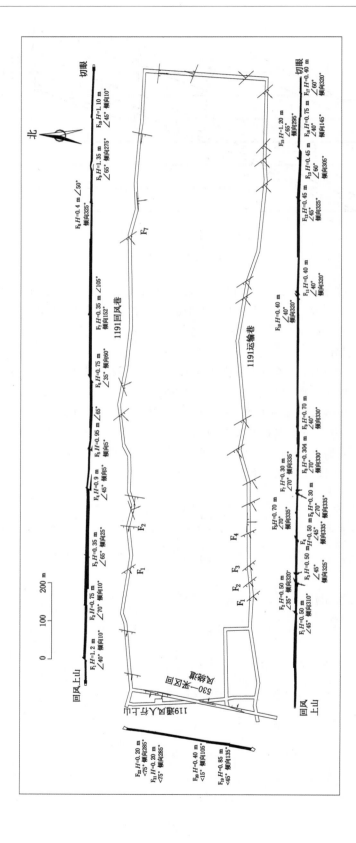

图3-21 岔角滩井田发达煤矿C₁₉煤层1191工作面（巷道）揭露断层点

（注：黑色阴影为构造煤）

3.4.3　矿区瓦斯赋存规律与控制因素

3.4.3.1　瓦斯赋存控制因素分析

（1）地质构造对瓦斯赋存的影响

古叙矿区主要受在平面上为一向南凸出的弧形构造群组成的古蔺复式背斜的影响。古蔺复式背斜是东西向构造带、南北向构造带和北东向构造带的复合部位，主要由褶皱及少量断层组成。

矿区煤层主要分布在古蔺复式背斜的两翼，煤层在地表有露头，瓦斯通过煤层露头释放到大气中。翼部的应力相对集中，以压应力为主，且多为高压区，应力释放速度慢，有利于瓦斯的保存；同时在两翼发育一系列的次级褶曲，在这些次级褶曲中向斜的核部和背斜的翼部最有利于瓦斯的保存。另外，在矿区内发育的断层以压扭性逆断层为主，在断层发育地段以压应力为主，封闭条件较好，有利于瓦斯的保存。矿区内多条次级褶曲的交汇处和褶曲的扬起端、转折端由于受多个方向的构造应力作用，为应力的叠加区，特别是在褶曲的扬起端多数发育有大小不一的压扭性断层，构造煤发育，瓦斯的封闭条件较好，瓦斯含量高，勘查期间所测试的瓦斯参数也相对较高。如大村矿段二郎坝向斜的南西扬起端、两河矿段大安山向斜和落叶坝背斜的北段扬起端、石宝矿段扬起转折端，在这些部位由于受多个方向应力作用的影响，浅部断层构造发育，且多以压扭性为主，应力集中，构造煤发育，减缓了瓦斯释放的速度，封闭条件较好，有利于瓦斯的保存。

（2）煤层埋深对瓦斯赋存的影响

古叙矿区各井田范围内随埋深增加，瓦斯含量均相应增大，在煤层埋藏较深的区域瓦斯通过煤层露头释放较为困难。根据古叙矿区各矿段的勘查期间所测试的瓦斯含量参数显示，瓦斯含量具有随埋深增大而增大的趋势（如大村矿段的 DC-2 号钻孔，埋深 521.86 m，含量 15.30 m³/t；20-140 号钻孔，埋深 870.03 m，含量 23.09 m³/t），不同矿段瓦斯含量梯度不一（表 3-21）。总体来说，埋藏深度是影响本区瓦斯含量的一个重要因素。

表 3-21　古叙矿区主要井田煤层瓦斯含量与埋藏深度关系表

矿区分段	井田名称	煤层	关系表达式	相关系数（R^2）
叙永矿段	胜利井田	C_{25}	$y = 0.032\,6x + 4.132$	0.86
	落叶坝井田	C_{19}	$y = 0.044\,6x - 3.534\,4$	0.74
	沈家山井田	C_{19}	$y = 0.021x + 3.799$	0.60
	灯盏坪井田	C_{20}	$y = 0.017\,4x + 1.266\,1$	0.84
古蔺矿段	瓦窑坪井田、护家井田、象顶山井田、高笠井田、岔角滩井田	C_{19}	$y = 0.028x + 4.235\,3$	0.78
大村矿段	李家寨一井、李家寨二井、桑木坝一井、桑木坝二井、马岩滩井	C_{19}	$y = 0.023x + 3.173$	0.74
石宝矿段	石家沟一井、石家沟二井、石鹅一井、石鹅二井、邱家河井、椒园矿段	C_{17}	$y = 0.027x + 4.977$	0.89
观文矿段	观文井田、双沙井田	C_{19}	$y = 0.028x + 1.39$	0.81
河坝矿段	西华井田、河坝井田	C_{11}	$y = 0.025x + 5.537$	0.99

（3）顶底板岩性对瓦斯赋存的影响

古叙矿区煤层顶底板均为泥岩、泥质砂岩，致密性好、孔隙度小、排驱压力大、透气性差，形成了相对较好的盖层，瓦斯封闭条件较好，对煤层瓦斯的储存较为有利，这也是致使矿区瓦斯较高的一个重要因素。

（4）水文地质对瓦斯赋存的影响

古叙矿区碳酸盐岩和碎屑岩交互出现，碳酸盐岩和砂岩含水，泥岩相对隔水，含隔水层相间出现，形成本区各自相互独立的含水体系。区内岩溶、暗河管道发育，地下水活动强烈。主要顶板充水含水层为富水性中等的二叠系上统长兴组岩溶裂隙含水层，主要底板充水含水层为富水性强的二叠系中统茅口、栖霞组岩溶含水层。在煤系地层的顶部为长兴组岩溶含水层，由于煤层与含水层之间有一定厚度的相对隔水层，顶板有利于瓦斯的保存；在煤系地层底部的 C_{25} 煤层底板充水含水层茅口组灰岩，由于岩溶裂隙发育和基底不平的原因，使煤系底部隔水层遭受破坏，使得煤层与含水层之间发生了水力联系，对煤层瓦斯具有运移作用，降低了 C_{25} 煤层的瓦斯含量，所以 C_{25} 煤层瓦斯含量相对煤系地层中上部主要可采煤层低。

矿区煤系底部古侵蚀面之下茅口组灰岩岩溶很发育，在煤系下部形成部分陷落柱，使得距离茅口组不远的 C_{25}、C_{24} 甚至 C_{19} 煤层的瓦斯能通过岩溶裂隙得到很好的释放。这种释放效果在 C_{25}、C_{24} 煤层表现得更为突出。叙永矿段叙永煤矿的 10-18 号孔在揭露 P_2m 灰岩 5.69 m 时遇溶洞，测得 C_{25} 煤层干燥基瓦斯含量为 1.44 mL/g，其瓦斯成分中 CO_2 高达 53.17%，CH_4 含量仅占 3.82%；13-13 号孔 C_{25} 煤层干燥基瓦斯含量为 1.19 mL/g，其瓦斯成分中 CO_2 为 26.74%，CH_4 含量占 29.96%，其原因是灰岩溶洞中的 CO_2 气体通过裂隙进入煤层的结果。13-12 号孔揭露的岩溶陷落柱上方 C_{19} 煤层瓦斯含量为 2.64 m³/t，瓦斯成分中 CH_4 含量占 66.03%，应属于风氧化带范围。在岩溶陷落柱影响范围附近测定的瓦斯含量值为 3.22 m³/t，陷落柱是引起该区域瓦斯异常的主要原因。

上述情况说明煤系底板灰岩中的溶洞、溶隙及岩溶陷落柱对其影响范围内的瓦斯含量及 CH_4 浓度具有重要影响。但是，由于灰岩中的溶洞、溶隙及煤层（岩溶）陷落柱发育、分布的不均衡性，加之"溶蚀管网"与煤层间的距离变化很大，因此，其对煤层赋存状态的影响程度和范围也会有大有小，并在矿井内分别出现以下相对的高瓦斯区和低瓦斯区。这一现象在叙永矿段叙永煤矿所证实。如 C_{19} 煤层 S1211 工作面（标高：+1 080～+1 100 m）绝对瓦斯涌出量为 2.42～4.32 m³/min，相对瓦斯涌出量为 14.09～17.35 m³/t，属高瓦斯区；深部的 S1114 工作面（标高：+930～+965 m），因其邻近"陷落柱影响范围"，工作面绝对瓦斯涌出量为 0.88～1.23 m³/min，相对瓦斯涌出量为 7.42～9.32 m³/t，属相对低瓦斯区。

3.4.3.2　构造煤发育及分布特征

矿区内煤层层滑构造发育，特别是 C_{17}～C_{20} 煤组，在矿区内多个矿段均发现发育有层滑构造（如古蔺矿段石屏井田、岔角滩井田，叙永矿段的海坝井田等），在层滑构造发育的地段往往亦是构造煤发育的地段。矿区各井田煤体坚固性系数和煤体破坏类型的测试情况结果见表 3-22。

表 3-22　煤体坚固性系数和煤体破坏类型测试成果表

矿段名称	煤矿	f 值	煤体破坏类型
古蔺矿段	坪子煤矿	0.70	Ⅱ～Ⅲ类
古蔺矿段	宏达煤矿	0.18～0.47	—
古蔺矿段	岔角滩煤矿	0.45～0.61	Ⅲ～Ⅳ类
叙永矿段	海坝煤矿	0.617	Ⅱ～Ⅲ类
叙永矿段	叙永煤矿	0.92～1.40	Ⅱ～Ⅲ类
叙永矿段	太阳石煤矿	0.68	—
叙永矿段	螺丝寨煤矿	0.36	Ⅲ

在层间滑动变形带内,煤层受到了强有力的挤压、搓揉,不仅造成煤层厚度大幅度变化,而且又破坏了部分煤层的原生结构,形成了大量的构造煤(f 值一般都小于 0.5,煤体破坏类型为Ⅱ～Ⅲ类),这也是古叙矿区构造煤十分发育的主要原因。

3.4.3.3　矿区瓦斯赋存分布规律

古叙矿区内目前在生产的国有和地方煤矿较少,在煤层露头附近存在瓦斯风氧化带,在矿井建设开采初期存在低瓦斯区,回采达到风氧化带埋深下限后即为高瓦斯和突出矿井,煤层瓦斯在由瓦斯风氧化带过渡到瓦斯带时存在突变现象,即矿井开采区域进入瓦斯区即存在煤与瓦斯突出的危险。也就是说,在煤层露头附近或埋深较浅区域是高瓦斯矿井分布地带。

煤层瓦斯含量和涌出量与上述影响因素之间具有不同程度的正相关关系,其中煤层埋藏深度为瓦斯赋存的主要控制因素。煤层瓦斯含量梯度为 $1.74～4.46\ m^3/(t\cdot 100\ m)$。地方小煤矿开采浅部煤层为主,开采强度小,主要开采 $C_{17}～C_{20}$ 煤组及 C_{24}、C_{25} 煤层,现生产的煤矿以高瓦斯矿井为主,其中在古蔺矿段、大村矿段、叙永矿段均有矿井发生过煤与瓦斯突出,突出标高在 $+830～364\ m$、埋深 $160～410\ m$,突出位置主要集中在构造发育地段和背向斜的转折扬起端。综合分析认为,古叙矿区在瓦斯风氧化带以下存在煤与瓦斯突出危险性,尤其是在断层、背向斜的转折扬起端、煤层变薄变厚地段将是煤与瓦斯突出的有利地段。古叙矿区瓦斯地质特征见表 3-23。

表 3-23　古叙矿区瓦斯地质汇总表

矿区名称	古叙矿区				
矿井总数 (国有重点/地方)	矿井瓦斯等级及对数			煤炭资源总量/万 t	
	突出矿井对数	高瓦斯矿井对数	低瓦斯矿井对数	勘查	预测
6/60	7	59	0	386 351	523 543
矿区瓦斯突出总数	30 次左右	始突深度/m	160	矿别	文兴煤矿
最大瓦斯突出强度	煤量/(t/次)	300	标高/m	+655	矿别	宏达煤矿
	瓦斯量/(m³/次)	—	埋深/m	190	
瓦斯压力最大值 /MPa	3.3	矿别	宏达煤矿	标高/m	—
				埋深/m	—
瓦斯含量最大值 /(m³/t)	30.84(地勘)	矿别	观文井田(地勘)	标高/m	+731
				埋深/m	647
主采煤层	C_{11}、C_{19}、C_{23}、C_{25}				
煤层气(瓦斯)资源总量/(10⁸ m³)	1 925.33				
备注	矿区开发程度较低,国有煤矿主要为新建或拟设				

3.4.4 矿区瓦斯地质图

在编制古叙矿区叙永煤矿等9对矿井瓦斯地质图基础上(表3-24),根据各矿井瓦斯地质规律及瓦斯预测成果,结合矿区范围内的地质勘查资料、矿井生产资料以及其他的瓦斯地质资料,预测了煤层瓦斯含量和涌出量,绘制了瓦斯含量和瓦斯涌出量等值线;预测了煤与瓦斯区域突出危险性,划分了突出危险区和无突出危险区;计算了煤层气资源量。汇编完成了古叙矿区瓦斯地质图(1∶50 000),简图见附图4。

表 3-24　古叙矿区矿井(井田)瓦斯地质图

矿井名称	企业性质	编制煤层	编制单位	编制时间
叙永煤矿	国有	C_{19}、C_{24}	川煤地勘院	2010.05
威鑫煤矿	国有	C_{19}	西安煤科院	2010.05
宏达煤矿	国有	C_{19}	古叙公司	2009.08
后山煤矿	乡镇煤矿	C_{25}	川煤地勘院	2010.06
凉水井煤矿	乡镇煤矿	C_{25}	川煤地勘院	2010.06
龙洞煤厂	乡镇煤矿	C_{25}	川煤地勘院	2010.06
灯盏坪煤矿	乡镇煤矿	C_{20}、C_{25}	川煤地勘院	2010.05
文兴煤矿	乡镇煤矿	C_{25}	川煤地勘院	2010.09
太康煤矿	乡镇煤矿	C_{11}	川煤地勘院	2010.05

第4章　华蓥山滑脱褶皱高突瓦斯带瓦斯地质规律

华蓥山滑脱褶皱高突出瓦斯带主要包括华蓥山矿区、达竹矿区和永泸矿区。华蓥山煤田含煤地层有上二叠统龙潭组和上三叠统须家组，分布稳定连续，仅局部受断层切割破坏较严重。华蓥山煤田内有华蓥山矿区和达竹矿区。华蓥山广能（集团）公司下属的绿水洞、李子垭、李子垭南、龙滩4对生产矿井，李子垭南二井、龙门峡南2对基建矿井在华蓥山矿区内；达竹煤电（集团）公司下属的小河嘴、柏林、白腊坪、斌郎、金刚、铁山南6对矿井在达竹矿区内。永泸煤田含煤地层有上二叠统龙潭组和上三叠统须家河组、小塘子组，本区煤层分布不连续，开采煤矿全部为地方小煤矿，且较为分散。

本章主要论述了华蓥山滑脱褶皱高突出瓦斯带的区域构造演化及控制特征、华蓥山矿区和达竹矿区瓦斯地质规律与瓦斯地质图。

4.1　区域构造演化及控制特征

华蓥山滑脱褶皱高突瓦斯带位于四川盆地东部，区域构造处于上扬子古陆块（I_1）西部四川前陆盆地（I_{1-4}）的华蓥山滑脱褶皱带（I_{1-4-5}），属四级构造单元。华蓥山滑脱褶皱带西界为华蓥山基底断裂，东界为七曜山断裂，北达大巴山推覆构造带前缘，南至宜宾、江安、赤水一线（图4-1）。该滑脱褶皱带区域上北邻大巴山冲断褶皱带、秦岭造山带，东南邻江南-雪峰山冲断褶皱带，西北有龙门山冲断褶皱带、松潘甘孜褶皱带，西南有康滇褶皱带。周缘这些造山带的构造运动对本区的沉积建造和构造形态特征产生了重要的控制作用。

该带以北北东向构造为主，但两端多呈弧形弯曲；北端受北西西向大巴山台缘褶带的约束而发生联合，形成北北东向的万县弧；南端受川黔南北向构造带的复合，形成近南北向的弧形构造（重庆弧）。该带背斜狭窄成山，向斜开阔成谷，构成典型的隔挡式褶皱；背斜北西翼较陡，南东翼较缓，轴面多有扭曲；当褶皱受到南东方向挤压时，褶皱构造由东向西推移；由于遇到川中地块遏制，在其交接部位形成区内褶皱幅度最高、褶皱最紧密、断裂最发育的华蓥山复式背斜。断层东倾、向西逆冲，组成叠瓦状构造。南部构造迹线向南西方向延伸并呈"帚状"撒开分布，主要褶皱有青山岭、螺观山、古佛山、黄瓜山等构造。各背斜陡翼往往有平行或近于平行背斜轴的逆断层，局部破坏严重者使煤层失去开采价值。本区主要出露含煤地层为晚三叠世须家河组及晚二叠世龙潭组，其中须家河组含煤地层为四川晚三叠世最主要的含煤地层，以紧密背斜的两翼及相对宽缓的向斜形式赋存，如华釜山复式背斜、铜锣峡背斜、峨眉山背斜、明月峡背斜、达县向斜等。

该带二叠系龙潭组含煤地层沉积之后，川东地区及周边造山带发生了两次大的造山过程，即印支期板块俯冲、碰撞造山和燕山-喜马拉雅期陆内造山，经历了印支、燕山和喜马拉

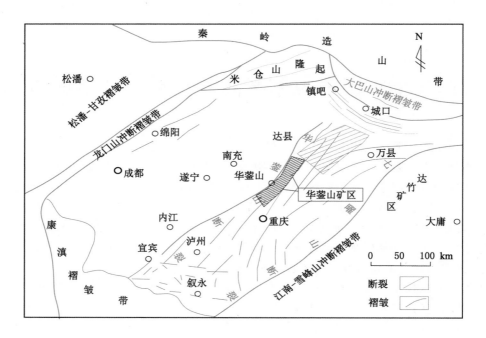

图 4-1　四川盆地盆山体系结构图

雅三期构造运动,致使川东地区构造应力场发生很大变化,造成了多期复杂的构造叠加与改造,对二叠系龙潭组、三叠系须家河组含煤岩系产生了重要影响。

印支早期,雪峰山-湘鄂西发生逆冲推覆造山运动,成为古隆起剥蚀区,川东为推覆构造的前缘,以滑覆断褶变形为主,形成平面上呈北东向分布的一系列逆冲断层及相关褶皱。印支晚期,秦岭地块向南仰冲,大巴山进一步冲断、褶皱成山,龙门山由西北向南东逆冲推覆成山,主要受到来自由西北向东南的挤压应力作用。

燕山期,受东部太平洋地质事件影响,四川地块向龙门山之下俯冲,川东在华蓥山-七曜山一带发生盖层滑脱运动,形成叠加于印支褶皱之上的高陡构造带。

喜马拉雅早期,中国东部受西太平洋板块的俯冲影响,产生北西-南东向挤压应力场,川东北东向高陡褶皱带形成,在其北端黄金口背斜一带横跨在早期形成的北西向南大巴山弧形褶皱带上,并受到后者限制。喜马拉雅晚期,是川东弧形构造的最终改造定型期。此期,由于盆地西缘的龙门山以及东缘的雪峰山活动性减弱,而大巴山表现出较强烈的逆冲推覆作用,因此区域应力场主要为北东-南西向,即盆地遭受自北东向南西的挤压应力作用,形成了一系列叠加在早期北东向构造之上的并对其进行改造的北西走向的褶皱与断裂。因而,在二叠系含煤岩系形成以后,始终处于挤压的环境下。川东地区多期复杂的构造叠加与改造,晚二叠世煤层主要分布在华蓥山复式背斜,二叠系龙潭组煤层瓦斯含量高,构造煤特别发育,普遍具有煤与瓦斯突出危险性;晚三叠世煤层成煤时代较晚,华蓥山滑脱褶皱带北部受构造影响相对较弱,煤层倾角大,瓦斯含量相对较低,而南部受叠加褶皱影响瓦斯含量相对较高。

4.2　华蓥山矿区瓦斯地质规律与瓦斯地质图

4.2.1　矿区构造特征

　　华蓥山矿区属于华蓥山滑脱褶皱高突瓦斯带,位于扬子陆块区(一级构造)-上扬子古陆块(二级构造)-四川前陆盆地(三级构造)的华蓥山滑脱褶皱带(四级构造)西缘之华蓥山复式背斜中段。华蓥山断裂带位于矿区西部(图 4-2),由一系列北北东-北东向展布的逆断层组成,倾向南东,与地层走向存在较小交角,展布方向向东偏转,与华蓥山复式背斜主体构造不完全协调一致,这是受基底构造制约、构造形迹迁就早期构造发育的结果。断面在走向及倾向上呈波状起伏,倾角南陡北缓,南段 70°～80°、北段 50°～70°;组成华蓥山断裂带的各条断层,在平面上相互平行,亦有合并,剖面上呈叠瓦式构造或"人"字形构造。

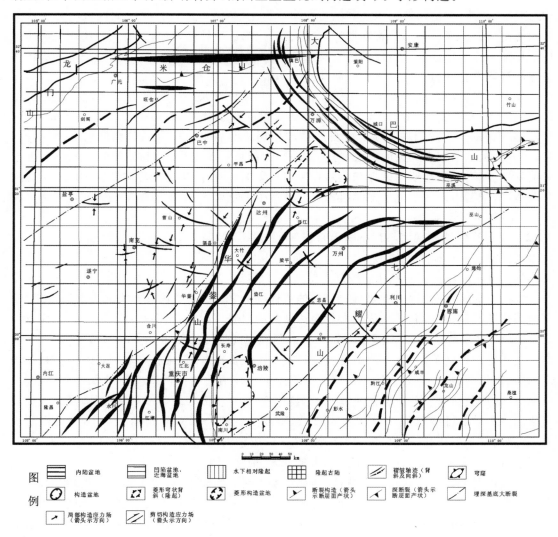

图 4-2　华蓥山矿区区域构造纲要图

华蓥山矿区在北西西向和南东东向水平挤压和反时针扭动作用下,形成了走向为北北东向的线形褶曲和与其走向一致的逆冲断裂、走向为北西向的横张断裂、走向为北北西和北东东一对共轭节理。同时,由于受到反时针扭动力的作用,各种结构面具有复合结构面特征:具压性结构的背、向斜,呈右行边幕式排列;具压性结构的断裂面,呈右行"多"字形展布,演化为压扭性的结构面;具横张特征的结构面,呈左行平推断层,成为张扭性的结构面;走向北北西的扭动面,因与区域扭动方向角距较小,局部转化为张扭性结构面,发育为正断层;走向北东东的扭动面转化为压扭性结构面。而喜马拉雅山晚期的构造运动产生的自北东向南西的挤压应力对上述构造体系进行了进一步的改造,使走向北西的断裂具有了明显的压性和压扭性特征。

本矿区自印支期以来,在长达 2 亿年的漫长地质历史时期中,主要受南东、北西向水平挤压应力场和左旋压扭应力场控制;至喜马拉雅晚期,又受北东向西南的挤压应力等多期次构造叠加、改造,构造形迹以压性和压扭性构造为主,甚至由主应力派生的次级应力形成的张扭性结构面。经过喜马拉雅晚期的改造,也转化为压扭性结构面,具有明显的压性和压扭性的特征。这些压性和压扭性构造及其复合、叠加有利于煤层瓦斯的生成与保存,为煤层构造煤的局部发育和由于应力集中引起瓦斯局部聚集创造了条件。

华蓥山矿区在含煤岩系形成以后,始终处于挤压的环境下。即使在二叠纪末至三叠纪初,地壳上升遭受剥蚀,造成了长兴组与飞仙关组的假整合接触,由于侵蚀面距下伏 K_1 煤层较远,没有对 K_1 煤层中瓦斯产生自然排放作用。而后发生在喜马拉雅期的强烈隆升运动,一方面控制了现今构造的形成,另一方面引起能量场调整(压力和温度效应),促使地层势能的转换,对煤层瓦斯的赋存和运移有一定的影响。此外,川东地区多期复杂的构造叠加与改造,对华蓥山矿区二叠系龙潭组含煤岩系产生了重要作用,这也是华蓥山矿区构造煤特别发育的原因。

4.2.2 矿区瓦斯地质规律与瓦斯赋存特征

4.2.2.1 矿区瓦斯地质规律

（1）地质构造对瓦斯赋存的控制

华蓥山复式背斜是华蓥山滑脱褶皱带的主体构造之一。其总体展布方向为 N20°～35°E,向南倾伏于北碚附近,向北倾伏于大竹至达县间的白腊坪附近,走向长约 160 km,东西宽约 10 km。两翼倾角陡直,西翼遭受华蓥山深大断裂不同程度的破坏。

在华蓥山矿区范围内,华蓥山复式背斜主要由龙王洞背斜、宝顶背斜、打锣湾背斜、李子垭向斜、天池向斜、田湾向斜及三百梯向斜等几个次级褶曲组成的不完整的复式背斜,南段较复杂,北段较简单。各次级褶曲除龙王洞和宝顶背斜平面表现为线形褶曲外,其余为长圆形褶曲。各褶曲轴线延伸方向基本一致,在平面上的组合形态呈边幕式(图 4-3);在剖面上,背斜两翼地层产状东缓西陡,向斜则相反,形成轴面向南东倾斜的褶曲(图 4-4)。华蓥山复式背斜向南分岔,形成了川东弧形褶皱带的"帚状"构造。

华蓥山背斜具有复式背斜的特征,即在华蓥山深大断裂带露头(宝顶至天池)东南侧(上盘),发育一组次级褶曲,由西至东分别为宝顶背斜、天池向斜、打锣湾背斜、李子垭向斜和龙王洞背斜,各褶曲轴线延伸方向基本一致,大致为 N20°～30°E,轴面东倾,向北东倾伏,组成边幕式排列。上述次级褶曲中以宝顶背斜隆起最高,以龙王洞背斜延伸最长。

华蓥山背斜总体封闭较好,利于瓦斯保存。华蓥山矿区断层的组合方式,平面上表现

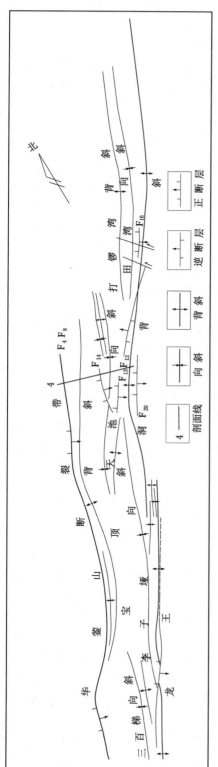

图4-3　华蓥山矿区结构纲要图

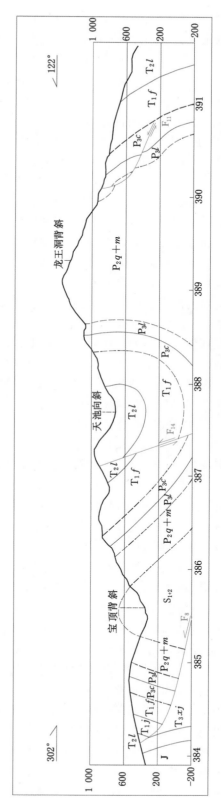

图4-4　华蓥山矿区4号剖面示意图

为：平行排列、尖灭侧现、彼此相交；剖面上呈对冲式、背冲式和 Y 形。各类断层在平面和剖面上的组合方式，对煤层瓦斯的赋存有一定的影响。在褶曲的陡翼，Ⅲ类（强烈破坏）、Ⅳ类构造煤（粉碎煤）较常见，缓翼多发育Ⅱ类（破坏型）、Ⅲ类（强烈破坏）构造煤，因而，褶曲的陡翼更易于发生煤与瓦斯突出（压出或倾出）；断裂构造的发育规模可分成不同级别，对煤层瓦斯赋存的控制作用也有所不同。北北东-北东向和北西向断层对龙潭组煤系破坏很大，断层附近常伴生和派生小构造，构造煤发育，在断煤交线端点附近具有很高的煤与瓦斯突出倾向；矿区主要发育 4 组小断层，走向分别为 N300°～330°、近东西、N30°～60°和近南北，断层倾角 26°～80°，断距 1～3 m。前两组多为正断层，其力学性质为张扭性；后两组为逆断层，多为压扭性质。它们多是矿区北北东-北东向和北西向一级断裂的伴生或派生构造，也可能是走向北北西或北东东的节理在褶曲构造的演化过程中发展而成。这类小断层出现的频率与褶曲构造部位密切相关：越近背斜倾伏端和地层产状急剧变化的部位，小断层出现的频率越高。在采动应力影响下，这类断层极易造成应力集中，导致煤与瓦斯突出或倾出。

（2）煤层埋深对瓦斯赋存的影响

煤层埋藏深度的增加不仅会因地应力增高而使煤层和围岩的透气性降低，而且瓦斯向地表运移的距离也增大，这两者的变化均朝着有利于封存瓦斯而不利于放散瓦斯方向发展。研究表明：在同一地质构造单元内，当煤层埋藏深度不大时，煤层瓦斯含量随埋深的增大基本上呈线性规律增加。如绿水洞井田在 2-1 钻孔埋深为 407 m，瓦斯含量为 3.56 m^3/t，而在深部 3-2 钻孔煤层埋深为 621 m 时，瓦斯含量为 10.73 m^3/t。

另根据已完成的 15 幅矿井瓦斯地质图分析得出：在同一地质构造单元内煤层瓦斯分布特征主要受煤层埋藏深度的影响和控制，煤层瓦斯含量随煤层埋深的增大而呈增大趋势。

（3）顶底板岩性对瓦斯赋存的影响

本区各可采煤层顶板岩性以泥岩、碳质泥岩、粉砂质泥岩为主，局部为粉砂岩、细砂岩；底板以泥岩、砂质泥岩、泥质粉砂岩为主。煤层顶底板均有较厚的泥岩存在，由于泥岩孔隙度小、排驱压力大、透气性能差、瓦斯封闭条件较好，因此对煤层瓦斯的保存较为有利。

（4）水文地质对瓦斯赋存的影响

区内地层由寒武系至侏罗系均有出露，含水层多为石灰岩，含岩溶裂隙水或层间裂隙水。隔水层主要为泥岩、砂质泥岩。

全区对煤层瓦斯赋存影响较大的有二叠系下统茅口组、栖霞组（P_2m+q），在矿区南端龙王洞背斜轴部出露。茅口组（P_2m），厚度 187.00 m 左右，岩性为石灰岩，颜色由上向下逐渐变深；栖霞组（P_2q），厚度 155.00 m，岩性为灰色、深灰色厚至巨厚层状灰岩。两者之间无明显的隔水层，将其视为一个含水层。该含水层多形成溶蚀槽谷、岩溶发育，以溶斗、落水洞居多；富水不均，地下水以管道流为主的形式运移，泉水一般流量 1.0～30.00 L/s，多出露在河谷岸边，为富水性中等至强的裂隙岩溶含水层。区内 K_1 煤层下距茅口组石灰岩含水层 10 m 左右，有铝质泥岩、石灰岩、泥岩、砂质泥岩相隔，在无断裂相互沟通的正常情况下，茅口组地下水对煤层瓦斯影响很小，当铝质泥岩遇水膨胀破坏了隔水层或断层沟通的情况下，茅口组地下水进入煤层，瓦斯随地下水运移，使得煤层瓦斯含量变小；K_1 煤层上距龙潭组石灰岩含水层 15 m 左右，该含水层为复合含水层，含水性微弱，在无断层导通的情况下对煤层瓦斯赋存影响较小。因此，在无断层、岩溶陷落柱破坏的情况下，华蓥山矿区水文地质特征有利于煤层瓦斯的赋存，当煤层与含水层之间隔水层受断层、陷落柱破坏时，煤层瓦斯随地下水发生运移,不利于煤层瓦斯的赋存。

4.2.2.2　矿区构造煤分布及控制特征

华蓥山矿区在含煤岩系形成以后,始终处于挤压的环境下。川东地区多期复杂的构造叠加与改造,对华蓥山矿区二叠系龙潭组含煤岩系产生了重要作用,这也是华蓥山矿区构造煤特别发育的原因。褶曲陡翼构造煤的发育程度比缓翼高:在褶曲的陡翼,Ⅲ类(强烈破坏)、Ⅳ类构造煤(粉碎煤)较为常见,在褶曲的缓翼多发育Ⅱ类(破坏型)、Ⅲ类(强烈破坏)构造煤,因而褶曲的陡翼更易于发生煤与瓦斯突出;矿区内另一组一级断层为不甚发育的北西向平移断层,如绿水洞矿见到的 F_5 和 F_6 断层。该组断层在喜马拉雅晚期构造应力场的影响下,断裂带转化为压扭性。特别是当北西向平移断层切割煤层时,断层的剪切作用对煤层破坏强烈,特别有利于构造煤的发育。此外,后期压扭性应力场的叠加,使北西向平移断层的导气性减弱,瓦斯压力增强,加大了该组断层附近煤与瓦斯突出的危险性。

根据华蓥山矿区煤体破坏特征统计(表 4-1),煤体破坏类型为 Ⅴ～Ⅲ 类,说明华蓥山矿区 K_1 煤层受挤压构造影响,构造煤发育。

表 4-1　华蓥山矿区煤体破坏特征统计表

测试矿井	煤体破坏类型	煤体坚固性系数(f)	瓦斯放散初速度($\triangle p$)
溪口煤矿		0.52	13
龙泉煤矿	Ⅴ类	0.27	13
李子垭南二井	Ⅲ类	0.23	—
高顶山煤矿	Ⅲ～Ⅴ类	—	—
天池煤矿	Ⅲ～Ⅴ类	—	—
广安煤矿	Ⅱ～Ⅲ类	—	—

4.2.2.3　矿区瓦斯分布特征

根据矿区瓦斯地质编图工作,本区瓦斯含量总体较高,在煤层露头附近存在瓦斯风氧化带,但瓦斯风氧化带浅,一般在埋深 100～180 m 以浅区域;根据矿井地勘测试的瓦斯参数,绝大部分钻孔瓦斯成分的甲烷比例在 80% 以上。

华蓥山矿区开发程度较高,矿区突出矿井 11 对,矿区西部的高顶山煤矿最小突出深度为 170 m,也是矿区最浅突出深度,因此矿区 K_1 煤层始突深度为 170 m。依据《防治煤与瓦斯突出规定》,参照瓦斯风氧化带及煤层始突深度对矿区各区段煤与瓦斯突出危险性进行区域预测,除西天寺远景区-绿水洞井田以瓦斯含量 8 m^3/t 为界外,其他区块均以瓦斯风氧化带下界为煤与瓦斯突出危险区上界。

褶皱构造是华蓥山矿区瓦斯赋存区域性分布规律的主控因素,褶曲的类型、封闭情况和复杂程度对瓦斯赋存均有影响。褶皱构造对瓦斯赋存的影响表现在以下几个方面:

(1)通常情况下,向斜构造比背斜构造更有利于瓦斯赋存,当煤层埋藏较深时,背斜和向斜核部均有瓦斯积聚形成高瓦斯区,以背斜倾伏端、向斜轴部为瓦斯富集的最有利场所。

(2)在李子垭向斜平缓的转折端(盆底部分),发育有次级舒缓波状褶曲,其中背斜波幅小,轴部裂隙不发育,往往更有利于瓦斯富集。

(3)矿区煤层破坏程度自东向西、自北向南有增强的趋势,煤与瓦斯突出总的分布规律也具有南强北弱、自东向西增强的特点。

矿区发育的一级断层主要为逆冲性质的断层,呈北北东-北东向分布,如 F_1 和 F_2 断层对龙潭组煤系破坏很大,断层附近常伴生和派生小构造,煤层破坏严重,构造煤发育。特别是在断层消失的两端,常常会造成应力集中,以致断层端点附近的煤层具有很高的煤与瓦斯突出倾向。此外,该组断层的上、下盘煤层产状变化较大,下盘常常被断层上盘逆冲覆盖,因而逆掩断层的下盘煤层埋藏深度较大,有利于瓦斯保存;断层上盘活动性较下盘强烈,构造煤更为发育,因而断层附近是煤与瓦斯突出的高危地带。然而,当断层出露到地表时,北北东-北东向断层也可破坏煤层顶板对煤层瓦斯的圈闭性,造成瓦斯逸散,使瓦斯含量降低。

矿区发育的二级断裂为一级断裂的伴生或派生构造,规模较小,这些断层不仅没有造成煤层瓦斯的逸散,反而有利于瓦斯的运移和积聚,有利于构造煤的形成。在采动应力影响下,这类断层极易造成应力集中,因而该组断层对煤矿生产影响极大,华蓥山矿区各矿发生的煤与瓦斯突出或倾出大多与它们有关。

华蓥山矿区瓦斯地质特征见表 4-2 和表 4-3。

表 4-2　华蓥山矿区瓦斯地质汇总表

矿区名称	华蓥山矿区				
矿井总数 (国有重点/地方)	矿井瓦斯等级及对数			煤炭资源总量/万 t	
	突出矿井对数	高瓦斯矿井对数	低瓦斯矿井对数	勘查	预测
5/85	13	31	1	66 600	124 098
矿区瓦斯突出总数	437	始突深度/m	150	矿别	溪口煤矿
最大瓦斯突出强度	煤量/(t/次)	1 000	标高/m	±850	矿别	溪口煤矿
	瓦斯量/(m³/次)	252 100	埋深/m	250		
瓦斯压力最大值/MPa	5.88(地勘)	矿别	李子垭煤矿	标高/m	＋601
				埋深/m	547
瓦斯含量最大值 /(m³/t)	18.46(地勘)	矿别	龙泉煤矿	标高/m	＋351
				埋深/m	505
主采煤层	K_1(局部分 K_{1-1}、K_{1-2})				
煤层气(瓦斯)资源总量/(10^8 m³)	216.60				
备注	矿区瓦斯地质图仅限晚二叠世煤层,三叠系含煤区勘查开发程度低				

4.2.3　矿区 K_1 煤层瓦斯地质图

在编制华蓥山矿区龙滩煤矿、绿水洞煤矿等 15 对矿井(井田)瓦斯地质图基础上(表 4-4),根据各矿井瓦斯地质规律及瓦斯预测成果,结合矿区范围内的地质勘查资料、矿井生产资料以及其他的瓦斯地质资料,预测了煤层瓦斯含量和涌出量,绘制了瓦斯含量和瓦斯涌出量等值线;预测了煤与瓦斯区域突出危险性,划分了突出危险区和无突出危险区;计算了煤层气资源量。汇编完成了华蓥山矿区 K_1 煤层瓦斯地质图(1:25 000),简图见附图5~附图7。

表 4-3　华蓥山矿区瓦斯地质特征统计表

井田名称	矿井总数（国有重点/地方）	突出矿井数（对数）	始突深度 标高/埋深 /m	最大突出强度(t/次) 标高(m)/埋深(m)	最大瓦斯压力/MPa 标高(m)/埋深(m)	最大瓦斯含量/(m³/t) 标高(m)/埋深(m)	最大瓦斯涌出量 绝对(m³/min)/相对(m³/t)	煤炭储量 /万t	瓦斯（煤层气）资源量/(10^6 m³)	主要构造
水田坝井田	0/2	1	—	—	—	—	8.57/69.81			水田坝向斜
溪口、龙泉寺井田	0/5	2	+1 150/150	$\dfrac{1\,000}{850/250}$	$\dfrac{0.74}{512.86/266.14}$	$\dfrac{18.46}{350.63/505.31}$	11.40/42.64	2 908		龙王洞背斜、三百梯向斜
李子垭井田	2/15	2	+660/395	$\dfrac{220}{680/380}$	$\dfrac{5.88}{601/547}$	—	33.10/20.3	7 859	4 569	龙王洞背斜、李子垭向斜
高顶山井田	0/12	3	+630/170	$\dfrac{447}{380/320}$	—	$\dfrac{18.40}{500.63/483.99}$	9.41/34.70	3 964	2 449	天池向斜、宝顶背斜
西天寺绿水洞井田	1/12	2	+551/—	$\dfrac{80}{430/716}$	$\dfrac{1.70}{550/520}$	$\dfrac{11.02}{424.11/393.22}$	24.50/14.30	14 140	6 627	龙王洞背斜、天池向斜、田湾向斜、打锣湾背斜
桂兴、立竹寺井田	2/4	3	+529/500	$\dfrac{45}{485/300}$	$\dfrac{3.78}{111/969}$	$\dfrac{14.89}{77/934}$	36.80/—	14 943	8 015	龙王洞背斜
总计	5/50	13						43 814	21 660	

表 4-4   华蓥山矿区矿井（井田）瓦斯地质图

矿井名称	企业性质	编制煤层	编制单位	编制时间
龙滩矿	国有重点	K_1	河南理工大学	2009.09
绿水洞矿	国有重点	K_1	河南理工大学	2009.09
李子垭（含南二井）矿	国有重点	K_{1-2}	河南理工大学	2009.09
李子垭南井	国有重点	K_1	河南理工大学	2009.09
广安煤矿	地方煤矿	K_1	川煤地勘院	2010.07
邻水煤矿	地方煤矿	K_{1-2}	川煤地勘院	2010.07
天池煤矿	地方煤矿	K_1	川煤地勘院	2010.07
高顶山煤矿	地方煤矿	K_1	川煤地勘院	2010.07
李家沟煤矿	地方煤矿	K_1	川煤地勘院	2010.07
金亿煤矿	地方煤矿	K_{1-2}	川煤地勘院	2010.06
龙泉煤矿	地方煤矿	K_1	川煤地勘院	2010.05
溪口煤矿	地方煤矿	K_1	川煤地勘院	2010.07
水田坝煤矿	地方煤矿	K_1	川煤地勘院	2010.08
蔡山洞煤矿	地方煤矿	K_1	川煤地勘院	2010.05
矾厂湾煤矿	地方煤矿	K_{1-2}	川煤地勘院	2010.07

4.3   达竹矿区瓦斯地质规律与瓦斯地质图

4.3.1   矿区构造控制特征

达竹矿区属于华蓥山滑脱褶皱高突瓦斯带，位于扬子陆块区（一级构造）-上扬子古陆块（二级构造）-四川前陆盆地（三级构造）的华蓥山滑脱褶皱带（四级构造）西缘之华蓥山复式背斜北段，与该带中段的华蓥山矿区毗邻。矿区以北为大巴山盖层逆冲带，东面为万县弧形构造带。

矿区所在区域以北连续或断续分布一系列北西向构造及东西向构造，而矿区主要由峨眉山背斜、景市向斜、中山背斜、达县向斜、铁山向斜、渡市向斜、华蓥山背斜等一系列北北东向构造组成，背斜构造紧密、向斜宽缓，形成典型的隔挡式褶曲（图 4-5）。

（1）华蓥山背斜

华蓥山背斜北段倾没区走向 N30°E，在白腊坪因受 F_7 断层影响，轴向有所变化：在大田坝以西为 N60°E，曾家沟以东向西折转成正南北，并在东翼发育一组次级褶曲。该区段背斜轴部出露最老地层为雷口坡组（$T_2 l$），背斜东翼倾角 20°～30°（柏林），西翼 45°～65°（汇南），背斜倾伏角在 +200 m 标高以上为 13°、以下变缓至 10°（白腊坪）。属该背斜的井田有白腊坪井田、柏林井田、黑水河井田、城西井田、龙门峡井田、曾家沟井田（曾家沟段、汇东段）、汇

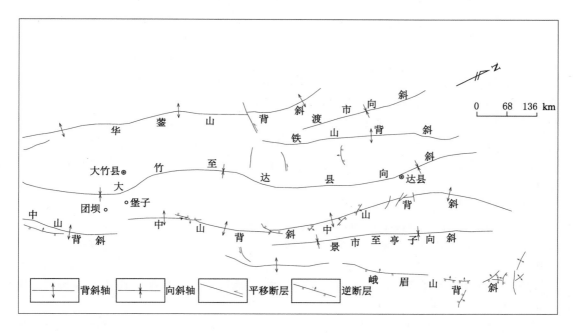

图 4-5　达竹矿区构造纲要图

南井田、大峡口井田、龙峡子井田、卷硐井田、琅琊井田、清水井田、立竹寺井田、红光井田。

（2）铁山背斜

铁山背斜走向 N22°E，南北两端倾没区分别向西、向东转折约 15°，使背斜略呈 S 形展布，南起柏林，北至石门大沟，全长 45 km。核部出露地层为须家河组（T_3xj），在河谷横切背斜处有雷口坡组（T_2l）出露的"天窗"。两翼地层倾角不对称：背斜南段西翼陡，至直立倒转，一般 70°～80°，东翼缓，一般 35°～50°；北段两翼略对称，倾角 60°～70°。背斜南段发育有数条横（斜）切背斜的压扭性断层。属本构造的井田有铁山南井田、盐滩湾井田、金窝井田、渠江井田、石门井田。

在华蓥山背斜与铁山背斜交接部位，即铁山南、白腊坪、柏林三个井田的衔接部位，次级褶曲和断裂均很发育，构成一块地质构造复杂地段。

（3）中山背斜

中山背斜（团坝井田以北）北段长约 80 km，在本区段内背斜走向：南段为 N20°E，地层倾角西翼缓、东翼陡；中段（铜钵河以南）为 N30°E，地层倾角东缓西陡；北段为 N11°E，地层倾角在金刚井田东翼 25°～45°、西翼 25°～35°，大致对称，金刚井田以北东翼 15°～35°、西翼 30°～60°。在魏家山一带，背斜高点出露飞仙关组（T_1f）地层，该背斜轴部发育有走向逆断层。属本构造的井田自北往南为达县、斌郎、金刚、桐子湾、磨子沟、魏家山、堡子、团坝等井田。

自金刚井田北部往北的背斜倾没段，背斜轴部发育数组走向北西的次级褶曲和断裂，影响到上煤组和中煤组，使该区背斜轴部构造复杂化。如金刚井田北部大垭口背斜、金刚寺向斜、天耕梁背斜、坛罐场背斜组成与主背斜斜交的次级褶皱带；斌郎井田石家垭口向斜、潘家

湾背斜次级褶皱及 F_9、F_8、F_{15}、F_7、F_{17}、F_{38} 断层组成的断裂带；达县井田 F_3、F_1、F_{15}、F_{14} 断裂带和 F_{21}、F_{22}、F_{23}、F_{16}、F_{40} 断裂带。

（4）峨眉山背斜

峨眉山背斜位于矿区东部，南端倾没于大竹县永兴场附近，与中山背斜相连，向北至宣汉县三河场附近倾没，全长约 60 km，总体走向 N20°～30°E。核部出露最老地层为嘉陵江组第四段，两翼为须家河组至上沙溪庙组。两翼地层倾角不对称，南东翼较陡，倾角一般为40°～85°，常有直立倒转；北西翼较缓，倾角一般为 30°～40°，个别达 80°左右。该背斜轴部发育一组走向逆断层（F_1、F_2、F_7），破坏了背斜的完整性，在大路沟以北沿背斜轴部走向长15 km 范围内发育一系列与主背斜斜交、走向北西的压扭性断层及褶曲，次级褶曲构造影响深度可至标高－400 m。

（5）赫天祠背斜

赫天祠背斜西起天师段纸厂沟，东至温泉镇，全长约 74 km。其走向在笔架山以东为S80°E，笔架山至水田一带近东西向，水田往西为 N80°～60°E，呈一略微向北凸出的弧形。大垭口一带急剧往北偏转，走向近东西；大垭口以西又强烈向北西偏转，走向为 N60°W，在天师段纸厂沟与新华夏系峨眉山背斜北段呈反接，形成向南凸出的弧形构造形迹。总观赫天祠背斜，略呈 S 形展布。

背斜北翼构造简单，倾角较平缓，一般为 25°～40°，背斜南翼在正坝以西，构造复杂，断层多，特别是天师段断层和次级褶皱使地层互相推叠，强烈揉皱，辗转弯曲。在三角寨以西地层一般为倒转，倾角 60°～80°；以东为单斜构造，倾角较平缓，一般为 30°～40°。

从川东地区与相邻地块在印支、燕山、喜马拉雅三期板块俯冲、碰撞造山和陆内造山的构造演化分析，本区在漫长的地质历史时期，主要受来自东南雪峰山-湘鄂西地块向北西方向的挤压应力作用，同时又受北面秦岭-大巴山向南挤压应力的影响。主体一级构造为北西西-南东东向挤压应力场作用的结果。区内构造主要表现以下特征：

（1）北北东向构造是控制煤层瓦斯赋存的主体构造，紧密的背斜核部煤系上覆地层乃至煤系本身被剥蚀，对煤层瓦斯保存不利。

（2）北北东向主体构造被北西向压扭性断裂切割并改造，使区内构造进一步复杂化。中山背斜被切割成若干段，轴线被错移，呈左列雁行排列，局部地段（大垭口至天耕梁）背斜轴被北西向褶皱横跨后湮灭，但这些并未改变中山背斜的总体构造形态。华蓥山背斜和铁山背斜受北西向构造改造，轴线走向转换频繁。北北东向构造形成始于印支运动，燕山运动基本成型。北西向构造形成时间晚于北北东向构造，区域资料表明北西向构造的形成时间属喜马拉雅期。印支、燕山、喜马拉雅三期构造占统治地位的应力场都为压性和压扭性，总体表现为封闭性，对煤层瓦斯赋存有利。

（3）北西向构造密集成带，各带大致成等距离分布，每带间隔大约 4 km，与北北东向构造常以反转、横跨等多种方式复合。背斜的倾伏端和多期压性构造的复合部位往往瓦斯含量较高。

（4）北西向构造所显示的压扭性（顺扭）特征，表明是受南北向主压应力顺时针扭动产生的北东-南西向压应力作用的结果，与北北东向构造产生的应力场不同。

后期此两向构造往往使前期构造的一组张性裂隙、断裂发生改造，而且为压扭性，断裂面从开放转为闭合，从而对煤层瓦斯保存条件由不利转为有利。

4.3.2　矿区瓦斯地质规律与瓦斯分布特征

4.3.2.1　矿区瓦斯地质规律

（1）地质构造对瓦斯赋存的影响

通过对四川达竹煤电（集团）有限责任公司下属 6 对矿井瓦斯涌出量与其所处构造位置分析得出：自背斜轴部向两侧翼部，上覆基岩逐渐变厚，煤层瓦斯含量和涌出量也逐渐增大，显示出背斜对区内瓦斯赋存的主控作用。矿区发育一系列次级褶皱，但由于统计到的瓦斯参数有限，次级褶皱对瓦斯的控制作用难以评价，但可以预计其影响范围及程度有限。

中山背斜以顺扭及压扭性断层居多，切割煤层严重，由于区内瓦斯参数少，难以定量分析断层对煤层瓦斯赋存的影响。但从逆断层的性质推断，对瓦斯赋存有利。

铁山背斜铁山南井田大中型逆断层较为发育，而且相互交汇或切割，破坏了煤层的连续性，构成了瓦斯排放的通道。白腊坪井田断层主要发育在井田南部益茂园段，多为逆断层，这些断层的力学性质为压性或压扭性，断层闭合程度较高，一般对煤层瓦斯逸散阻力较大。柏林井田断层稀少且基本未破坏煤层。

矿区发育一系列北北东向构造，背斜构造紧密、向斜宽缓，形成典型的隔挡式褶曲，且背斜核部多遭受剥蚀，致使须家河组煤层出露地表，且背斜两翼地层倾角较大，不利于煤层瓦斯的赋存。但在背斜倾没端受应力场及煤层盖层保存较完整的影响，煤层瓦斯含量相对较高。

（2）煤层埋深对瓦斯赋存的影响

煤层瓦斯含量随埋深的增大基本上呈线性规律增加，斌郎井田在埋深为 629.5 m 的 ±0 水平测得煤层瓦斯含量为 8.20 m^3/t，而在 346.8 m 的 211 采区测得的煤层瓦斯含量仅为 2.95 m^3/t。

另根据已完成的 7 对矿井瓦斯地质图也可分析得出：在同一地质构造单元内煤层瓦斯分布特征主要受煤层埋藏深度的影响和控制，煤层瓦斯含量随煤层埋深的增大而增大、减小而减小。

（3）顶底板岩性对瓦斯赋存的影响

矿区须家河组地层中粗碎屑岩占 65%～80%，砂岩孔隙、裂隙发育，总体不利于煤层瓦斯的保存。中山背斜外连和内连煤层大部分区域顶板 10 m 以内泥岩厚度都在 0～4 m；铁山背斜 K_{22} 和 K_{14} 煤层大部区域顶板 10 m 内泥岩厚度在 0～4 m，仅部分区域在 4～6 m，煤层瓦斯向外逸散较少，煤层瓦斯易于向底板砂岩中逸散。

（4）岩溶陷落柱对瓦斯赋存的影响

中山背斜金刚井田陷落柱发育，主要为须家河组、珍珠冲组、自流井的岩块，陷落柱群的陷落物体积庞大。钻孔揭露雷口坡组地层中存在溶洞，甚至存在深部水循环的地下暗河。陷落柱的发育为煤层瓦斯排放提供了通道，瓦斯含量大为降低。

4.3.2.2　矿区构造煤分布及控制特征

达竹矿区含煤岩系形成以后，始终处于挤压的环境下。川东地区多期复杂的构造叠加与改造，造成达竹矿区三叠系须家河组煤层局部地层倾角增大直至直立、倒转，并在局部形成构造煤。

4.3.2.3　矿区瓦斯分布特征

（1）从构造演化来看，矿区自晚三叠世至晚侏罗世，主要表现为稳定的下沉。三叠纪末期沉积速度加快,至晚侏罗世沉积速度显著降低。晚侏罗世在燕山运动影响下沉积速度由快到慢,燕山期后盆地开始回返。沉积相以湖泊相、河流相为主,煤层顶板的封盖能力不强。现今矿区构造主要形成于燕山期或喜马拉雅期,具有成排、成带或成组的特点。这些构造以压性、压扭性为主,一般比较完整,有利于瓦斯的富集和保存。

(2)晚三叠世须家河组的盖层主要为砂岩,从整个含煤地层来看,砂岩发育极好,约占地层的65%~80%,主要为滨湖三角洲前缘砂体,砂体平面展布呈席状,分布广泛,砂岩主要为中、细粒长石石英砂岩。在盖层节理、裂隙发育的地段不利于煤层瓦斯的聚集和保存。

(3)地质构造是影响煤层瓦斯赋存的主要因素。中山背斜达县井田、斌郎井田和金刚井田自北向南分布在中山背斜轴部两侧,铁山南井田分布在铁山背斜轴部倾伏端两侧,柏林井田和白腊坪井田分布在华蓥山背斜东翼。随区内上覆基岩厚度自背斜轴部向翼部逐渐变大,煤层瓦斯含量和涌出量也逐渐增大。

(4)由于矿区褶曲发育,地层倾角相对较大,个别矿井在背斜轴部由于应力集中,局部出现"气顶"现象。

(5)中山背斜北部瓦斯含量高于南部,即达县、斌郎井田的瓦斯含量、涌出量高于金刚井田。华蓥山、铁山背斜南部瓦斯含量高于北部,即柏林井田的瓦斯含量、涌出量高于白腊坪、铁山南井田。

总体说来,矿区晚三叠世须家河组煤层瓦斯含量相对较低,又因地方煤矿开采规模较小、集中在露头附近,现都为低瓦斯;国有重点矿井随着开采水平的延伸,开采深度逐渐增大,部分已转为高瓦斯级别。

达竹矿区井田瓦斯地质特征见表4-5和表4-6(下页)。

4.3.3 矿区主采煤层瓦斯地质图

在编制达竹矿区金刚、斌郎等7对矿井(井田)瓦斯地质图基础上(表4-7),根据各矿井瓦斯地质规律及瓦斯预测成果,结合矿区范围内的地质勘查资料、矿井生产资料以及其他的瓦斯地质资料,预测了煤层瓦斯含量和涌出量,绘制了瓦斯含量和瓦斯涌出量等值线;预测了煤与瓦斯区域突出危险性,划分了突出危险区和无突出危险区;计算了煤层气资源量。汇编完成了达竹矿区 C_{11} 煤层瓦斯地质图(1:50 000),简图见附图8。

表 4-7　达竹矿区矿井(井田)瓦斯地质图

矿井名称	企业性质	编制煤层	比例	编制单位
金刚煤矿	国有重点	内连、外连	1:5 000	西安煤科院
斌郎煤矿	国有重点	内连、外连	1:5 000	西安煤科院
小河嘴煤矿	国有重点	K_{21}、K_{22}、K_{24}	1:5 000	西安煤科院
柏林煤矿	国有重点	K_{18}、K_{24}、K_{25}、K_{26}	1:5 000	西安煤科院
白腊坪煤矿	国有重点	K_7、K_{13}	1:5 000	西安煤科院
铁山南煤矿	国有重点	K_{21}、K_{22}	1:5 000	西安煤科院
堡子煤矿	地方煤矿	外连	1:5 000	川煤地勘院

表 4-5　达竹矿区瓦斯地质特征统计表

区块	矿井总数（国有重点/地方）	突出矿井对数	高瓦斯矿井对数	低瓦斯矿井对数	最大瓦斯压力/MPa ———— 标高(m)/埋深(m)	最大瓦斯含量/(m³/t) ———— 标高(m)/埋深(m)	煤炭储量/万t	瓦斯(煤层气)资源量/(10⁸ m³)	主要构造
华蓥山北段	2/40	0	2	40	$\dfrac{0.80}{150/550}$	$\dfrac{6.04}{-200/600}$	23 124.4	15.10	华蓥山背斜
铁山背斜区	1/26	0	1	26	$\dfrac{0.55}{73/255}$	$\dfrac{3.38}{73/255}$	31 480.4	28.56	铁山背斜
中山背斜区	3/38	0	2	39	$\dfrac{0.73}{250/423}$	$\dfrac{2.95}{226/347}$	59 398.2	33.19	中山背斜
峨眉山背斜区	0/31	0	0	31	—	—	36 425.9	18.13	峨眉山背斜
赫天祠背斜	0/27	0	0	27	—	—	44 357.2	26.82	赫天祠背斜
总计	6/162	0	5	163			194 786.1	121.8	

表 4-6　达竹矿区瓦斯地质汇总表

矿区名称		达竹矿区			
矿井总数（国有重点/地方）	6/170	矿井瓦斯等级及对数	高瓦斯矿井对数	5	低瓦斯矿井对数 171
矿区瓦斯突出总数	0		始突深度/m	—	
				煤炭资源总量/万t	
				勘查 64 268	预测 200 799
最大瓦斯突出强度	煤量/(t/次)	1.32	瓦斯量/(m³/次)	8.20	
瓦斯压力最大值/MPa	铁山南煤矿	标高/m —	埋深/m —	矿别	矿别
瓦斯含量最大值/(m³/t)	斌郎煤矿	标高/m +68	埋深/m 229	标高/m +18	埋深/m 629
主采煤层	须家河组 C_8, C_9, C_{10}, C_{11}, C_{12}, C_{17}, C_{23}				
煤层气(瓦斯)资源总量/(10⁸ m³)	123.05				
备注					

第5章 攀西断裂高瓦斯带瓦斯地质规律

攀西断裂高瓦斯带主要包括宝鼎矿区、红坭矿区、箐河矿区以及攀西地区零星的含煤区块。宝鼎矿区含煤地层为上三叠统大荞地组和宝鼎组,大部分地区工作程度达到精查,生产矿井有攀枝花煤业(集团)有限责任公司下属的花山、小宝鼎、大宝顶、太平4对国有煤矿,地方煤矿开采浅部煤层;红坭矿区含煤地层为上三叠统宝鼎组、大荞地组,开采煤层较多,构造极为复杂,全部为地方煤矿;箐河矿勘查资料与煤矿生产资料均较少。

本章主要论述了攀西断裂高瓦斯带的区域构造演化及控制特征、宝鼎矿区和红坭矿区瓦斯地质规律与瓦斯地质图。

5.1 区域构造演化及控制特征

5.1.1 大地构造位置与构造分布特征

攀西断裂高瓦斯带位于扬子陆块区(I)的上扬子古陆块(I_1)西部康滇前陆逆冲带(I_{1-3})南西部的康滇基底断隆带(I_{1-3-2}),属四级构造单元。断隆带东邻上扬子台褶带,边界为康定-奕良-水城断裂;北与松潘-甘孜褶皱带相接,以小金河-中甸断裂为界;西伴西南三江褶皱系,边界为哀牢山断裂;南临华南加里东褶皱系,边界为弥勒-师宗-水城断裂(图5-1)。

区内发育一系列大致平行的南北向深大断裂,迄今查明规模较大的断裂有6条,自西向东分别为箐河-程海断裂、攀枝花-楚雄断裂、安宁河-绿汁江断裂、罗次-易门断裂、普渡河-滇池断裂、小江断裂。其中,箐河-程海断裂和安宁河-绿汁江断裂对两盘次级单元的沉积(地层)、构造及岩浆活动具有显著的控制作用,从而将该区分为东西向两堑夹一垒的构造格架。东西两侧地堑分别为盐源-丽江裂陷带和会理-昆明裂陷带,相当于传统康滇地轴的轴缘坳陷;中部地垒为康滇断隆带,是攀枝花宝鼎盆地所处构造单元,与传统的康滇地轴本部相当,是隆起时间最长的一个次级单元。

现仅对区内次级构造单元边界箐河-程海断裂和安宁河-绿汁江断裂及中部攀枝花断裂进行介绍:

(1)箐河-程海断裂

此断裂为传统盐源-丽江轴缘坳陷与康滇地轴的分界。南段习称程海-宾川断裂,其南端在弥渡附近被北西向红河断裂切切;北段称箐河断裂,向北延伸经箐河-马头山,至石棉西油房,近南北向延伸逾400 km。古生代,断裂西侧盐源-滴江-大理一带,从上震旦统至二叠系,除个别"统"级地层缺失外,基本是一套发育齐全、沉积连续的海相地层;而东侧康滇断隆带古生代基本处于剥蚀状态。中生代则相反,西侧三叠纪后上升为剥蚀区,东侧晚三叠世为灰色复陆屑含煤建造,侏罗纪和白垩纪为红色湖相沉积。

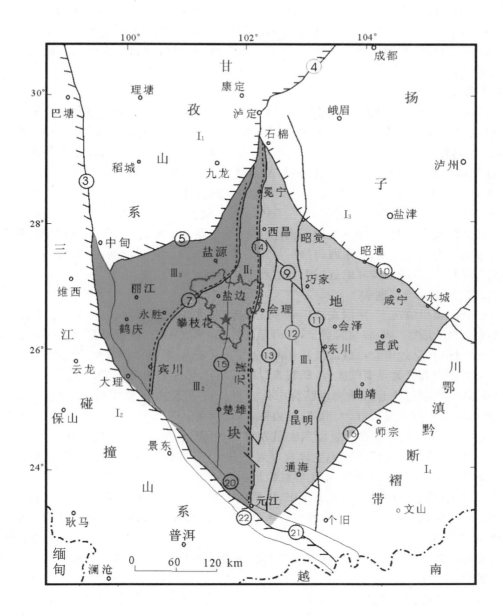

I₁—甘孜山系;I₂—三江碰撞山系;I₃—扬子地块;I₄—川鄂滇黔断褶带;

II₁—川滇黔菱形地块;III₁—会理-昆明裂陷带;III₂—康滇断隆带;III₃—盐源-丽江裂陷带;

③—金沙江断裂;④—龙门山断裂;⑤—小金河-中甸断裂;⑦—箐河-程海断裂;⑨—则木河断裂;

⑩—康定-奕良-水城断裂;⑪—小江断裂;⑫—普渡河-滇池断裂;⑬—罗次-易门断裂;⑭—安宁河-绿汁江断裂;

⑮—攀枝花-楚雄断裂;⑯—弥勒-师宗-水城断裂;⑳—红河断裂;㉑—哀牢山断裂;㉒—九甲-安宁河断裂。

图 5-1　大地构造位置图及区域断裂系统图

箐河-程海断裂自元古宙至新生代是一条继承性的深大断裂带,晚二叠世裂谷发育早期,它是幔源玄武岩浆喷发和上侵的主要通道;早、中三叠世早中期,成为盐源海盆地海相三叠系沉积的东界;晚三叠世晚期以后直至古近纪早期,成为控制金河等箕状断陷盆地沉积的盆缘同生断层;喜马拉雅期转化为木里-盐源推覆构造的前锋冲断带,完成其先张后压的形变演化过程。

(2)攀枝花断裂

攀枝花断裂呈南北向展布,为康滇断隆带内的一条次级深大断裂。该断裂可能形成于太古代-元古代,在早、中二叠世,该断裂带即开始东西向拉张,其西侧不同地段(即距离范围内)发生不同程度沉降,并接受海相沉积作用;晚二叠世,沿断裂带先后发生大规模的超基性-基性和碱性-酸性岩浆的侵入与喷溢;沿断裂带喷溢的玄武岩、粗面岩均严格地分布在其西侧,且向西厚度逐渐减薄,反映出当时断裂带以东地区地势明显高于西侧。该断裂带对中生代沉积地层具有明显的控制作用,下三叠统丙南组和上三叠统大荞地组最厚近 4 000 m,仅发育在该断裂带以西,东侧无该期沉积,反映三叠纪断裂带东侧持续抬升而西侧持续下降的构造环境。喜马拉雅期,受东西向挤压作用的影响,断裂带重新活动,并发育一系列近平行的北东向断裂,沿断面及其附近岩石被强烈破碎。

(3)安宁河-绿汁江断裂

该断裂纵贯川滇两省,南段在滇中称绿汁江断裂,北段在攀西地区称绿汁江断裂、磨盘山断裂或昔格达断裂。断裂北起冕宁,向南经磨盘山、米易垭口、盐边昔格达、仁和拉鲊,直至云南元谋以南,呈近南北向舒缓波状延伸,全长 240 km。断裂两侧次级单元在沉积建造、岩浆活动等方面有极为显著的差异,断裂带以东发育中元古界浅变质岩系(包括昆阳群、会理群、登箱营群、峨边群等);断裂以西为中元古界以前古老的中-深变质岩系(包括哀牢山群、大红山群、普登群、河口群、大田群、盐边群、康定群等),基本缺失中元古界浅变质岩系。新元古代-古生代地层亦仅在断裂以东大量发育,以西基本缺失。中生代时期则相反,断裂西盘地壳强烈下降,大规模沉积中生界含煤岩系及红层,并以角度不整合直接覆盖于中-深变质岩系之上;东盘则相对隆起,中生界红层沉积有限。

晚二叠世,由于地幔岩浆的底辟作用,攀西地区发生大陆崩裂,地幔岩浆上涌,使该断裂带进入以东西向拉张和地幔岩浆上涌侵位和喷溢作用为主的活跃期,在断裂带中形成了以超基性-基性岩浆岩和碱性-酸性岩浆为主的双峰式岩浆岩组合带。沿断裂带形成的基性-中性喷出岩厚度超过 3 500 m,且仅分布在断裂带中及其东侧,残存的古火山机构沿断裂带呈南北向展布。

矿区区域主要的褶曲构造有白石岩短轴背斜、华坪背斜、大平子向斜、腊石沟背斜、泥巴箐向斜、人头山背斜、狮子岩向斜、灰嘎向斜和宝顶向斜等。背斜核部地层多为震旦纪,而向斜核部多为三叠纪大荞地组或宝鼎组;断裂构造主要分布在区内东部的巴关河和西部的白石岩一带,中部华坪一带不发育。长度大于 5 km 的断层主要有西部的下瓦古断层、十寨河断层、鱼巴拉断层、白石岩断层、太平场断层和东部的格地坪断层、布德断层、纳拉箐断层。构造线方向主要为南北向或近南北向,东西向构造仅在格地坪西北发育一条断层。

纳拉箐断层展布于立溪冬与二台坡之间,全长 52 km,延展方向 20°～40°,在金沙江北岸至硫磺沟走向为 15°左右,断层面倾向南东,倾角 45°～80°,断层破碎带最宽达 200 m,挤压破碎现象明显,是切割基底的深大断裂,控制着煤与铁矿的形成和分布。该断层西侧为三叠纪宝鼎断陷盆地,沉积了巨厚(约 4 km)的丙南组、大荞地组和宝鼎组含煤沉积,纳拉箐断层东侧震旦系逆冲于西侧三叠系之上,发育大量的基性侵入岩和喷出岩,是良好的钒钛磁铁矿成矿带。纳拉箐断层是攀枝花断裂带的骨干断层,与倮果断层等大小共 20 余条断层共同组成攀枝花断裂带(宽约 2～5 km),如图 5-2 所示。

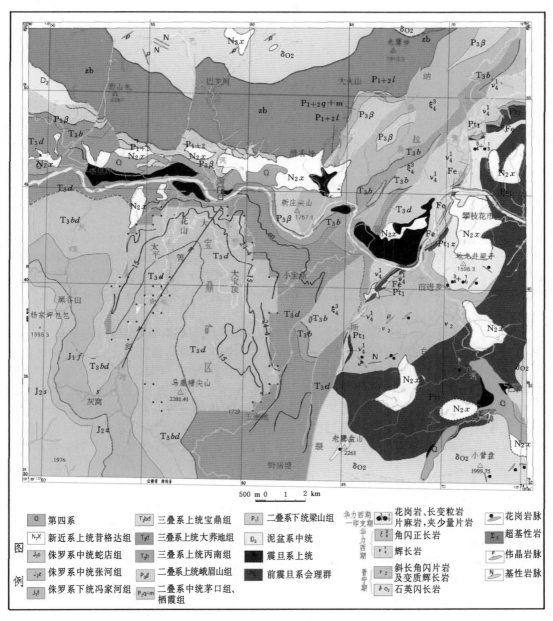

图 5-2　攀西地区区域地质图

5.1.2　构造演化及控制特征

　　区内盖层由震旦系及其以上沉积、火山地层及华力西期侵入岩组成,西部盐源-丽江断陷带西仅见震旦系-三叠系,为被动大陆边缘海盆地沉积建造序列,上二叠统为海相玄武岩,侏罗-白垩纪成为剥蚀区;中部康滇断隆带震旦系-中二叠统为陆表海稳定型沉积序列,普遍缺失志留系、泥盆系、石炭系及中三叠统,晚二叠世因攀西大陆裂谷作用而形成大规模大陆裂谷拉斑玄武岩建造及与大陆裂谷发育有关的基性、超基性与酸性双峰式侵入岩组合,晚三叠世发育内陆断陷-坳陷盆地沉积,侏罗-白垩系为内陆湖泊红色复陆屑沉积序列。东部会理-昆明裂陷带与西部盐源-丽江断陷带相似,震旦系和古生代地层普遍发育,而中生代相对隆升,中生界地层仅零星分布。

(1)太古宙(2 500 Ma 以前)

1997年,云南地质局通过1∶5万区调将原"点苍山变质岩系"下部的深变质岩部分划出建立"沟头箐岩群",从中获得同位素年龄 2 019.71～2 050.75 Ma、2 408 Ma(Am-Nb 全岩等时线);分布于同德天宝寨、冷水箐等地的变质苏长辉岩可能是本区最古老的地壳深部岩石,其全岩 Pb-Pb 同位素年龄为(3 320±0.35)Ma。因此,菱形地块内确有太古宙地层出露,表明存在统一的由太古宙结晶基底组成的"晚太古代康滇克拉通"。

(2)元古宙(2 500—540 Ma)

延续 2 000 Ma 的元古宙阶段,发生全球性扩张,区内也有强烈表现,构造运动与火山-岩浆活动十分活跃,原先稳定的克拉通出现分裂解体。

① 古元古代(2 500—1 600 Ma)

代表性地层为大红山群(不含底巴都组)、锰岗河群(不含普登组)、盐边群等,主要是一套海相火山-沉积变质岩系,为优地槽沉积建造,并具有明显的三分特点:下部碎屑岩-碳酸盐岩建造,中部海相火山岩建造,上部深海复理石建造。类似的沉积建造同样见于元谋-大田、会理、盐边地区的相同层位,表明本区古元古代地层沉积建造相似,地壳还未出现分裂迹象。

② 中-新元古代(1 600—540 Ma)

古元古代陇川运动导致南北向深大断裂生成,促使本区解体为三个次级构造单元,构成"两堑夹一垒"的构造格局,从此开始了次级构造单元各自不同的地质演化史。

中-新元古代阶段,康滇断隆带全面隆起遭受剥蚀,缺失中-新元古界沉积。东部"会理-昆明裂陷带"呈断陷沉积,接受厚逾 10 000 m 的中元古界、新元古界(昆阳群、会理群、峨边群、登相营群及震旦系)。以晋宁运动不整合面为界,下伏地层为一套浅变质岩系,属冒地槽沉积;上覆震旦系不变质,属沉积盖层的磨拉石沉积。西部"盐源-丽江裂陷带"同样呈断陷沉积,沉积了以罗平山群、石鼓群及震旦系为代表的中元古界、新元古界地层,与东部裂陷带极为相似。

(3)古生代(540—250 Ma)

古生代,该区仍维持"两堑夹一垒"格局:中部康滇断隆带仍处于隆起剥蚀状态,缺失古生界;东西两侧裂陷带仍继续沉降,古生界发育完整;寒武系-二叠系,会理-昆明裂陷带仅缺失个别统级地层单元,为一套连续的海相地层;西部盐源-丽江裂陷带,不仅缺失系级地层(志留系),统级地层缺失更多,显示地壳垂直振荡较东部频繁。

(4)中生代(250—65 Ma)

早三叠世,扬子陆块再次经历大陆裂解作用,特提斯洋横贯中国中部,四川西北部地区松潘-甘孜卷入特提斯构造域,该区位于扬子陆块西缘与特提斯构造域的结合部位,西部盐源-丽江与特提斯洋相连。华力西运动导致区内部箐河-程海断裂和安宁河-绿汁江断裂次级单元边界复活,三个次级构造单元地壳发生反转升降运动,由中生代前的"两堑夹一垒"转变为中生代"两垒夹一堑"的构造格局。具体表现为:在印支-燕山强烈影响下,西部盐源-丽江裂陷带三叠系发育齐全,缺失侏罗系、白垩系沉积;中部康滇断隆带则相反,缺失中三叠统,仅发育上三叠统及厚度巨大、层序齐全的侏罗系、白垩系,为大型内陆湖泊盆地相沉积;东部会理-昆明裂陷带则仅发育厚数百米的中三叠统、下三叠统碎屑岩-碳酸盐建造,缺失侏罗系和白垩系沉积。

该区中部康滇断隆带攀枝花地区攀西裂谷经过晚二叠世大规模火山-侵入岩浆活动,造成上地幔-下地壳岩浆房空耗,沿攀枝花断裂发生断陷作用,断裂东侧形成地垒,西侧形成狭长的宝鼎盆地。此时攀枝花地貌为南东高耸、北西低缓、向西北倾缓的平原,平原北面与盐源-丽江海相通,海水由北向南、由西向东推进,宝鼎-红坭盆地因海平面变化和靠近东南物源区,沉积了一套滨海相、冲积扇相和海陆交互相地层(丙南组)。

早三叠世晚期,裂谷盆地系统由北向南关闭,攀枝花断裂的断块活动减弱并整体上升为剥蚀区,裂谷盆地在干热气候下形成陆相盐湖。中三叠世,裂谷及其以东地区没有沉积记录,处于剥蚀区。至晚三叠世,受西部晚三叠世松潘-甘孜造山带的关闭及特提斯边缘微陆块与扬子地台西缘软碰撞构造活动攀枝花断裂继续活动的影响,攀枝花断裂复活,断裂西侧早三叠世形成的宝鼎-红坭盆地再度下降,并继承性地与西北部盐源-丽江海槽沟通,形成晚三叠世含煤建造,其地层序列下部为大荞地组,上部为宝鼎组,从宝鼎组沉积期开始转化为陆内大型坳陷盆地沉积并延续到中生代末。其古地理格局如图 5-3 所示。

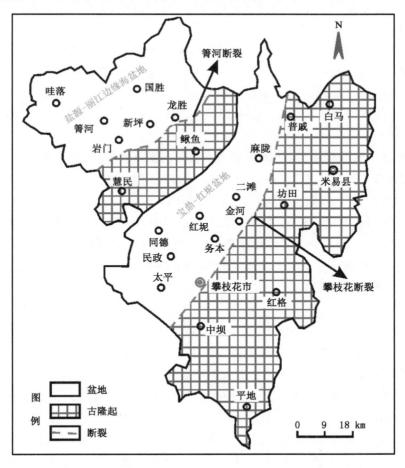

图 5-3　攀枝花地区晚三叠世古地理格局

燕山期,四川地块向西俯冲,本区域受来自南东方向挤压应力的作用,区域整体隆升,仅在局部形成了中生界的沉积。如宝鼎矿区大面积缺少侏罗纪、白垩纪地层,有利于煤层瓦斯释放,但在构造的挤压剪切部位则有利于大荞地组与宝鼎组构造煤的形成和瓦斯保存。

（5）新生代（65 Ma 至今）

始新世中期,印度板块与欧亚大陆缝合,本区受喜马拉雅运动自西向东挤压应力作用,形成广泛的盖层褶皱,构成现今的南北向构造形式。早-新世新构造运动加剧,青藏高原崛起,本区全面隆升,东部和西部两个裂陷带新生代断陷盆地和高原湖泊较发育,而康滇断隆带则以风化剥蚀为主。盖层的风化剥蚀有利于瓦斯大量释放,而在挤压剪切部位则有利于构造煤的形成。

5.2 宝鼎矿区瓦斯地质规律与瓦斯地质图

5.2.1 矿区构造控制特征

矿区主体构造和次要构造的走向基本都是北北东或北东向,是燕山运动晚期在区域北北西向主压应力作用下形成雏形。矿区主体构造为一北端仰起、向西南倾伏、东翼较缓、西翼较陡的开阔不对称构造——大箐向斜（图5-4）。其轴线走向 N30°E,核部及转折端地层倾角较小,一般在20°以下。西翼褶曲、断层不甚发育,地层走向与主体构造线基本一致,为北北东向,倾角一般为35°～65°,由北向南逐渐增大。东翼边缘构造较复杂,发育一些次级褶曲和断裂。地层基本走向北北东-北东,一般倾角为20°～40°,局部变化大,A_{13}线以南大荞地组第四、五、六、七段在 F_{15}、F_{16}、F_{12} 断层附近地层有直立和倒转现象,倾角达70°～90°。

矿区次级褶曲和断层基本上都集中分布在大箐向斜的边部,构造上属大箐向斜褶曲的转折端,这一现象有人称为"裙边"现象。"裙边"的范围大致位于 B_{13}-F_{38}-A_{1-2}-1040-A_{102-2}-B_{18}背斜一线以外,该线内侧即大箐向斜的翼部,构造较为简单。

褶曲:S_2、S_7、B_6、B_7、B_8 及 S_9 北段、B_{12}、S_{13}、S_{22} 褶曲两翼地层倾角较大,为闭合褶曲,B_{13} 背斜为紧闭褶曲。其余褶曲两翼地层倾角较小,均为开阔褶曲和平缓褶曲。

断层:以高角度的逆断层为主。出露的89条断层中:逆断层70条,正断层10条,平移断层8条,性质不明断层1条。

5.2.1.1 褶曲

（1）大箐向斜（S_4）

大箐向斜为矿区主体构造,轴线走向 N30°E,在 A_8 线南沿摩梭河延伸出区外,A_8 线北沿 A_1 线向北跨越金沙江,区内延伸长度大于9 km。轴面略向西倾,倾角85°～90°左右。该向斜向北东仰起、向南倾伏,倾伏角20°左右。西翼地层走向自南向北由北北东变为北东向,倾向南东东-南东,岩石倾角一般为35°～65°,由北往南增大;东翼地层在 A_{15} 线以南走向为北西向,以北走向北北东向为主,岩石倾角较缓,一般为20°～40°。位于北部的转折端岩层倾角15°～25°。核部出露宝鼎组,两翼出露大荞地组。核部无规模较大的断层切割破坏,形态完整（图5-4、图5-5）。

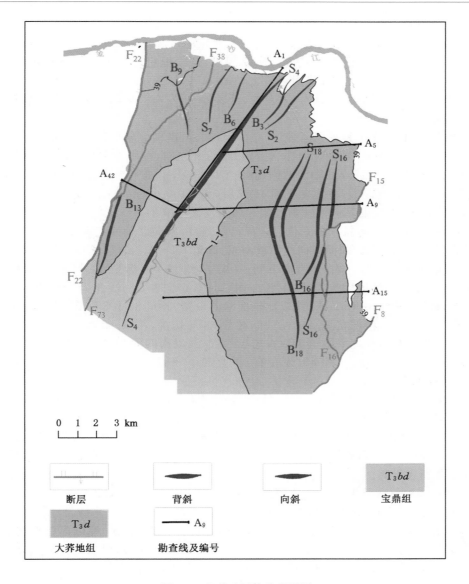

图 5-4　宝鼎矿区构造纲要图

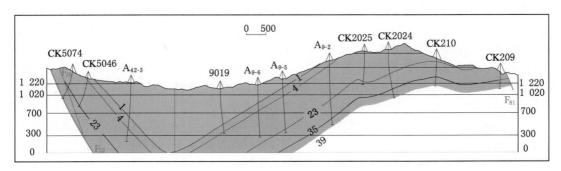

图 5-5　大箐向斜横向剖面图

（2）次级褶曲

S_{16} 向斜：位于大箐向斜东翼边缘，走向为北北东向，走向长 6.35 km。在 A_{11}～A_{12} 线间东翼因 F_{15} 断层切割而缺失，并将其分为南北两段，每段枢纽呈 S 形。该向斜向南倾伏，倾伏角 10°～15°。向斜波幅在 A_{10} 线附近最大，300 m 左右垂直向下至 40 煤层（约 850 m 标高）未见明显缩小，地层倾角东翼为 31°左右、西翼为 40°左右。影响宽度在 A_{16} 线附近最大，约 1.5 km 左右。

B_{16} 背斜：位于大箐向斜东翼东侧、S_{16} 向斜西侧，由南向北轴线走向由北北西变为北北东向，走向长度 5.05 km。轴线走向在 A_{13} 线以北近北北东向，以南为南北向，于 A_{14} 线南与 B_{18} 背斜合并，延展长度 7.05 km。轴面西倾，倾角 69°～89°，枢纽呈波状起伏。背斜波幅在 A_{10} 线附近最大，约 180 m 左右，垂直向下到 40 煤层（约 1 150 m 标高）减小为 150 m 左右，两翼地层倾角 15°～45°。向北和向南背斜波幅和倾角均逐渐减小。

S_{18} 向斜：位于大箐向斜东翼东侧、B_{16} 背斜西侧，由南向北轴线走向由北北西变为北北东向，走向长度 5.05 km。轴面倾向北西或南东，倾角 73°～87°，岩层倾角 12°～31°。向斜波幅在 A_{10} 线最大，约 80 m 左右，垂直向下到 40 煤层（约 900 m 标高）减小为 55 m 左右。

B_{18} 背斜：位于大箐向斜东翼中部、S_{18} 向斜西侧，走向在 A_{10} 线北为 N30°E 向，以南为 N20°W 向，延展长度 6.0 km。A_9 线以北轴面略向东倾，倾角 85°～89°，A_9 线以南轴面呈扭曲面，倾角 76°～89°。核部在 A_{12}～A_{13} 线间被 F_{17} 断层切割，在 A_{14} 线被 F_{102} 断层切割，形态不完整。A_9 线以北西翼地层倾角 31°、东翼 12°；A_9 线以南两翼岩层倾角接近，为 30°左右。背斜波幅在 A_{12} 线附近最大，约 80 m 左右，垂直向下一直影响到 40 煤层（900 m 标高左右），但影响程度有所减弱。

S_2 向斜：位于矿区北东部 A_3～A_{102} 线间，轴线走向 N40°E，延展长度 2.6 km，中及北段被 F_{25} 断层切割为 4 段，其形态完整性遭到破坏。该向斜向南西倾伏，倾伏角 25°～35°，消失于 A_{102} 线以南。轴面倾向南东，倾角 80°～85°。北段为紧闭褶皱，向南逐渐开阔，西翼地层倾角稍缓，为 30°～50°，东翼较陡，为 45°～80°，在 A_{102} 线以北浅部局部直立甚至倒转。该向斜 23 煤层瓦斯含量高。

B_{13} 背斜：又称灰窝子背斜，位于大箐向斜西翼南段边缘，轴线走向北北东，轴面除在 A_{44}～A_{45} 线间直立或稍向西倾外，其余皆向东倾，倾角 79°～89°。该背斜向北扬起，向南倾伏，倾伏角 8°～41°，由北往南变陡，北段在 A_{43} 线附近被 F_{22} 断层切断，在 A_{48} 线以南核部被 F_{73} 断层切割，其完整性遭到破坏，区内延展长度 2.8 km。其属紧闭褶皱，西翼地层倾角 52°～77°、东翼 58°～68°，轴部常有次级小断层伴生，使核部煤（岩）层有增厚现象。

5.2.1.2 断层

F_{22} 逆断层：为矿区西部边界断层。向北延至金沙江以北，向南消失于 A_{48} 线南红石岩东侧，走向 N14°～25°E，区内延展长度 8.6 km 以上。断层面在 A_{48}～A_{47} 线间，倾向北西，其余地段皆倾向南东，倾角 64°左右，北段局部达 80°，为高角度的逆断层。矿区内最大落差大于 500 m，由南往北逐渐增大，在 A_{48} 线为 200 m 左右。该断层切割大养地组第五段至宝鼎组第二段，破碎带较窄，最大 6.62 m，一般 1.00 m 左右。受其影响，断层带附近常有次级褶曲与断层发育，并使上盘大养地组逆覆于下盘宝鼎组之上。

F_{38} 逆断层：为 F_{22} 断层的次级断层，分布于矿区北西 A_{101}～A_{44} 线间，在 A_{44} 线北侧被 F_{22} 切割，区内延伸长度 5.9 km。走向 N25°～50°E，断层面倾向南东，倾角一般大于 65°，为高角度逆断层。区内最大落差大于 260 m，由南往北逐渐减小，至 A_{35} 线变为 130 m 左右。切割大养地组五至十一段地层及 B_6～B_{12} 间多条褶皱，两侧伴生有次级褶曲和小断裂。破碎带一般较窄，最小 0.40 m，最大 5.87 m，见断层角砾岩。该断层切割大养地组三至八段地层，是影响大箐向斜西翼煤层开采的主要断层。

F_{25} 逆断层：位于矿区北东 A_3 线北～A_{102} 线间，属高角度逆断层，延展长度 1.7 km，与 S_2 向斜"结伴而生"，对 S_2 向斜进行了多次切割破坏。其延展方向为 N40°E，断层面倾向南东，倾角 81°左右，落差 8～50 m，一般 40 m 左右。上、下盘岩层产状差异较大，上盘一般大于 45°，下盘一般在 35°以下，断层破碎带较窄，上、下盘牵引迹象明显。断层切割了大荞地组五至七段，是影响大箐向斜转折端浅部煤层开采的主要断层。

F_{15} 逆断层：分布于矿区东部 A_8～A_{16} 线间，A_8 线以北沿北东方向延伸出区外，A_{11} 线以北为边界断层，区内走向长大于 4.95 km。其延展方向分为三段，在 A_{10} 线以北走向为北东向，倾向南东，倾角 30°～40°；A_{10}～A_{11} 线间走向为北东东向，倾向南，倾角 45°左右；A_{11} 线以南走向近南北向，倾向东，倾角 45°～60°，断层面由南往北逐渐变缓。区内最大落差 200 m，由北往南逐渐减小，消失于 A_{15} 线以南 200 m 处。上盘岩层倾角大，一般大于 50°，局部近于直立或倒转，下盘岩层倾角平缓，一般在 30°以下。断层破碎带较窄，破坏了大荞地组三至八段煤层的连续性，并有次级断裂与之相伴生，使煤层沿走向重复或缺失，是影响大箐向斜东翼 A_{16} 线以北浅部煤层开采的主要断层。

F_{16} 逆断层：分布于矿区东部 A_{14}～A_{18} 线南，往北消失于 A_{14} 线 0320 号钻孔附近，南端在 A_{18} 线南 300 m 处被 F_8 断层切割，区内长度 2.8 km。断层走向近南北，断层面倾向西，倾角 54°～67°，属高角度的逆断层。区内最大落差 278 m，由南往北逐渐减小，消失于 A_{14} 线以南 50 m 处。下盘岩层倾角大，一般大于 40°，下盘岩层倾角一般在 30°以下。断层破碎带 1 m 左右，附近发育次级褶曲。该断层破坏了 B_{19} 背斜东翼大荞地组五至八段煤层的连续性。地表见第八段煤层重复。

F_8 逆断层：为矿区南东边界断层，展布于矿区南东 A_{17} 线北～A_{19} 线南，区内延伸长度大于 4.0 km。走向为北东向，断层面倾向南东，倾角 61°～65°。区内落差大于 200 m，由北向南逐渐增大，破碎带宽 1 m 左右。上盘岩层倾角大，一般在 60°以上，下盘岩层倾角平缓，为 25°～45°。

矿区构造主要为北东向和北北东向（次级褶曲），褶曲和断层多具压性构造特征，为主应力北西、北西西向挤压作用的结果，主应力的方向受深大断裂影响，具有多期活动的特征。主应力形成的构造规模较大，构成矿区构造骨架，序次较高。矿区断层多为高角度的压性、压扭性断层，这些断层抑制瓦斯排放而成为瓦斯逸散的屏障，封闭性良好的断层带往往可能成为瓦斯聚集的场所，特别是煤层由于断层重复、层滑挤压增厚时，煤层瓦斯含量急剧升高。而少量与之斜交的张性正断层，则由于断层面具有开放性，有利于瓦斯排放，煤层瓦斯含量大为降低。

综上所述，矿区一级构造大箐向斜和次级褶曲，瓦斯沿垂直地层方向运移困难，大部分瓦斯仅能沿大箐向斜两翼流向地表，深部煤层瓦斯逸散量少。而次级褶曲：背斜宽缓时，将有利于煤层瓦斯保存；背斜紧密时，轴部裂隙发育，将有利于瓦斯逸散；次级向斜翼部和背斜翼部由于煤层瓦斯排驱阻力较大，往往形成瓦斯聚集，使煤层瓦斯在这些局部地段含量升高。

5.2.2　矿区瓦斯地质规律与瓦斯赋存特征

5.2.2.1　矿区瓦斯地质规律

矿区沉积三叠系上统大荞地组（T_3d）、宝鼎组（T_3bd）含煤地层后，受燕山运动和早喜马拉雅运动影响，该区处于剥蚀区，侏罗纪和白垩纪地层几乎没有沉积或沉积后被风化剥蚀殆尽，煤系地层上直接覆盖新近系上新统昔格达组（N_2x）及第四系上更新统（Q_p）、全新统（Q_h）地层，有利于瓦斯的大量释放，也是该区煤的变质程度较低、煤层瓦斯含量相对华蓥山等矿区低的主要原因。

（1）由于本区煤的变质程度较低，矿区煤层大都是烟煤，主要煤类为焦煤、贫煤、贫瘦煤及瘦煤。在煤化过程中生成的瓦斯含量较小，吸附瓦斯能力较弱。另外，矿区内各煤层直接顶多为粉砂岩、细砂岩、泥质粉砂岩，上覆岩层透气性好，含煤地层沉积后地层不断隆起并遭受剥蚀，煤层中的瓦斯得以大量逸散；矿区内各煤层多有露头，不利于瓦斯保存，因而总体来说宝鼎矿区各煤层瓦斯含量不高。

（2）矿区内褶曲较多，褶曲多呈北北东或北东方向展布于矿区北西及东部边缘大菁地组的中下部，均向南倾伏，向斜一般较背斜宽缓。轴面多倾向东，个别褶曲在局部地段倾向西。褶曲控气特征明显，特别是两个方向的向斜构造复合部位，瓦斯赋存条件比较优越，煤矿开采时瓦斯涌出量较大。

（3）大菁向斜转折端应力集中，次级褶曲、断裂构造发育，煤层瓦斯含量较高，特别在背斜（盖层条件好）顶部、向斜和背斜翼部，瓦斯保存条件较好，含量增大。在低序次与主应力轴斜交的一组剪切应力发育的局部地段，由于煤层遭受剪切压扭性断裂破坏，构造煤发育，形成高瓦斯局部聚集，瓦斯压力增高。花山矿 4、23、24 煤层和桐麻湾矿 44 煤层都曾发生过煤与瓦斯动力现象。

（4）不同的褶曲部位瓦斯含量有一定的变化，采掘过程瓦斯涌出量也不同。一般向斜轴部，应力以挤压为主，裂隙不发育，瓦斯比较富集；背斜轴部张性裂隙发育，瓦斯容易逸散，不利于瓦斯保存，这主要表现在煤层瓦斯赋存沿走向方向的变化。小宝鼎煤矿 8322-5 工作面处于向斜轴部一翼，在工作面开采到向斜区时瓦斯涌出量明显增大，最大瓦斯涌出量达到 32 m^3/min，在无向斜区瓦斯涌出量未超过 6 m^3/min。

（5）大菁地组和宝鼎组各含水层之间水力联系差，补给源较远且有限，同一含水层组不同地段含水裂隙连通性较差，使得地下水运移对煤层瓦斯聚集、逸散影响较小。

5.2.2.2 矿区构造煤分布及控制特征

本区煤层主要受燕山期和喜马拉雅期构造作用影响，煤层发生变形破坏，构造煤发育不均。从构造分布特征来看，受东西向挤压的影响，区内具有一定规模的褶曲，且均分布在大菁向斜的边部，落差在 30 m 以上的断层也都分布在大菁向斜的边部，且比褶曲的分布更靠边，特别是落差在 200 m 以上的高角度逆断层基本上都作为大菁向斜的边界断层。区内断层和次级褶曲集中分布于"裙边"地带，这都是遭受强烈挤压作用的结果。从矿区的构造分布及其特征可以判定，矿区构造煤主要分布在裙边地带。从目前掌握的煤体破坏参数来看，在浅部区域测定的煤的坚固性系数（f）为 0.14～0.4，煤的瓦斯放散初速度（Δp）为 4～19，多属Ⅲ、Ⅳ类构造煤，破坏严重的地方为Ⅴ类构造煤，构造煤普遍发育；而在矿区深部构造煤不发育，煤体破坏程度较浅部轻，煤的坚固性系数普遍大于 0.5，煤的瓦斯放散初速度为 2～7，多属Ⅰ、Ⅱ类构造煤。但在大菁向斜轴部或构造发育部位存在Ⅲ类以上构造煤。

5.2.2.3 矿区瓦斯分布特征

宝鼎矿区赋存煤层多，构造复杂，地方煤矿小而多，2007 年整合后共有各类矿井 57 对，其中国有重点矿井 4 对，地方矿井 53 对，矿区共有煤与瓦斯突出矿井 1 对（桐麻湾煤矿）、高瓦斯矿井 1 对（胜利煤矿），其余都为低瓦斯矿井。低瓦斯矿井中，浅部主要开采国有矿边角余煤的地方煤矿瓦斯相对较低，但攀煤集团所属的 4 个国有大矿开采深度较深，瓦斯有由低转高的趋势。宝鼎矿区瓦斯地质特征见表 5-1 和表 5-2。

表 5-1　宝鼎矿区井田瓦斯地质特征统计表

井田名称	矿井总数（国有重点/地方）	突出矿井对数	高瓦斯矿井对数	低瓦斯矿井对数	始突深度/m	最大突出强度/(t/次) 标高(m)/埋深(m)	最大瓦斯压力/MPa 标高(m)/埋深(m)	最大瓦斯含量/(m³/t) 标高(m)/埋深(m)	矿井最大瓦斯涌出量（绝对/相对）
太平Ⅴ井田	1/11	0	0	12	/	/	$\dfrac{0.54}{+903/440}$	$\dfrac{17.40}{+330/939}$	2.34/9.00
灰家所Ⅰ井田	1/14	0	0	15	/	/	$\dfrac{1.10}{+1\,049/—}$	$\dfrac{19.47}{+369/917}$	7.72/8.60
宝鼎Ⅱ井田	2/20	0	0	22	/	/	$\dfrac{0.93}{+1\,060/—}$	$\dfrac{23.25}{+595/816}$	13.03/8.87
大荞地Ⅲ井田	0/2	0	0	2	/	/	/	/	1.20/8.60
东风Ⅳ井田	0/5	1	1	3	192	$\dfrac{250}{+1\,100/340}$	$\dfrac{0.34}{+920/540}$	$\dfrac{9.35}{+965/470}$	7.576/20.28

表 5-2　宝鼎矿区瓦斯地质汇总表

矿区名称	宝鼎矿区			矿别	标高/m	埋深/m	煤炭资源总量/万t（勘查 / 预测）
矿井总数（国有重点/地方）	4/52						92 926 / 86 163
矿井瓦斯等级及对数	突出矿井对数 1	高瓦斯矿井对数 1	低瓦斯矿井对数 54				
矿区瓦斯突出总数	16						
始突深度/m	192			矿别			
最大瓦斯突出强度	煤量/(t/次) 250	瓦斯量/(m³/次)		花山煤矿	+1 100	340	
瓦斯压力最大值/MPa	1.1			桐麻湾煤矿	+1 049		
瓦斯含量最大值/(m³/t)	23.25			桐麻湾煤矿	+595	816	
主采煤层	1,3,4,10,11,13,14,15,17,18-1,20,21,23,24,31,34,35-1,36,37,38,39,40-1						
煤层气（瓦斯）资源总量/(10⁸ m³)	154.50						

（1）三叠系上统大荞地组（T_3d）、宝鼎组（T_3bd）上覆地层缺失侏罗系和白垩系，有利于瓦斯的大量释放，加之该区煤的变质程度较低，总体来说，宝鼎矿区各煤层瓦斯含量不高。

（2）矿区含煤地层厚度大、可采煤层多，各煤层的瓦斯生成、保存条件存在差异，4、17-1、18-1、21-2、21-3、22-1、23、24-1、24-3、24-4、32、35、39、40 等煤层瓦斯含量较高，其他煤层瓦斯含量较低。

（3）从总体上看，矿区基本构造形态为一北端扬起、向南西倾没、东翼较缓、西翼较陡的开阔不对称向斜构造——大箐向斜。大箐向斜东翼地质条件相对西翼而言更有利于瓦斯保存，瓦斯含量和瓦斯涌出量较西翼高。

（4）矿区生产矿井目前大多为低瓦斯矿井，但花山煤矿和小宝鼎煤矿瓦斯相对较高。随着开采的加深，深部各煤层的瓦斯含量也随之增高，矿井瓦斯等级有由低转高的趋势。

5.2.3　矿区主采煤层瓦斯地质图

在编制宝鼎矿区花山煤矿、大宝顶煤矿、太平煤矿和小宝鼎煤矿 4 对国有煤矿以及桐麻湾煤矿等 4 对地方煤矿共 8 对矿井瓦斯地质图的基础上，根据各矿井瓦斯地质规律及瓦斯预测成果，结合矿区范围内的地质勘查资料、矿井生产资料以及其他的瓦斯地质资料，考虑煤层赋存条件、瓦斯分布以及资料完备情况，选择大荞地各含煤组代表性煤层作为矿区编图的主要对象，汇编了宝鼎矿区上煤组 4 煤层、中煤组 15 和 24-2 煤层、下煤组 39 煤层瓦斯地质图，简图见附图 9～附图 12。

5.3　红坭矿区瓦斯地质规律与瓦斯地质图

5.3.1　矿区构造特征

矿区构造总体上是一个向北西扬起、向南东倾没的复式向斜构造，居于南北向的雅砻江断裂带，北东向构造和林蛇旋扭构造的复合部位。因此，矿区内褶皱频繁紧密，逆冲断层发育。地层产状多变，构造形态复杂。矿区西部地层倾角一般多在 60°以上，岩层直立、倒转现象常见。只有矿区北部地段地层倾角较小，在 40°～60°之间。

矿区西部和南部构造复杂，东部和北部相对较简单。以原划分的井田地质构造而论，构造属简单至中等类型的有卷子坪东、卷子坪、岔河、滑石板井田；构造中等者有红果和三滩井田；构造复杂者有磨石箐一、二、三号及阿拉摩、大花地井田。朱窝子、荒田箐区可以分为两个构造类型：该区的西南部分，即原 204 地质队勘查的朱窝子井田属构造复杂类型，西北高侧属简单至中等类型，矿区构造纲要图如图 5-6 所示。

5.3.2　矿区瓦斯地质规律与瓦斯赋存特征

5.3.2.1　矿区瓦斯地质规律

含煤地层沉积前处于一个拉伸的状态，含煤地层沉积后长期处于一个高压和强烈构造挤压的环境中，构造变质作用明显，构造煤发育，煤化程度高。在煤化过程中生成的瓦斯含量较多，且吸附瓦斯能力较强。矿区属山间断陷盆地陆相含煤沉积，含煤地层沉积后地层不断隆起并遭受剥蚀，三叠纪含煤地层之上无侏罗纪、白垩纪地层，地质演化和沉积史均不利于瓦斯保存。煤层的变质程度相对较高，但后期的条件不利于煤层瓦斯的保存，也就铸就了本区煤层高变质、低瓦斯、构造煤发育的特点。

矿区含煤地层为大荞地组三滩段，顶板为大箐组，岩性以砂质泥岩、泥岩和薄煤层为主，

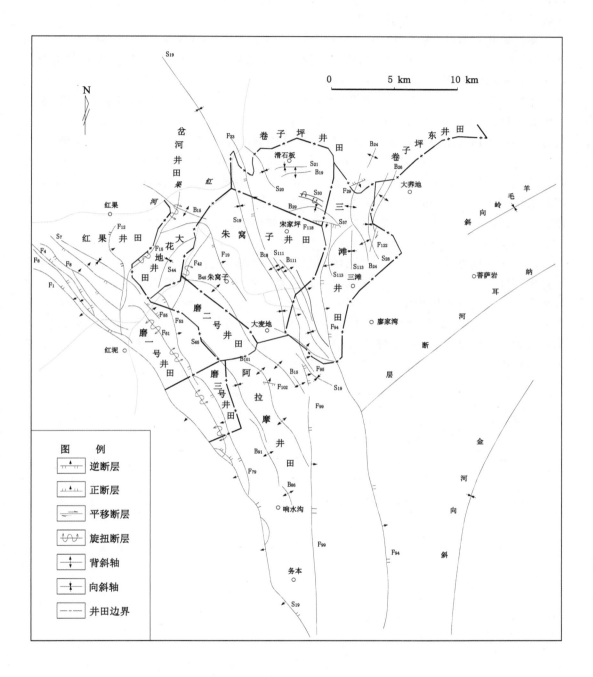

图 5-6　红坭矿区构造纲要图

底板为大荞地组滑石板二段,厚岩性主要为粗砂岩夹粉砂岩、泥岩及煤线。从矿区含煤地层顶板来看,岩性致密性相对较好、孔隙度小、排驱压力大,有利于瓦斯的保存;底板岩性致密性较差、孔隙度大、排驱压力小,瓦斯易于逸散。

矿区内构造复杂,各区内瓦斯差异很大,各个矿段均不同程度地受到次级构造(断层和褶曲)的影响,在次级褶曲中向斜的核部和背斜的翼部最有利于瓦斯的保存,在断层构造的影响带内构造煤发育,且断层构造以压扭性为主,封闭条件较好,有利于瓦斯的保存。矿区内多条次级褶曲的交汇处和褶曲的扬起端、转折端,由于受多个方向的构造应力作用,为应力的叠加区,特别是在褶曲的扬起端,多数发育有大小不一的压扭性断层,瓦斯的封闭条件较好,瓦斯含量较高,容易形成"瓦斯包",但本区受剥蚀作用明显,没有良好的瓦斯盖层,总体上瓦斯含量较低。受构造影响,在相邻井田或同一井田内的不同位置,瓦斯含量不同,且差异较大。根据矿区瓦斯少量参数和矿区内生产矿井瓦斯涌出量资料可以大致确定矿区瓦斯风氧化带 $100\sim200$ m,结合矿区煤层煤质分带特点,将埋深 100 m 作为无烟煤煤层的瓦斯风氧化带的埋深下界;将埋深 120 m 作为烟煤煤层的瓦斯风氧化带的埋深下界。

5.3.2.2 矿区构造煤分布及控制特征

红坭矿区构造受区域构造的严格控制,受多期构造运动的影响,形态多变,反映出应力场的复杂性。塑造成型的紧密褶皱区又发育一系列断裂构造都是挤压作用的结果。从矿区构造分布及其特征可以判定,矿区构造煤全区发育。从目前掌握的矿区各煤层煤体破坏参数来看,在矿井西北部的滑石板煤矿和卷子坪煤矿测定的煤体坚固性系数为 $0.17\sim0.57$,煤体瓦斯放散初速度为 $12\sim26$,煤体破坏类型为 $II\sim V$ 类不等,矿区构造煤普遍发育,红坭矿区煤体坚固性系数和煤体破坏类型测试成果表见表 5-3。

表 5-3 煤体坚固性系数和煤体破坏类型测试成果表

井田名称	煤矿	f 值	煤体破坏类型
卷子坪井田	攀枝花三维红坭矿业有限责任公司	$0.17\sim0.48$	$III\sim V$ 类
滑石板煤矿	攀枝花三维红坭矿业有限责任公司	$0.37\sim0.35$	$II\sim III$ 类
朱窝子荒田箐井田	盐边县丰源煤业有限责任公司	/	$I\sim III$ 类
卷子坪井田	盐边县金谷煤业有限责任公司	$0.78/0.35$	$II\sim V$ 类

第 6 章　米仓山-大巴山逆冲低瓦斯带瓦斯地质规律

米仓山-大巴山低瓦斯带主要包括广旺煤田和大巴山赋煤带。广旺煤田主要含煤地层为须家河组,吴家坪组仅在西部可采,白田坝组仅局部可采,小塘子组仅含煤线或薄煤层,多不具经济价值。广旺煤田内有广旺能源发展(集团)公司下属的赵家坝、代池坝、唐家河、荣山、石洞沟等 5 对国有煤矿及地方的南江煤矿等。大巴山赋煤带主要含煤地层为上二叠统吴家坪组和上三叠统须家河组。断层对煤层的破坏作用较强烈,含煤地层主要保存在断层夹块、背斜两翼及向斜中。本区开采煤矿全部为地方小煤矿且极为分散,煤层分散不连续。

本章主要论述了米仓山-大巴山低瓦斯带的区域构造演化及控制特征和广旺矿区瓦斯地质规律与瓦斯地质图。

6.1　区域构造演化及控制特征

该区大地构造位置位于四川盆地北缘,上扬子古陆块米仓山-大巴山逆冲带(三级构造单元)。北以深断裂与南秦岭陆缘裂谷带分界,南与四川盆地相邻。受深断裂活动的控制,并对广元-旺苍间南侧隐伏断层带的形成产生影响。

晚震旦世开始,该区处于被动大陆边缘、弧后盆地沉积环境,沉积了一套浅海台地型碳酸盐岩、碎屑岩。沉积环境总的较为稳定,但地壳升降运动频繁。晚二叠世受伸展构造环境影响,广元至万县一带形成陆内凹陷,形成了吴家坪组和长兴组-大隆组含煤地层,底部与茅口组灰岩呈假整合接触,顶部与三叠系飞仙关组整合接触,含煤地层内部为连续沉积,系海陆交替相含煤建造。早中三叠世构造活动相对平静,至中三叠世末的印支运动隆升成陆,但隆升幅度有限,仍在湖下,属于川北前陆盆地中的盆缘沉积区,接受了晚三叠世小塘子组和须家河组含煤沉积。早侏罗世,扬子地块持续向北挤入,秦岭造山带向盆内仰冲,该区在南北向的挤压应力环境下,堆积了早侏罗世白田坝组砾岩。早侏罗世中晚期,构造相对平静,沉积了以细碎屑岩、泥岩为主的千佛岩组。中侏罗世,沉积了沙溪庙组陆相碎屑岩。中侏罗世中晚期,燕山运动开始,龙门山向南西挤压,研究区基底持续强烈隆升,逐渐形成东西向线状隆起构造。

新近纪末,喜马拉雅运动Ⅱ幕发生,该区基底隆升露出地表,并在南秦岭推覆构造带的挤压背景下向南推覆,山前带较窄,仅在米仓山背斜的南翼形成了东西向大两会背斜构造。同时,西部受龙门山北段南东向挤压作用影响,形成北东向逆冲断裂,并切割改造原东西向背向斜构造。

6.2 广旺矿区瓦斯地质规律与瓦斯地质图

6.2.1 矿区构造控制特征

广旺矿区主体位于米仓山基底逆冲带,西部(广元以西)属龙门前山盖层逆冲带尾部,断裂、褶曲较发育,展布方向为北东-南西;中东部属米仓山南缘大两会背斜南翼,地层呈单斜状,构造较简单,展布方向基本为东西向。矿区主体构造为大两会背斜,次为汉王山向斜及吴家垭鼻状背斜等,褶皱宽缓,断层稀少;西段主要褶皱有牛峰包复背斜、天台山向斜和天井山复背斜等,推覆构造发育,对煤层影响极大。大两会背斜位于汉王山复式向斜南侧,西起于彭家沟,向东经大两会,于王家坪倾伏,长约 49 km,背斜走向东西,开阔对称,两翼地层倾角 50°～60°,枢纽具波状起伏,起伏角 3°～15°,核部出露最老地层为寒武系,两翼依次为奥陶系至三叠系。矿区构造如图 6-1 所示。

6.2.1.1 褶皱

(1) 曾家河似箱状复式背斜

该背斜位于曾家河、盐井沟、光头山一带,为一转折端宽阔、平缓、次级褶皱发育的似箱状复式背斜,褶皱总体走向呈北东东-南西西向,两翼地层倾角较陡,北翼倾角 30°～53°,南翼倾角 25°～54°,转折端宽达 14 km,次级褶皱平缓,倾角均小于 10°,核部地层由二叠系组成,在向东的侵蚀低点上,逐渐出露二叠系以下的老地层。

(2) 吴家垭背斜

该背斜位于福庆场复式向斜以南吴家垭一带,为一轴线走向北西西并向北西西方向倾伏的鼻状构造,倾伏角 5°～21°,由东向西核部依次出露寒武系至三叠系,延长约 25 km,轴部开阔,两翼大体对称,地层倾角 50°。

(3) 汉王山复式向斜

该向斜位于吴家垭鼻状构造的南侧,西起于魏家花房子,向东经双和、汉王山,于宋家崖一带消失,总长 55 km,走向近东西,核部为三叠系,两翼依次为三叠系以下地层,向斜宽阔,两翼不对称,北翼较南翼陡,北翼地层倾角一般 70°,局部直立甚至倒转,南翼 40°～50°。次级褶皱发育,形态特征与主褶皱一致,呈东西方向线状排列,枢纽呈波状起伏,起伏角 4°～15°,两翼亦不对称,略向南斜歪,北翼地层倾角一般 20°～60°、南翼 30°～80°。

(4) 大两会背斜

该背斜位于汉王山复式向斜南侧,西起于彭家沟,向东经大两会,于王家坪倾伏,长约 49 km,背斜走向东西,开阔对称,两翼地层倾角 50°～60°,枢纽具波状起伏,起伏角 3°～15°,核部为寒武系,两翼依次为奥陶系至三叠系。东面倾伏端呈指状分支的次级褶皱发育,但延伸长度不大,一般 8～9 km,主褶皱逐渐向东倾伏消失。

(5) 牛峰包复背斜

该背斜位于广元朝天区至鱼洞乡一带,自南向北由明月峡背斜、新店子倒转背斜和飞仙关背斜等组成。复背斜两翼常被一系列相互平行紧密排列的次级褶皱复杂化,褶皱不紧闭,呈两翼对称、平缓开阔的穹状构造形态,轴线走向在嘉陵江以西为北东-南西向,向东过嘉陵江后转为北东东向。背斜核部由志留系或二叠系组成,翼部或向斜轴部一般由三叠系飞仙关组构成,复背斜内断裂构造发育,多为逆断层,次为平推或平推-逆断层,背斜轴部或翼部

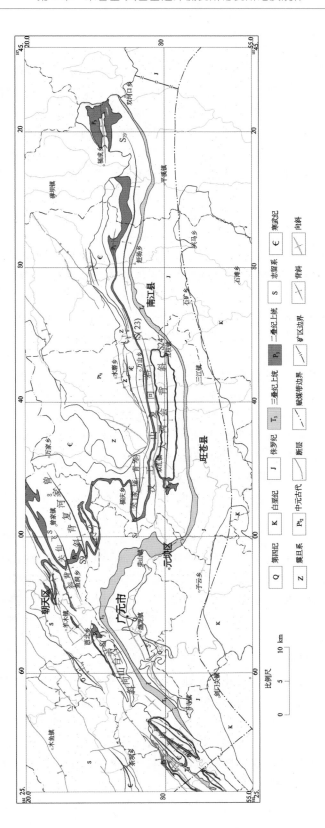

图6-1　广旺矿区构造纲要略图

常遭断层破坏,造成地层缺失或重复。

(6) 天井山复背斜

该背斜位于竹园镇、剑锋乡、白家乡一带,由矿山梁背斜、碾子坝背斜及夹于其间的松盖坝倒转背斜和天井山背斜等组成。矿山梁背斜与碾子坝背斜形态基本相似,平面上呈短轴状,横剖面上为轴部宽平、两翼对称的似箱状,两端倾伏,倾伏角约 12°～15°;天井山背斜呈线状细长背斜,其北东端以 15° 倾角倾没于马鹿坝以东,南西端延至二郎坝一带消失,横剖面上呈两翼对称的梳状或箱状形态,岩层产状 50°～60°,北翼被断层破坏,南翼也被超复层掩盖,出露宽约 1～3 km,核部由寒武系及平行不整合于其上的泥盆系、石炭系组成,两翼为二叠系、三叠系。

6.2.1.2 断层

(1) 滥柴坝逆断层

该断层为贯穿基底与盖层的逆断层,西起于干河,向东经滥柴坝、廖叶沟至麦子坪后延伸出省外,省内长 37 km,滥柴坝以东吕梁期岩浆岩或火地垭群变质岩逆冲覆于震旦系-寒武系之上。向西延至干河后逐渐消失于震旦系或寒武系中,断层走向北东东-南西西,倾向南东,倾角 60°～80°,最大断距 1 000 km,断面不平直,呈弯曲状延伸,局部有分叉现象,挤压面清楚,两边的岩石常因挤压生成沿面分布的具片状构造绿泥石和绢云母片岩。

(2) 大河坝逆断层

该断层位于基底构造区的南缘西端与盖层的衔接地带,为一"人"字形逆断层,主干断层西起于正源土地垭到正源以东 6 km 处,一条分叉向东延至盖层中,至鲁巴河消失,长 17 km。主干断层向东经滥坝子、大河坝到官房垭以东延入盖层,并消失于盖层地层中,长约 45 km,走向北东东-南西西,倾向北西,倾角 60°～70°,最大断距 2 000 km,断面不平直,呈平缓波状延伸,局部有分叉现象,上盘岩层破碎,破碎带局部宽达 1 km,分支断层多出现于主干断层的上盘地层中,为主干断层派生的分支断层,与主干断层衔接,但不穿越主干断层,走向北东 40°～50°,倾向北西,倾角 45°～75°,与主干断层交角 30°左右,长数千米至十余千米。

(3) 庙垭逆断层

该断层西起于杨坝吴家沟,向东经广溪、庙垭、麻柳至雷家沟延伸出省外,境内总长 26 km,断层总的走向为北东东-南西西,倾向北西,倾角 70°～80°,在麻柳以西吕梁期岩浆岩及火地垭群变质岩逆于震旦系或寒武系之上,麻柳以东延入火地垭群麻窝子组中,最大断距550 m 左右。在庙垭以西断层上盘派生出三条与主干断层斜交的分支逆断层,分支逆断层走向近东西向,倾向北,倾角 65°～85°,长 8 km,与主干断层相交的锐角指向东,破碎带宽局部达 1 km。

(4) 林庵寺-茶坝逆断层

该断层位于茶坝乡、观音店乡、花石乡南侧一带,区内长约 55 km。断层走向北东,倾向北西-北北西,局部倾向北北东,倾角一般大于 60°,仅个别地段为 45°～50°,断层呈波状起伏。东段在林庵寺一带见震旦系元吉组白云岩覆于未变质的志留系砂质页岩之上,呈现明显的断层崖景观,且使南崖山复背斜遭到严重破坏,并切割了印支初期和中期的断裂;往西至茶坝、凉水一带,由于断裂两盘岩性相似,断层行迹仅断续显露,表现不清。

(5) 马角坝-罗家坝断裂带

该断裂带位于白朝乡、马鹿乡一线,呈南西-北东向条带状夹于仰天窝复向斜和天井山复背斜之间。矿区内长约 38 km,断裂带极为复杂,不同方向、不同序次的断裂相互切割,似"帚状"分支的现象较为普遍。主断裂带呈 N30°E 走向,与断裂带内已被破坏了的背向斜构造轴线走向大体一致,或呈很小的夹角,倾向北西,多属走向逆断层,规模大,延伸远。其中,尤以逆掩断层规模最大,往往使整个褶皱沿轴部惨遭破坏,加之次一级"帚状"分支断层的配合,更使褶皱被破坏得破烂不堪,构造的连续性被彻底破坏,以致难以恢复其原始形态。这些逆断层或逆掩断层的共同特点是:① 断层面基本上相互平行,倾向北西,倾角变化较大,一般在 50°以上,且多呈平缓的波状起伏,故在一个地段表现为逆掩断层的性质,而在另一个地段却表现为逆断层的性质;② 一般说来,通常由北东往南西,断层的断距和规模有逐渐加大的趋势,下盘地层缺失的层位也逐渐增多;③ 断层普遍具"帚状"分支的现象,向北东收敛,往南西成"帚状"或呈束状散开,如在马角坝以东地区共计有 6 条主断层,向北东逐渐合并,渐次收敛,最后在罗家坝以西的月坝地区仅归并为两条主断层;④ 逆断层的两盘特别是受挤压的下盘,次级拖曳褶皱和伴生的逆冲断层非常发育,后者相互平行,构成鳞片状构造;⑤ 就断层与褶皱的关系而言,断层多位于褶皱的轴部,或者是近轴部的两翼附近,以及产生在倒转背斜的倒转翼部;⑥ 整个断裂带是受北西方向水平作用力的影响而致使上盘由北西向南东推移,普遍具有上冲断层的性质。

6.2.2　矿区瓦斯地质规律与瓦斯赋存特征

6.2.2.1　矿区瓦斯地质规律

（1）地质构造对瓦斯赋存的控制

广旺矿区晚三叠世须家河组含煤地层经历了印支运动Ⅲ幕和燕山期的后期改造,至燕山期末的晚白垩世经"四川运动"的强烈褶皱形成现今的构造体系基本格架。矿区主体构造为呈近东西走向的大两会背斜,次为汉王山向斜及吴家垭鼻状背斜等,褶皱宽缓,断层稀少;西段主要褶皱有牛峰包复背斜、天台山向斜和天井山复背斜等,推覆构造发育,对煤层影响极大,构造煤较发育,受构造剥蚀和断层破坏影响,含煤地层及煤层仅在背斜翼部和向斜中保存较好,核部常遭受剥蚀或断层破坏,使得煤层出露地表,成为瓦斯逸散"天窗"。

矿区主采煤层位于须家河组,主要赋存于大型背斜的翼部,构造形态简单,基本上呈单斜状产出,无大的、开放性的断层切割煤层使其与地表联系,如大两会背斜南翼的唐家河-石洞沟井田、岩台子-赶场井田等,横贯全区的单斜构造是本区瓦斯赋存的主要构造控制因素。荣山井田处于北东向与东西向构造的复合部位,居汉王山复式向斜及大两会背斜西端倾没部分,其有利于煤层瓦斯的保存,实测瓦斯含量为本区最大。

此外,矿区各矿井在生产过程中还揭露一些隐伏小断层,煤层受到一定程度的破坏,引起局部瓦斯异常,其附近构造煤发育。

（2）煤层埋深对瓦斯赋存的影响

随着煤层埋藏深度的增加,地应力不断增高,煤层和围岩的透气性也会降低,而且瓦斯向地表运移的距离也增大,这些变化均有利于瓦斯的赋存。因此,在煤矿开采时,瓦斯涌出量通常与煤层埋藏深度有密切关系,煤层瓦斯涌出量主要随着基岩厚度增大呈线性规律增加,这已是瓦斯赋存的一般规律。

区内瓦斯含量沿煤层倾向增加明显,与煤层埋深增加的方向一致。随煤层埋深的增加,瓦斯赋存条件变好,瓦斯含量升高,如唐家河煤矿的 8 煤层在标高＋350 m(埋深约为＋310 m)和标高＋150 m(埋深约为＋510 m)时的瓦斯含量分别为 6.08 m³/t 和 10.52 m³/t,而本区测得最大原煤瓦斯含量值 16.95 m^3/t(可燃值瓦斯含量 18.8 m^3/t),煤层埋深 985 m。根据以上资料,说明随着煤层埋深的增加,煤层瓦斯含量不断增加。

从瓦斯等级统计数据来看,埋深依然是影响瓦斯赋存的主控因素。地方煤矿主要集中在露头附近,它们具有开采煤层浅、强度小、瓦斯小的特点,相对瓦斯涌出量都要小于 10 m^3/t。而开采须家河组深部资源的唐家河、赵家坝、代池坝和荣山煤矿由于开采强度大、开采水平较深,目前均为高瓦斯矿井,矿井绝对瓦斯涌出量 14.60~19.90 m^3/min,相对瓦斯涌出量 25.90~34.20 m^3/t。

(3)顶底板岩性对瓦斯赋存的影响

煤系地层岩性组合及其透气性对煤层瓦斯含量有重大影响。煤层及其围岩的透气性越大,瓦斯越易流失,煤层瓦斯含量越小;反之,瓦斯易于保存,煤层的瓦斯含量就高。煤层围岩透气性低的岩层(如泥岩、充填致密的细碎屑岩、裂隙不发育的灰岩等)越厚,它们在煤系地层中所占的比例越大,往往煤层的瓦斯含量越高;当围岩是由厚层中粗砂岩、砾岩或是裂隙溶洞发育的灰岩组成时,煤层瓦斯含量往往较小。

广旺矿区内须家河组厚 180~636 m。上部、中部为灰至深灰色粉砂岩、砂岩、砂质泥岩、泥岩互层,含煤层 10 余层;下部为灰色泥岩夹砂岩、砂质泥岩,含薄煤层 1~2 层。且顶底板含有不同厚度的泥岩、钙质砂岩,且泥岩、钙质砂岩孔隙度小,瓦斯逸散难度加大,因此煤层的顶底板岩性利于瓦斯的保存。

(4)水文地质对瓦斯赋存的影响

矿区地层由含水层与隔水层交替叠置,区内白田坝组、须家河组五段砾岩及四段、二段上部和下部、一段下部与上部的砂岩层具一定孔隙度,且裂隙较为发育,为主要含水层。须家河组二段岩层具弱含水性。含水层与隔水层的间互产出,使含水层之间的水力联系受到阻隔。尽管由于构造及地貌的控制形成自流斜地,但仍不利于地下水的富集。侵蚀基准面以上,地下水主要以大气降水为补给水源。由于须家河组区域分布面积不大,受水面积有限,含水层之间又往往有泥岩相隔,水力联系弱,故其整体富水性一般不强;侵蚀基准面以下,由于地下水受到地表水体和潜水补给,且多构成承压含水层,富水性较好,尤其是须家河组第五段一亚段砾岩、砂岩含水层富水性很好,对矿山开采有较大影响。值得注意的是,陷落柱沟通上覆各含水层,有的到达地表,形成良好的导水通道,古河流冲刷带具有突水和长期充水的特点,对矿井生产和矿井涌水量影响较大,裂隙间接向矿床充水,带走部分瓦斯,表现为水大的地方瓦斯较小的特点。

(5)古河流冲刷带对瓦斯赋存的影响

晚三叠世广旺矿区处于内陆河流沼泽环境中,碗厂河、代池坝、水洞井田内都出现过不同规模的古河流冲刷带,古河流冲刷带导致煤层变薄或者消失,须家河组属河床滞留及边滩沉积,岩性为砂岩夹砾岩,粒度粗,呈孔隙式胶结,透气性相对较好,古河流冲刷发育在煤层沉积时或之后,不利于煤层瓦斯的保存,在冲刷区形成的粗碎屑沉积,有利于瓦斯的运移。如代池坝井田中部 18~20 号勘探线剖面之间的 7 煤层中,各揭露点的情况都证明煤层在此处突然变薄,一般都是在短短的几米范围内突然由正常煤层从上至下冲蚀成一条煤线,冲刷面较清晰,且有受压力作用的痕迹。在冲刷边界有河流冲刷形成的长柱形砂包体和卵石堆积层,且砂包体和卵石堆积层的排列方向总趋势一致,与该点的古河流冲刷带的走向基本吻合。位于此冲刷带内的 19-1 孔中 7 煤层仅厚 0.32 m,其东西两侧分别布置有 3712 和 3711 工作面,这两个工作面标高约为+510 m,正常回采时的绝对瓦斯涌出量均在 1.25 m³/min 左右,相当稳定。沿倾向往下,3714 工作面标高约为+458 m,涌出量却只有 0.37 m³/min 左右;3716 工作面标高约为+390 m,涌出量约为 0.65 m³/min 左右。即此处三个标高水平 的瓦斯涌出量呈现出上下大、中间小、上面最大的现象。从矿井生产水平揭露情况来看,冲 刷面积较小,仅影响了 7 煤层,储量损失较大,严重影响了 7 煤层生产的正常接替。从以上 三个标高水平上瓦斯涌出量的分析来看,古河流冲刷带对 7 煤层的瓦斯赋存有一定影响,但 影响仅局限在冲刷带的有限范围内。

(6) 岩溶陷落柱对瓦斯赋存的影响

陷落柱使得地层发生较大程度的落陷,落陷及其影响范围内的地层变得较为松碎,是瓦 斯、雨水、地下水等流体良好的通道,在陷落柱周围及其地下数米范围地层内的瓦斯普遍较 低。以水洞井田显现得尤为突出,据不完全统计,井田内的南江煤矿在生产开采过程中已经 揭露 30 余个陷落柱,由于陷落柱贯通了含水层甚至地表,使得煤层瓦斯量普遍降低(绝对瓦 斯涌出量为 0.35~0.56 m³/min)。

又据资料记载,唐家河煤矿东部 I₁ 孔左侧+650 m 标高附近存在一个陷落柱,但没有 关于瓦斯情况的记载。赵家坝煤矿 502 大巷(标高+570 m)七石门、八石门之间有数十米 长的破碎带,两边裂隙发育。已有资料推测该破碎带由两个相邻的含水陷落柱造成,但没有 陷落柱具体位置或规模大小的记载。此位置属于六采区西翼,9 煤层在此布置有 3961、 3963、3965 工作面,瓦斯涌出量一般为 0.20~0.40 m³/min,小于其东侧 3964 工作面的 0.8 m³/min;12 煤层在此布置有 31261 和 31263 工作面,瓦斯涌出量一般为 0.20 m³/min,小于 其西侧 31246 工作面的 0.40~0.7 m³/min。

综上,可以说明陷落柱对瓦斯赋存的影响是普遍的,陷落柱的发育程度对瓦斯分布的不 均衡性也是显著的。

(7) 其他因素对瓦斯赋存的影响

① 煤层露头及倾角

煤层露头是直接暴露的煤体,是影响瓦斯赋存的重要因素之一。广旺矿区基本上呈一 长扭形条带,几乎在整个东西方向的上部边界都存在着煤层露头,瓦斯可顺层向上无阻挡地 直接运移和排放,不但能降低煤层瓦斯含量,时间长了还会形成瓦斯风氧化带,露头存在的 时间越长,对瓦斯赋存越不利。其次,大倾角煤层瓦斯顺层运移相对容易,如唐家河、赵家 坝、代池坝三矿均为急倾斜煤层,倾角大多在 45°~55°之间,个别地方达 65°(赵家坝矿东 翼),为瓦斯从煤层深部向地面扩散提供了有利条件。

从现有的煤层瓦斯含量测试数据来看,距露头近的测点处的瓦斯含量明显低于距露头 远处的瓦斯含量。矿井多年的生产实践也证明,在露头附近的浅部瓦斯涌出量很小。

② 煤变质程度

矿区煤类较多,主要是低-中变质的气煤、肥煤、焦煤,少量瘦煤、贫煤及无烟煤(图 6-2)。 自西向东,煤的变质程度增高,各级煤类呈北东向带状展布。随着煤的变质程度增高,煤化 过程中生成的瓦斯量相对较大,同时由于煤的吸附瓦斯能力强,整体对瓦斯保存较为有利。

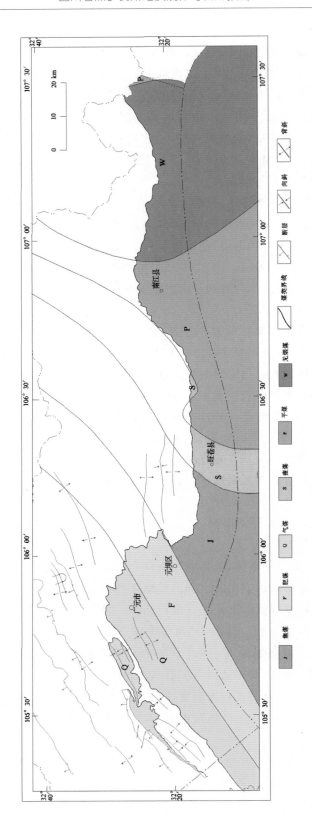

图6-2 广旺矿区上三叠统煤类分布图

6.2.2.2　矿区构造煤分布及控制特征

根据目前测试参数来看,矿区煤体破坏类型为Ⅰ~Ⅱ类,但区内的唐家河煤矿 8 煤层上分层的下半部发育有构造煤,表现为煤层及夹矸相互掺杂,形成煤、泥透镜体(俗称"糠壳煤")。在 182 采区的揭露过程中发现,该区域 8 煤层厚为 1.5~2.0 m,构造煤厚 0.2~0.5 m。在实际开采过程中软分层变厚,对瓦斯涌出影响较为明显。1996 年 5 月 16 日在+150 m 水平二采区通风下山顺煤层向下掘进爆破时,曾出现煤与瓦斯倾出现象,涌出瓦斯量为 1 160 m³,煤量约 23 t,煤块抛出较远且有明显的分选现象,碛头 5 m 范围内巷道发生变化,巷帮右侧高度增加 0.4 m,巷宽增加 1.65 m,右侧 0.8 m、左侧 0.85 m,腔体深 1.7~2 m,标高为+185 m,软分层厚度为 0.45 m。2000 年在 1823 半煤岩平巷掘进及 2002 年在 1824 开切眼煤巷掘进过程中都相继发生过小型煤与瓦斯喷出,每次喷出软分层均在 0.40 m以上,煤层层理紊乱,煤质松软,有明显的揉皱现象;在 182 采区,自 8 煤层向上抽放钻孔时,一旦钻孔布置在软分层中,常常会垮孔、堵钻,煤屑和水在瓦斯压力的作用下向孔外喷射。这一事实说明,由于该煤层含有软分层,加之随着开采深度的增加以及瓦斯压力和瓦斯含量的增大,煤体结构特征与瓦斯赋存特性的共同作用效果就会不时显现出来,以致造成瓦斯异常涌出。

区内在局部断层褶皱发育的地方在一定程度上可能影响煤层瓦斯的赋存特征,可能出现构造煤相对较发育的情况。但总体说来,构造简单的广旺矿区构造煤不发育。

6.2.2.3　矿区瓦斯分布特征

根据矿区瓦斯地质编图成果,本区瓦斯含量总体较低,在煤层露头附近存在瓦斯风氧化带,风氧化带深度受倾角所控制,一般在埋深 100~360 m 以浅区域,荣山井田所处区域煤层倾角较缓,瓦斯风氧化带相对其他区域要深;根据地勘测试的瓦斯参数,绝大部分钻孔瓦斯成分的甲烷比例在 80% 以上,部分钻孔甲烷比例低于 80%,应该是参数测试失败漏气导致。

广旺矿区开发程度较高,目前生产矿井大部分沿煤层露头分布,除了几对大中型煤矿(代池坝、唐家河、赵家坝、荣山和广元煤矿)为高瓦斯外,其余均为低瓦斯矿井。矿区开采至今虽然未发生过煤与瓦斯突出事故,但在唐家河煤矿开采 8 煤层中,有煤与瓦斯倾出、喷出的现象,倾出的煤与瓦斯量较小,且倾出的频率较低。因为根据煤与瓦斯突出的一般规律,构造煤发育的地方或煤矿开采达到一定深度,瓦斯含量、压力超过临界值有可能发生煤与瓦斯突出事故。广旺矿区井田瓦斯地质特征见表 6-1。

6.2.3　矿区煤层瓦斯地质图

在编制广旺矿区唐家河等 8 对矿井瓦斯地质图的基础上(表 6-2),根据各矿井瓦斯地质规律及瓦斯预测成果,结合矿区范围内的地质勘查资料、矿井生产资料以及其他的瓦斯地质资料,预测了煤层瓦斯含量和涌出量,绘制了瓦斯含量和瓦斯涌出量等值线;预测了煤与瓦斯区域突出危险性,划分了突出危险区和无突出危险区;计算了煤层气资源量。最后汇编完成了广旺矿区三叠系煤层瓦斯地质图(1∶50 000),简图见附图 13、附图 14。

表 6-1　广旺矿区井田瓦斯地质特征

矿段名称	井田名称	矿井总数（国有重点/地方）	突出矿井对数	高瓦斯矿井对数	低瓦斯矿井对数	最大瓦斯压力/MPa 标高(m)/埋深(m)	最大瓦斯含量/(cm³/t) 标高(m)/埋深(m)	矿井瓦斯涌出量（绝对/相对）	煤炭勘查储量/万t	备注
宝轮院-郑家沟	宝轮院井田	1/2	0	0	3			0.3/7.1	873	
	凡家岩井田	0/2	0	0	2			0.5/7.8	423	
	杨家岩井田	0/3	0	1	2			0.4/6.8	1 221	
	郑家沟井田	0/5	0	0	5			0.4/6.4	856	
旺苍-碗厂河	旺苍井田	0/7	0	1	6			0.4/6.6	463	
	唐家河井田	1/4	0	1	4	$\frac{2.50}{150/510}$	$\frac{10.52}{150/510}$	19.9/34.2	465	
	黄家沟井田	0/5	0	0	5			0.7/9.8	197	
	孙家沟井田	0/2	0	1	1			2.28/7.25	220	
	赵家坝井田	1/2	0	1	2		$\frac{7.63}{155/455}$	14.6/25.8	755	
	磨岩井田	0/3	0	0	3			0.3/8.3	1 005	
	代池坝井田	1/2	0	1	2	$\frac{0.55}{+337/-}$	$\frac{7.76}{+337/-}$	18.9/31.8	2 099	
	小溪沟井田	0/3	0	0	3			0.89/8.7	335	
	碗厂河井田	0/3	0	0	3	$\frac{0.67}{+607/150}$	—	1.17/5.23	508	
须家河-白水	须家河井田	0/8	0	0	8	$\frac{1.2}{+475/365}$	$\frac{14.73}{+475/365}$	0.6/9.9	2 742	
	荣山井田	1/5	0	1	5	$\frac{0.403}{100/575}$	$\frac{5.23}{100/575}$	7.8/16.3	4 981	
	白水井田	0/2	0	0	2			0.3/4.85	696	
	拣银岩井田	0/2	0	0	2			0.61/8.87	1 792	

表 6-1（续）

矿段名称	井田名称	矿井总数（国有重点/地方）	突出矿井对数	高瓦斯矿井对数	低瓦斯矿井对数	最大瓦斯压力/MPa 标高（m）/埋深（m）	最大瓦斯含量（m³/t）标高（m）/埋深（m）	矿井瓦斯涌出量（绝对/相对）(m³/t相对)	煤炭勘查储量/万t	备注
石洞沟-赶场坝井田	石洞沟井田	1/1	0	0	2			-/7.6	1 515	
	岩台子井田	0/2	0	—	—			0.4/6.9	178	
	王家沟井田	0/5	0	—	—				133	
	水洞井田	0/9	0	—	—				2 937	
	赶场坝井田	0/6	0	—	—				217	
	总计	6/83	0	7	60					

矿井名称	企业性质	编制煤层	编制单位	编制时间
唐家河煤矿	国有重点	8,18	西安煤科院	2010.08
赵家坝煤矿	国有重点	9,12	西安煤科院	2010.08
代池坝煤矿	国有重点	7,9,12	西安煤科院	2010.08
荣山煤矿	国有重点	Y_5	川煤地勘院	2010.08
南江煤矿	地方企业	Y_2	川煤地勘院	2011.01
小溪沟煤矿	地方企业	5,9	川煤地勘院	2010.12
碗厂河煤矿	地方企业	13	川煤地勘院	2010.12
大昌沟煤矿	地方企业	四连	川煤地勘院	2010.12

图 6-2　广旺矿区矿井（井田）瓦斯地质图

第7章　资威穹窿高瓦斯带瓦斯地质规律

　　资威穹窿高瓦斯带主要包括资威矿区和犍乐矿区的东部,含煤地层为上三叠统须家河组和小塘子组。资威矿区内有威远煤矿等一批资源已枯竭的老矿,在生产的主要为地方煤矿;犍乐矿区内有大型煤矿嘉阳煤矿,其余为地方小煤矿。

　　本章主要论述了资威穹窿高瓦斯带的区域构造演化及控制特征和资威矿区瓦斯地质规律与瓦斯地质图。

7.1　区域构造演化及控制特征

　　本区位于四川盆地中部,在区域构造位置上处于上扬子古陆块四川前陆盆地(三级构造单元)西南部的威远隆起(I_{1-4-7}),属四川前陆盆地的构造成分,主要包括资威矿区和犍乐矿区的东部。威远隆起地表以侏罗系红层为主,中心部位出露三叠系,构成一个同心状大型隆起带。据钻井揭露资料,深部从震旦系至三叠系地层厚4 000余米。主体构造为位于威远隆起中部的资威穹窿背斜,次为铁山背斜。

　　本区盖层发育齐全,自震旦系至白垩系均有沉积,总厚度到万米以上,被卷入的本区构造的地层主要是两大套沉积物,即中三叠统至震旦系海相碳酸盐岩与泥质岩的不等厚互层,部分层系夹膏盐层。其上为中、新生界的砂、泥岩互层。因岩性差异,在水平挤压应力作用下,它们具有不同的物理性质,有的易于破裂,有的易于形变或在形变中成为滑脱层。因而在四川盆地包括本区在内形成了方向多变、形态多异、规模不等的褶曲和断裂构造样式。

　　四川盆地内构造是从印支期至喜马拉雅期形成的,但大多数构造是在喜马拉雅期加强或定型的。晚始新世后,四川盆地基本进入了以风化剥蚀为主的阶段。本区隆起遭受风化剥蚀的主要时期是在中新世后,进而形成资威矿区今日之地质地貌景观。总的来说,四川盆地构造是在多期次水平应力作用下形成的。由于各次水平应力在盆地边缘褶皱、断裂带被大量释放,传导至盆地内的构造应力大为减弱,因此盆缘区的构造活动强烈,而包括本区在内的盆地内构造活动则相对较弱,该区显示了地层平缓、褶皱幅度不大、断层稀少的特点。

　　区内晚三叠世煤层煤质牌号为气煤至1/3焦煤,其有机质成熟度指标中,镜煤最大反射率为0.71～0.95,平均0.86,煤的热演化程度已达到大量生气阶段,加之上覆陆相地层厚度大,后期构造形变不强烈,因而构造煤不发育。地层产状平缓,构造形迹属压性、压扭性,均有利于瓦斯的保存,故本矿区为高瓦斯区。

7.2　资威矿区瓦斯地质规律与瓦斯地质图

7.2.1　矿区构造特征

　　矿区主体构造为威远穹窿背斜,该背斜早古生代为川中加里东古隆起的南翼,印支期处于泸州古隆起的西斜坡,其基底为低磁性的酸性岩浆岩结构的隆起,在受多次构造侧向挤压后,形成了巨型穹窿状隆起,基底埋深 3.8～6.0 km,穹窿肥大,岩层产状平缓,穹顶出露最老地层为中三叠统。上三叠统煤系地层分布广,埋藏较浅,剖面上为一简单褶曲。

背斜核部次级褶曲发育,在山王镇、东兴镇、曹家坝间 300 km² 的区间内共有大小褶曲216 个,它们与主轴向一致,且成右行雁列。

(1)褶皱

① 资威背斜:位于威远穹窿中部,为资威矿区主体构造(图 7-1、图 7-2)。该背斜位于资中、威远、荣县、井研、仁寿间,东起新店子,中经贾家场、双河场、山王场、东兴场,西至五通坝,走向长约 100 km,是川中褶带规模最大、隆起最高的背斜;轴向北东-北东东,轴部平缓,由嘉陵江组、雷口坡组、须家河组组成,须家河组至侏罗系上沙溪庙组构成两翼,背斜高点在新场南西;背斜北翼倾角较缓,倾角为 1°～5°,南翼稍陡,倾角为 8°～30°。背斜核部断层较发育,与主轴方向一致,呈雁行式排列。

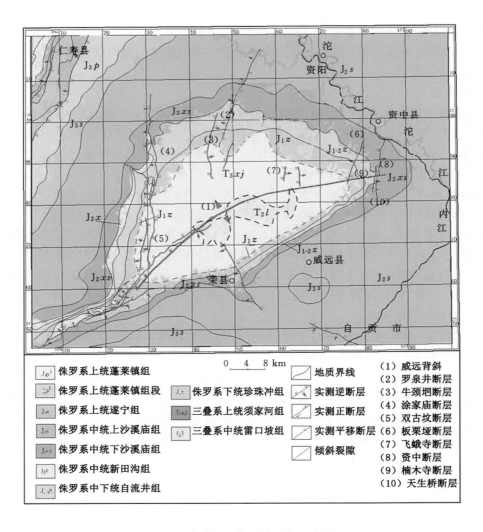

图 7-1　资威煤田资威矿区构造略图

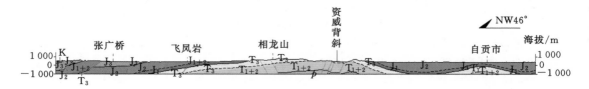

图 7-2　资威矿区资威背斜横剖面图

② 铁山背斜：位于资威矿区西南角。该背斜两翼不称，其轴向约为 N65°E，轴线经铁山、观音岩、小荆沟、麻石岩一线通过，其间多被断裂构造破坏，保存不够完整。背斜轴线略有波状起伏，北东方向轴线逐渐升起，延至荣县长山桥附近，与资威背斜相互衔接，向西南轴线逐渐低下至犍为县定文场以西，与寿保背斜相衔接。背斜轴线长约 27 km，两翼宽约 9 000 m。背斜两翼岩层倾斜，其北西翼、翼部之外缘一般比较平缓，多在 3°～6°；其翼部之内缘则因断裂影响而显著变大，一般为 25°～30°；背斜轴部岩石倾角极平缓，一般为 0°～6°；南东翼地层倾角一般为 13°～20°。铁山背斜轴部与铁山断层一起构成资威矿区与犍乐矿区的分界线。

（2）断层

① 罗泉井逆断层：位于背斜北翼资中罗泉井镇以西，北起资中配龙场，经漩涡坝南至黑堰塘以东，长 26 km，走向 N20°E，倾向西，倾角约为 20°～50°，切割须家河组至上沙溪庙组，地层断距约 60 m，断层两侧挤压陡带宽 50 m，并见断层泥、断层角砾岩及牵引褶曲。该断层为仁寿汪洋矿区与资中铁佛场普查区分界断层。该断层南段西侧 3 km 有一条与之平行的逆断层——牛颈坳断层，其走向长 16 km，切割须家河组至自流井组。

② 高桥逆断层：位于背斜东端，北起天灯坝，南至陡板沟，长 8 km，走向 N10°E，倾向西，倾角为 16°～40°。断层切割须家河组至下沙溪庙组，断层两侧岩层陡立、挤压破碎。该断层东侧约 5 km，有与之平行、向东倾斜的两条断层，即资中断层和楠木寺断层。

③ 墨林场逆断层：位于背斜南翼，北起荣县墨林场，中经正安场，南至梧桐场，长 18 km，走向 N30°W，倾向南西，倾角为 40°～45°。在高山铺附近断层带挤压破碎，见断层泥、断层角砾、擦痕和牵引褶曲。

④ 涂家庙、回龙场逆断层：位于背斜北翼，两断层在同一线上，一南一北，大致首尾相接。涂家庙断层居北，北起仁寿新河堰，向南经涂家庙、元觉寺至东岳贯南，长 23 km；走向近南北，倾向西，倾角为 40°～60°，主要切割自流井组和上、下沙溪庙组地层。回龙场断层在南，北起威远回龙场，中经双古场，南抵基漕湾附近，长 21 km；走向近南北，倾向西，倾角为 20°～45°，最大断距 180 m，主要断于须家河组内，断层破碎带宽 1～3 m，两侧有牵引褶曲，岩层陡直，见断层泥、断层角砾等挤压现象，该断层是仁寿汪洋井田与松峰乡勘查区分界断层。

⑤ 铁山断层：位于铁山背斜东翼。北起荣县五通坝，南至白合林附近延伸出测区，区内长 29 km，麻石岩断层将它切为两段，南段（亦称铁山断层）走向 N60°E，倾向北西，倾角为 50°～60°，断于须家河组与自流井组间断距 220 m；北段（亦称青杠铺断层）走向 N40°E，倾向西，倾角为 40°～60°，断于珍珠冲组与须家河组间，挤压带宽 2 m，岩石破碎，岩层陡立并有牵引褶曲，见断层泥、擦痕、断层角砾等，表征上盘向北东方向斜冲。

区内规模较大的断层较多,各主要断层的性质见表 7-1。

7.2.2　矿区区段划分

资威矿区未进行过系统的井田及矿段划分,本次根据矿区构造特征以及煤层赋存变化情况将矿区划分为 4 个区段,具体划分情况见表 7-2 及图 7-3。

表 7-2　资威矿区瓦斯地质编图区段划分情况表

区段名称	包含主要井田
汪洋片区	松峰乡勘查区,汪洋、石龙桥、黑堰塘、简车堰井田
铁佛片区	铁佛场、金带场勘查区,道沟、童家沟井田
楠木寺片区	老鹰岩、楠木寺、刘家硐、黄荆沟井田
荣县片区	度新、金井、保华井田,荣县、镇西-达木河勘查区

7.2.3　矿区瓦斯赋存规律与控制因素

（1）瓦斯赋存控制因素分析

① 地质构造对瓦斯赋存的影响

资威背斜为矿区主体构造,背斜宽缓,两翼地层倾角小,北翼地层倾角为 1°～5°,南翼稍陡,倾角为 8°～30°;区内构造简单,次级背、向斜均较为宽缓,煤层瓦斯通过煤层露头向地表逸散距离增大,且煤层瓦斯沿垂直地层方向运移非常困难,对煤层瓦斯保存有利。

矿区构造总体不发育,但发育的断层以压性、压扭性逆断层为主,对煤层瓦斯具有较好的封闭作用。矿井开采至断层附近时,岩层压力大,煤层和顶板变得十分破碎,巷帮来压突然形成巷道底鼓变形,巷帮有滴水,伴生断层密集,瓦斯涌出量相应增大,且构造煤发育。根据资威矿区的构造发育特征与煤炭分布特征,目前主要含煤区构造均不发育,表现为单斜构造。

② 煤层埋深对瓦斯赋存的影响

煤层瓦斯含量随煤层埋深的增大而增加,如松峰乡勘查区硬炭煤层在 20-2 号孔 341.78 m 埋深时,瓦斯含量为 20.76 $m^3/t.$燃,在 24-2 号孔 266.89 m 埋深时,瓦斯含量为 8.78 $m^3/t.$燃;高炭煤层在 24-2 号孔 471.79 m 埋深时,瓦斯含量为 14.41 $m^3/t.$燃,在 12-2 号孔埋深 390.40 m 时,瓦斯含量为 6.88 $m^3/t.$燃。收集的各矿井测定的瓦斯数据均反映出煤层瓦斯含量随煤层埋深增大而增大的特征,且从收集到的煤矿瓦斯通风数据整理出的工作面瓦斯涌出亦表现出随开采深度增大而增大的特性（图 7-4～图 7-7）。

③ 顶底板岩性对瓦斯赋存的影响

在资威背斜北翼局部及南翼老鹰岩井田以西大部区域存在古河床冲刷带,高炭煤层顶板存在不同程度的冲刷剥蚀现象,煤层直接与顶部砂岩接触,砂岩致密性差,孔隙度大,排驱压力小,透气性好,不利于煤层瓦斯的赋存。

除古河床冲刷带外,各煤层伪顶、直接顶以泥岩及砂质泥岩为主,局部为泥质粉砂岩、粉砂质泥岩,平均厚度大于 1 m;直接底板为砂质泥岩、泥岩,局部为泥质粉砂岩、粉砂质泥岩或粉砂岩。泥岩、粉砂岩致密性好,孔隙度小,排驱压力大,透气性差,形成了相对较好的盖层,瓦斯封闭条件较好,对煤层瓦斯的赋存较为有利。

④ 水文地质对瓦斯赋存的影响

表 7-1 区域主要断层特征一览表

断层名称	构造部位	走向	倾向	倾角/(°)	断距/m	断开地层	长/km	断面及两盘特征	断层性质
仁寿断层	仁寿背斜核部	北东	北西	30~50	200~600	J_2s	25.0	破碎，东盘向南扭动	压扭性逆断层
罗泉井断层	资威背斜北翼	N20°E	北西	20~50	60	$T_3xj\sim J_2s$	26.0	具牵引褶曲，断层泥、断层角砾岩	压扭性逆断层
牛颈坳断层	资威背斜北翼	近NS	东	20~40		$T_3xj\sim J_{1-2}z$	16.0	两侧岩层变陡	压扭性逆断层
高桥断层	资威背斜东倾没区	N10°E	北西	16~40		$T_3xj\sim J_2xs$	8.0	两侧岩层直立、破碎	压扭性逆断层
楠木寺断层	资威背斜东倾没区	N10°E	南东	20	30	$J_{1-2}z\sim J_2xs$	6.0	东侧有岩层陡立	压扭性逆断层
资中断层	资威背斜东倾没区	N10°E	南东	10~30		$J_2x\sim J_2s$	9.0	两侧岩层变陡	压扭性逆断层
墨林场断层	资威背斜南翼	N30°W	南西	40~45		$T_2l\sim J_2s$	18.0	具断层泥、断层角砾岩	压扭性逆断层
五里堡断层	资威背斜南翼	N30°W	南西	20~50		$J_1z\sim J_2s$	3.5	下盘剧烈牵引，挤压破碎	压扭性逆断层
涂家庙断层	资威背斜西部	近NS	西	40~60		$J_{1-2}z\sim J_2s$	23.0	两侧岩层陡立	压扭性逆断层
回龙场断层	资威背斜西部	近NS	西	20~45	180	T_3xj	21.0	具牵引褶曲，断层泥、断层角砾岩	压扭性逆断层
梨尔园断层	资威背斜西部	近NS	西	25		$T_3xj\sim J_1z$	5.0	上盘具牵引褶曲	压扭性逆断层
座口荡断层	资威背斜西部	N30°~45°W	南西	40~50	100	$J_{1-2}z\sim J_2xs$	8.0	上盘具牵引褶曲	压扭性逆断层

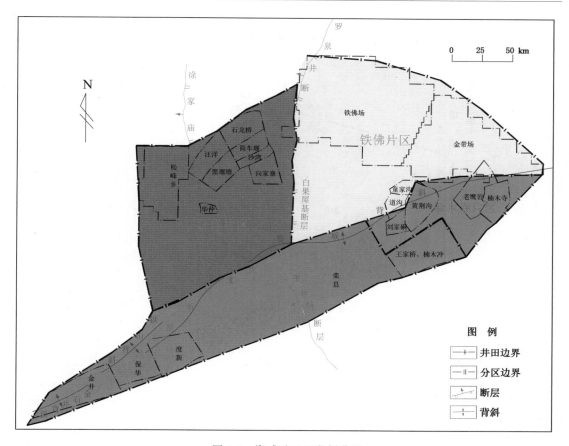

图 7-3 资威矿区区段划分图

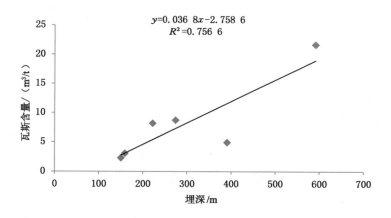

图 7-4 汪洋片区 C_{17}(高炭)煤层瓦斯含量与煤层埋深关系图

矿区含煤地层岩性主要为泥岩、砂质泥岩、粉砂岩、细-粗粒砂岩互层,一般以煤层为核心,与上覆及下伏泥岩、粉砂岩构成隔水层,其间细-粗粒砂岩等成为裂隙承压含水层,因此各含水层、隔水层频频叠置,各含水层含水性相对较弱。其中,雷口坡组(T_2l)为强含水层,浅部岩溶很发育,地下水活动强烈,但这组岩溶裂隙含水层与煤层之间有小塘子组(T_3x)、

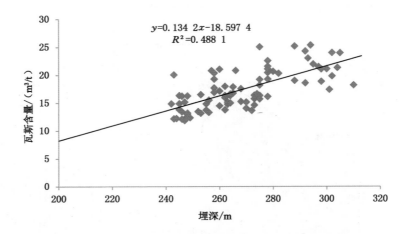

图 7-5 汪洋片区 C_{17}（高炭）煤层埋深与相对瓦斯涌出量关系图

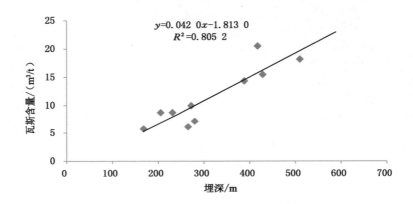

图 7-6 铁佛片区 C_{17}（高炭）煤层瓦斯含量与煤层埋深关系图

须家河组（T_3xj）下部的泥岩、砂质泥岩互层组成的隔水层相隔。在自然状态下，各含水层并无水力联系，含煤地层围岩地下水活动较弱，对瓦斯的赋存较为有利。

⑤ 煤层倾角与露头

资威矿区主体构造为资威背斜，煤层分布于资威背斜翼部，区内构造简单，总体地层倾角平缓，透气性差的地层起到了封存瓦斯的作用，使煤层瓦斯含量升高，但资威背斜南翼地层倾角大于北翼地层，相对不利于煤层瓦斯的保存，这也是造成背斜南翼瓦斯含量小于北翼的主要原因之一。

煤层露头是瓦斯向地面排放的出口，露头存在排放时间越长，瓦斯排放越多；反之，地表无露头时，瓦斯含量较高。煤层距离露头越近，瓦斯含量越低；反之，则越高。根据资威矿区矿井瓦斯等级情况，煤层露头附近低瓦斯矿井分布较多，而高瓦斯矿井矿权范围内很少有煤层出露，说明煤层露头对煤层瓦斯的分布有较大的影响。

⑥ 煤的变质程度

煤是天然的吸附体，煤化程度越高，吸附瓦斯的能力越强。在其他条件相同时，煤的变

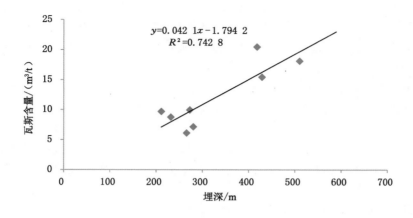

图 7-7　楠木寺片区 C_{17}（高炭）煤层瓦斯含量与煤层埋深关系图

质程度越高,煤层瓦斯含量一般也就越大。资威矿区三叠系煤层较多,矿区主要煤类为气煤,局部地段为 1/3 焦煤,为中等变质烟煤。总的看来,由上至下、由浅至深、由北向南,煤的变质程度不断增高。气煤分布在资威穹窿背斜近轴部一带,远离轴部煤层埋深增大,逐渐过渡为肥煤,瓦斯含量与之有一致的变化趋势。

（2）构造煤发育及分布特征

矿区各矿井煤体坚固性系数和煤体破坏类型的测试情况见表 7-3。

表 7-3　煤体坚固性系数和煤体破坏类型测试成果表

矿井名称	煤层	f 值	煤体破坏类型
乐山谭家扁煤矿	底板印	2.3	Ⅰ类
	桐花炭	2	Ⅰ类
	大硬炭	2	Ⅰ类
隆昌县叶家沟煤矿	三层炭	2.1	Ⅰ类
隆昌县永达煤矿	付矮炭	2.1	Ⅰ类
仁寿县联合煤矿	K_7	0.96	Ⅰ类
仁寿县汪洋煤矿	K_8		Ⅰ类
仁寿县石龙桥煤矿	K_7	0.76	Ⅰ类
仁寿县杉树煤矿	K_7	1.12	Ⅰ类
仁寿县红光煤矿	K_7	1.4	Ⅰ～Ⅱ类
威远县铺子湾煤矿	硬炭	1.22	Ⅰ类
威远县永达煤矿	硬炭	1.02	Ⅰ类
富顺县许家煤矿	三型炭	0.73	Ⅰ～Ⅱ类
荣县青草井	双层子	0.91	
荣县大林坝	独层子	0.91	
铁佛场勘查区	高炭	0.9～4.0	

　　由表7-3可知,资威矿区所测定的各煤层煤体坚固性系数(f)为0.73~4.0,均大于0.50;煤体破坏类型为Ⅰ~Ⅱ类。据此可以认为,矿区各煤层煤体硬度大,构造煤整体不发育;但矿区局部断层发育,断层附近牵引作用强烈,煤岩层破碎,产状陡立,煤层挤压剪切部位常常是构造煤发育的部位。

　　(3) 矿区瓦斯赋存分布规律(图7-8)

　　① 低瓦斯矿井主要分布在煤层露头附近或埋深较小的区域,如三岔河煤矿、八一煤矿、新场煤矿等。

　　② 高瓦斯矿井主要分布在离煤层露头有一段距离或无煤层出露的区域,由于这些区域构造煤不甚发育,即使在瓦斯涌出较大的深部区域也不一定会发生突出,如汪洋煤矿、石龙桥煤矿、楠木寺煤矿等。

　　③ 开采强度越大,瓦斯涌出量一般也较大。根据统计资料,生产能力9万t/a及以上的矿井以高瓦斯矿井为主,而6万t/a的矿井中低瓦斯矿井较多,如侨生煤矿、铸铜煤矿等受开采强度较大的影响,矿井瓦斯等级高于相邻的其他开采强度相对较低的矿井。

　　④ 总体上资威矿区煤层瓦斯含量、压力随煤层埋深的增大而增大,即靠近资威背斜轴部煤层瓦斯含量、压力较小,远离轴部则逐渐增大。如高炭煤层在铁佛场勘查区5-4号钻孔413.39 m埋深时,瓦斯压力为3.80 MPa,在7-2号钻孔188.87 m埋深时,瓦斯压力为1.04 MPa;松峰乡勘查区高炭煤层在24-2号孔471.79 m埋深时,瓦斯含量为14.41 m³/t.燃,在12-2号孔埋深390.40 m时,瓦斯含量为6.88 m³/t.燃。

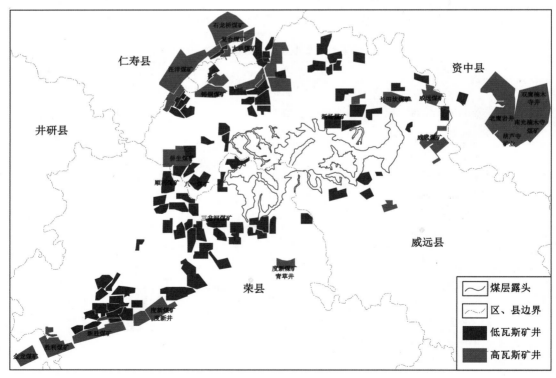

图 7-8　资威矿区矿井瓦斯等级分布图

资威矿区瓦斯地质特征见表 7-4。

表 7-4 资威矿区瓦斯地质汇总表

矿区名称	资威矿区				
矿井总数 （国有重点/地方）	矿井瓦斯等级及对数			煤炭资源总量/万 t	
	突出矿井对数	高瓦斯矿井对数	低瓦斯矿井对数	勘查	预测
1/116	0	34	73	55 999	375 696
矿区瓦斯突出总数	0	始突深度/m	—	矿别	
最大瓦斯突出强度	煤量/(t/次)	—	标高/m	—	矿别	—
	瓦斯量/(m³/次)	—	埋深/m	—		
瓦斯压力最大值/MPa	4.80	矿别	松峰勘查区	标高/m	−5
				埋深/m	471
瓦斯含量最大值/(m³/t)	21.70	矿别	松峰勘查区	标高/m	590
				埋深/m	590
主采煤层	高炭、上皮炭				
煤层气（瓦斯）资源总量/(10⁸ m³)	612.48				
备注	矿区瓦斯地质图绘制三叠系煤层，二叠系煤层未勘查开发				

7.2.4 矿区瓦斯地质图

在编制资威矿区汪洋、石龙桥煤矿等 10 对矿井（井田）瓦斯地质图基础上（表 7-5），本部分根据各矿井瓦斯地质规律及瓦斯预测成果，结合矿区范围内的地质勘查资料、矿井生产资料以及其他的瓦斯地质资料，预测了煤层瓦斯含量和涌出量，绘制了瓦斯含量和瓦斯涌出量等值线；预测了煤与瓦斯区域突出危险性，划分了突出危险区和无突出危险区；计算了煤层气资源量。最后汇编完成了资威矿区煤层瓦斯地质图（1：50 000），简图见附图 15。

表 7-5 资威矿区矿井瓦斯地质图

矿井名称	煤层	比例	编制单位
四川汪洋能源股份有限公司汪洋煤矿	高炭	1：5 000	川煤地勘院
四川仁寿峨电能源有限公司石龙桥煤矿	高炭	1：5 000	川煤地勘院
四川省资中县葫芦寺矿业有限公司葫芦寺煤矿	高炭	1：5 000	川煤地勘院
内江市双鹰煤炭有限责任公司老鹰岩井	高炭	1：5 000	川煤地勘院
内江南光有限责任公司楠木寺煤矿	高炭	1：5 000	川煤地勘院
四川省资中县兴达煤业有限公司兴隆煤矿	高炭	1：5 000	川煤地勘院
荣县德兴矿业有限公司新胜煤矿	独层子	1：5 000	川煤地勘院
自贡市天宇实业有限公司度新煤矿	夹壳炭	1：5 000	川煤地勘院
自贡市天宇实业有限公司青草煤矿	双层炭	1：5 000	川煤地勘院
威远县铸铜煤业有限公司铸铜煤矿	下元炭	1：5 000	川煤地勘院

第8章　四川省煤层气(瓦斯)资源评价与勘探实践

四川省煤层气资源丰富,根据四川省煤矿瓦斯地质编图数据,估算埋深 2 000 m 以浅资源总量 6 718.79 亿 m³,居全国第九位,平均资源丰度为 $0.25×10^8$ m³/km²。其中,控制地质储量为 3.40 亿 m³,推断地质储量为 1 563.97 亿 m³,潜在资源量为 5 151.42 亿 m³。本章论述了四川省煤层气资源开发利用现状和主要煤田煤层气储层特征,进行了四川省煤层气资源量预测和开发有利区块优选,并分析了煤层气勘探试验情况。

8.1　煤层气资源开发利用现状

8.1.1　矿井瓦斯抽采与利用

四川省是全国煤矿瓦斯重灾区,全省煤炭资源保有储量的 70% 以上是高瓦斯或突出煤层,煤与瓦斯突出矿井和高瓦斯矿井占 34.53%。四川省矿井瓦斯抽采工作始于 20 世纪 50 年代,芙蓉矿区是全省开展矿井瓦斯抽采工作最早、抽采量最大、抽采工艺技术应用研究较为成熟的矿区之一,煤层气抽采对该矿区防止瓦斯重大事故起到了十分重要的作用。自 20 世纪 90 年代初以来,重庆煤科分院、重庆大学、西安煤科分院等科研院校相继在该矿区开展了煤矿瓦斯治理课题研究,特别是针对低透气煤层煤层气抽采方法、工艺等方面取得了突破性进展,为全国高瓦斯和煤与瓦斯突出矿井瓦斯抽采治灾方式开辟了新途径。目前,芙蓉矿区采取底板网格预抽、掘进条带抽、顺煤层抽、邻近层俯伪斜抽、采煤工作面卸压抽、上隅角裂隙带抽等"点、线、面、体"综合抽采煤层气技术,矿井抽采煤层气总量逐年增大。近年来,四川煤炭企业为保障煤矿安全生产,加大了矿井瓦斯井下抽采利用的力度。至 2010 年 6 月底,全省有 239 处矿井启动了固定瓦斯抽采系统建设,已建成固定瓦斯抽采系统 156 套。2015 年,瓦斯抽采量 4.01 亿 m³,利用量 1.96 亿 m³,煤矿瓦斯利用率 48.7%;2017 年,瓦斯抽采量 3.50 亿 m³,利用量 1.94 亿 m³;2019 年,瓦斯抽采量 3.64 亿 m³,利用量 1.90 亿 m³。另外,四川省重点推进煤矿瓦斯抽采利用规模化矿区(企业)建设,完善煤矿区瓦斯抽采及就地发电利用系统,2019 年重点矿区瓦斯抽采总量近 2 亿 m³,约占全省煤矿瓦斯抽采总量的 50%;利用量达 1.2 亿 m³,利用率为 62.6%。四川省 2011—2017 年度煤矿瓦斯抽采及利用情况见表 8-1。

表 8-1　四川省 2011—2017 年度煤矿瓦斯抽采及利用情况表

年度	抽采量/亿 m³	瓦斯利用量			利用率
		发电/万 m³	民用/万 m³	小计/亿 m³	
2011	3.27	8 796	3 685	1.25	38.21%
2012	3.71	12 612	4 471	1.71	46.10%

表 8-1(续)

年度	抽采纯量/亿 m³	瓦斯利用量			利用率
		发电/万 m³	民用/万 m³	小计/亿 m³	
2013	3.895	13 552	4 870	1.84	47.34%
2014	4.65	15 763	5 558	2.13	45.88%
2015	4.01	14 685	4 865	1.96	48.72%
2016	3.41	14 722	3 783	1.85	54.21%
2017	3.50	/	/	1.94	55.54%

8.1.2　煤层气地面开发与利用

　　四川省煤层气地面开发研究工作始于 20 世纪 80 年代中后期,由四川省煤田地质局组织专门班子于 1988 年完成"四川盆地浅层气资源评价与预测"、1990 年完成"地面钻孔抽放煤层气的研究报告"、1996 年完成"四川省煤层气资源评价",为四川省的煤层气研究工作奠定了基础。2001 年以来又陆续开展了"四川省煤层气开发利用研究""川南煤田古蔺县煤层气资源评价""四川省川南煤田古叙矿区和筠连矿区煤层气参数井靶区选择研究""川南煤田古叙矿区石屏大村矿段煤层气储层研究与评价"等课题研究。通过这一系列项目的研究工作,初步计算得到四川省埋深 1 500 m 以浅煤层气资源量为 3 480.93 亿 m³,掌握了四川省煤层气赋存特征、资源状况,为勘查选层、选址提供了依据。

　　"十二五"期间,煤层气勘探取得较大进展,在古叙矿区大村、石宝井田开展了煤层气勘查工作;在古叙河坝井田、海风井田、攀枝花宝鼎矿区、广安绿水洞井田等煤炭勘查项目中强化了煤炭和煤层气综合勘查工作,开展了煤层气参数井施工,积极开展四川南部地区煤层气资源调查。以上区域共施工煤层气参数井、抽采试验井 28 口,钻探进尺 2 万余米。特别是 2010 年在大村井田施工的 3 口先导性试验井先后产气(单井产气量 800~1 700 m³/d),率先在南方取得突破;2013 年继续开展勘查和地面抽采试验工作,完成煤层气参数井 9 口,基本查明该区的煤层气资源赋存规律和储层特征;2015 年又施工 2 口煤层气地面抽采试验井,初步表明本区具有较好的开发前景;2016 年继续施工煤层气地面抽采试验井组,开展井组产能测试,为大村井田煤层气规模化开发做准备。

　　"十三五"期间,四川省煤层气勘探工作取得较大进展。在中央财政地质调查项目的支持下,完成四川南部地区煤层气资源远景调查,实施煤层气评价、试验井 5 口,"川高参 1 井"获得高产稳定工业气流,刷新中国南方地区煤层气直井单井最高日产气量和最高稳定日产气量,获得远景煤层气资源量 4 000 余亿立方米。大村井田在获得中国南方煤层气地面抽采试验首次突破后,继续施工煤层气地面抽采试验井组,开展井组产能测试,获得煤层气井组工业气流;完成矿权内 65 km² 范围资源量计算,获得煤层气资源量 147.97 亿 m³。中石油浙江油田分公司在筠连沐爱区块进行煤层气勘探开发,施工煤层气评价井 52 口,获得煤层气探明储量 93.84 亿 m³,技术可采储量 46.92 亿 m³。在"十三五"期间,四川省煤层气开发工作取得重大突破。首个煤层气开发项目进入商业化运营,实现中国南方煤层气商业化开发。2016 年,中石油浙江油田分公司在筠连沐爱区块完成产能建设 2 亿 m³/a,先后完成投资 6 亿元,施工煤层气开发井 59 个井组 294 口,评价井转生产井 15 口,实现煤层气产量 0.8 亿 m³/a。此后,筠连沐爱区块利用老井场,采用大进组＋水平井部署方式动用优质储量,优化施工煤层气井 108 口,新建成产能 0.59 亿 m³/a。截至 2020 年 9 月,四川省先后投资约 12 亿元,实施煤层气井约 450 口,建成煤层气产能 2.59 亿 m³/a,年产气量 1.2 亿 m³。煤层气主要通过 LNG 液化、输气管网、城市燃气等方式进行销售,利用率达 95％以上。

8.2　主要煤田煤层气储层特征

（1）川南煤田煤层气储层特征

川南煤田包括芙蓉矿区、筠连矿区和古叙矿区,主要开采晚二叠系宣威组（龙潭组）煤层,均为多煤层开采。

芙蓉矿区含煤 20 余层,其中主要可采煤层为 C_5、B_4、B_3、B_2、9、11 煤层,含煤平均总厚度 5.32 m。芙蓉矿区煤层瓦斯含量普遍较高,矿区内突出矿井分布广,煤矿生产期间测得最大煤层瓦斯含量 22.23 m³/t（标高：＋186 m,埋深：416 m）的位置在珙泉煤矿,地勘期间在白皎井田 B_4 煤层测定的最高瓦斯含量为 36.69 m³/t（标高：＋65 m,埋深：748 m）;煤矿生产期间测定的瓦斯压力 0.1～3.2 MPa,压力点 3.2 MPa（标高：＋355 m,埋深：325 m）的位置在白皎煤矿,地勘期间在珙泉三号井田测定的最高瓦斯压力为 3.98 MPa（标高：＋333 m,埋深：649 m）;煤的孔隙度一般为 6.87％;煤的最大理论吸附量一般为 27.47～42.90 m³/t,平均 32.84 m³/t;煤的渗透率平均值为 0.273 m²/(MPa²·d);煤体破坏类型以Ⅱ～Ⅳ为主,构造煤普遍发育。

筠连矿区含煤 20 余层,可采煤层有 C_{1-2}、C_{3-4}、C_5、C_6、C_7（或 $C_{7上}$、$C_{7下}$）、C_{8-10}（或 C_{8-1}、C_{8-2}、C_{8-3}）、C_{23}、C_{25}（或 C_{25-2}、C_{25-1}）煤层。其中 C_{1-2}、C_{3-4}、C_7、C_{8-10}、C_{25} 等 5 层可采范围较大,含煤平均总厚度 7.56 m。筠连矿区煤层瓦斯含量普遍较高,目前开发程度较低,地勘期间测定的最高瓦斯含量为 28.28 m³/t（标高：＋642 m,埋深：517 m）;最高瓦斯压力 5.07 MPa（标高：＋461 m,埋深：634 m）;煤的最大理论吸附量一般为 25.57～69.56 m³/t,平均 38.59 m³/t;煤的渗透率平均值为 0.273 m²/(MPa²·d);煤体破坏类型以Ⅱ～Ⅳ为主,构造煤普遍发育。

古叙矿区含煤近 30 层,可采煤层有 C_6、C_{7-10}（或 C_7、C_{8-10}）、C_{12-13}、C_{14}、C_{17-20}、C_{21}、C_{22}、C_{23}、C_{24} 和 C_{25}（或 C_{25-2}、C_{25-1}）等 10 层。其中 C_{7-10}（或 C_7、C_{8-10}）、C_{17-20}、C_{25}（或 C_{25-2}、C_{25-1}）等 3 层为主要可采煤层,含煤平均总厚度 8.75 m。古叙矿区煤层瓦斯含量较高,目前开发程度较低,地勘期间在蒿坝矿段 8 煤层测定的最高瓦斯含量为 30.84 m³/t（标高：＋731 m,埋深：647 m）;最高瓦斯压力 3.3 MPa;煤的最大理论吸附量一般平均为 34.85 m³/t;煤的渗透率平均值为 0.159 m²/(MPa²·d);煤体破坏类型以Ⅱ～Ⅳ为主,构造煤普遍发育。

（2）华蓥山矿区煤层气储层特征

华蓥山矿区含可采和局部可采煤层 5 层,自上而下依次为 K_6、K_4、K_2、K_1、K_0 煤层,K_1 煤层全区可采,有的区段分为两层（如 K_{1-1}、K_{1-2}）,含煤平均总厚度 2.86 m。矿井地勘测定最高瓦斯含量为 18.46 m³/t,最高瓦斯压力 2.58 MPa;煤的最大理论吸附量平均为 21.93 m³/t;煤的渗透率平均值为 0.274 m²/(MPa²·d);煤体破坏类型以Ⅲ～Ⅴ为主,构造煤普遍较发育。

（3）攀枝花煤田煤层气储层特征

宝鼎矿区含煤 110 余层,有可采煤层 61 层,其中有 19 层为主要可采煤层,包括基本可采煤层 5 层,编号为 15、21-3、24-4、35、39;大部可采煤层 9 层,编号为 4、14、15-5、18、24-2、27、32、38、40;局部可采煤层 5 层,编号为 1、21-2、22-2、33、36°。大菁地组所含煤层平均总厚度 56.84 m。测定最高瓦斯含量为 23.25 m³/t,最高瓦斯压力 1.1 MPa;煤的最大理论吸附量平均为 21.61 m³/t;煤的渗透率平均值为 0.415 m²/(MPa²·d);煤体破坏类型以Ⅰ~Ⅱ为主,构造煤普遍不发育,在褶皱转折端附近构造煤较发育。攀枝花煤田红坭矿区构造较复杂,煤的变质程度较高,构造煤发育,煤层极不稳定,储层特征使得本区属于难抽采矿区。

（4）乐威煤田煤层气储层特征

乐威煤田包括犍乐矿区和资威矿区,均开采晚三叠世煤层,两矿区煤层气储层特征较为相似,开采煤层均较薄且不稳定,煤厚一般不超过 0.8 m,煤质较差。矿区内以高瓦斯为主,未见典型的突出事故。乐威煤田内测定最高瓦斯含量为 15.08 m³/t,最高瓦斯压力 4.27 MPa;煤的最大理论吸附量平均为 20.07 m³/t;煤的渗透率平均值为 0.4 m²/(MPa²·d);煤体破坏类型以Ⅰ~Ⅱ为主,构造煤不发育。

（5）其他区域

达竹矿区、广旺矿区属于晚三叠世煤层,瓦斯普遍较低,针对煤层气储层特征的研究较少。广旺矿区测得最高瓦斯含量为 16.95 m³/t,最高瓦斯压力 2.5 MPa;在荣山煤矿测得煤的最大理论吸附量为 21.85 m³/t,煤的渗透率平均值为 0.322 m²/(MPa²·d)。另外还有盐源煤田、龙门山矿区、雅荥矿区、永泸煤田等,由于煤炭资源分布较分散或勘查开发程度较低,目前很少有煤层气储层特征的研究资料。

8.3　煤层气资源量预测

8.3.1　煤层气资源量预测方法分类与分级

据《煤层气储量估算规范》(DZ/T 0216—2020),从资源的勘查程度和地质认识程度可将四川省煤层气资源分为已发现和待发现的煤层气资源量两类。已发现的煤层气资源量又称为煤层气地质储量,根据地质可靠程度,划为控制的地质储量,如大村矿段 22 线～24 线,以大写字母"B"表示;对于勘查程度达到详查并测试相当数量可靠瓦斯含量的井田划为推断地质储量,以大写字母"C"表示;待发现的煤层气资源量为潜在资源量,以大写字母"D"表示。

本次资源量估算选择体积法,其估算按式(8-1)或式(8-2)计算,具体计算参数主要依据编制的矿区、矿井瓦斯地质图进行选取:

$$G_i = 0.01AhDC_{ad} \tag{8-1}$$

或
$$G_i = 0.01AhD_{daf}C_{daf} \tag{8-2}$$

$$C_{ad} = C_{daf} \times (1 - M_{ad} - A_{ad}) \tag{8-3}$$

式中　G_i——估算单元煤层气预测资源量,10^8 m³;

　　　A——煤层含气面积,km²;

　　　h——煤层净厚度,m;

　　　D——煤的空气干燥视密度(煤的容重),t/m³;

C_{ad}——煤的空气干燥基含气量，m^3/t。

D_{daf}——煤的干燥无灰基视密度，t/m^3；

C_{daf}——煤的干燥无灰基含气量，m^3/t；

M_{ad}——煤的空气干燥基水分含量，%；

A_{ad}——煤的空气干燥基灰分产率，%。

8.3.2 主要矿区煤层气资源量

（1）芙蓉矿区煤层气资源量

综合考虑煤层的赋存条件、勘查程度和瓦斯采样测试成果及煤炭资源量，矿区煤层煤类为无烟煤，含气量计算下限为 8 m^3/t，对含气量小于 8 m^3/t 或煤层厚度小于 0.5 m 的区域未估算煤层气资源量，下部边界为埋深 2 000 m 等深线。估算工作以矿区煤炭资源量预测图和瓦斯地质图为基础，分为 5 个区块，区块内以下部探矿权边界一分为二，在各区块内分勘查区和深部预测区分别计算，共划分出 10 个储量计算块段。

评价分 10 个块段，各块段参数取值及资源量情况见表 8-2 及图 8-1。经过计算，矿区晚二叠世煤层埋深 2 000 m 以浅煤层气资源量总计 1 209.90 亿 m^3（其中，推断地质储量 216.34 亿 m^3，潜在资源量 993.56 亿 m^3），平均资源量丰度为 1.26×10^8 m^3/km^2，为中等储量丰度类别。

表 8-2　芙蓉矿区煤层气资源量计算表

区块	勘查区				预测区（2 000 m 以浅）				总量 /(10^8 m^3)	面积 / km^2	储量丰度 /(10^8 m^3/km^2)
	块段编号	煤炭储量 /万 t	平均瓦斯含量 /(m^3/t)	煤层气资源量 /(10^8 m^3)	块段编号	煤炭储量 /万 t	平均瓦斯含量 /(m^3/t)	煤层气资源量 /(10^8 m^3)			
巡场-高县	1	18 838	12	22.61	2	69 443	16	111.11	133.71	82.33	1.62
芙蓉-德赶坝	3	46 635	18	83.94	4	164 080	30	492.24	576.18	267.70	2.15
龙塘-四龙	5	25 263	24	60.63	6	74 960	32	239.87	300.50	370.02	0.83
回龙场-富安	7	22 344	22	49.16	8	38 799	32	124.16	173.32	214.36	0.81
红桥-龙潘溪	9	740	16	1.18	10	10 421	24	25.01	26.19	29.00	0.90
共计		113 820				357 703			1 209.90	963.41	1.26

（2）筠连矿区煤层气资源量

矿区煤层煤类为无烟煤，含气量计算下限为 8 m^3/t，对含气量小于 8 m^3/t 或煤层厚度小于 0.5 m 的区域未估算煤层气资源量，下部边界为埋深 2 000 m 等深线。以矿区煤炭资源量预测图和瓦斯地质图为基础，分为 9 个区块，其中 4 个已勘查区、5 个预测区。本次评价的 9 个块段，各块段参数取值及资源量情况见表 8-3 及图 8-2。经过计算，矿区晚二叠世煤层埋深 2 000 m 以浅煤层气资源量总计 1 315.99 亿 m^3（其中，推断地质储量 592.69 亿 m^3，潜在资源量 723.3 亿 m^3），应属于大型规模气田，平均资源量丰度为 1.21×10^8 m^3/km^2，为中等储量丰度类别。

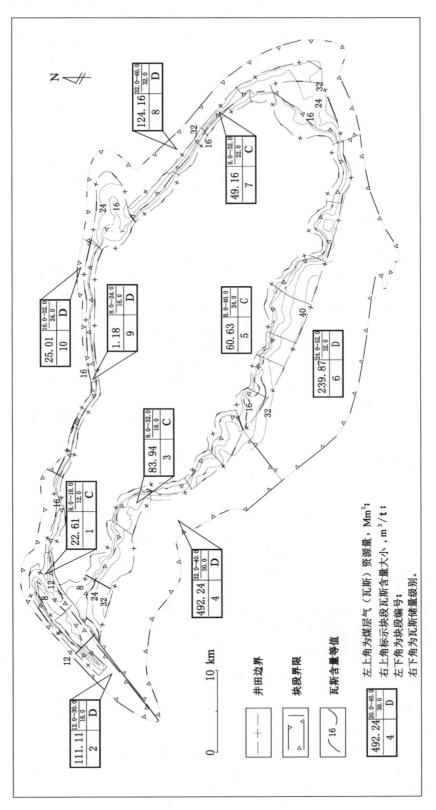

图8-1　美蓉矿区煤层气资源量计算图

表 8-3　筠连矿区煤层气资源量计算表

区块		块段编号	煤炭储量/万 t	平均瓦斯含量/(m³/t)	总量/(10⁸ m³)	面积/km²	储量丰度/(10⁸ m³/km²)
已勘查区	筠连矿段	1	33 488	16	53.58	100.55	0.53
	沐爱矿段	2	201 765	18	363.18	273.47	1.33
	洛表矿段	3	45 373	18	81.67	114.97	0.71
	蒿坝矿段	4	37 702	25	94.26	110.00	0.86
预查区	大雪山预查区	5	20 689	25	51.72	49.02	1.06
	塘坝预查区	6	5 186	25	12.97	27.48	0.47
	筠连预查区	7	75 016	30	225.05	149.76	1.50
	青山-维新预查区	8	83 861	30	251.58	112.09	2.24
	洛表预查区	9	60 660	30	181.98	152.56	1.19
总计					1 315.98	1 089.9	

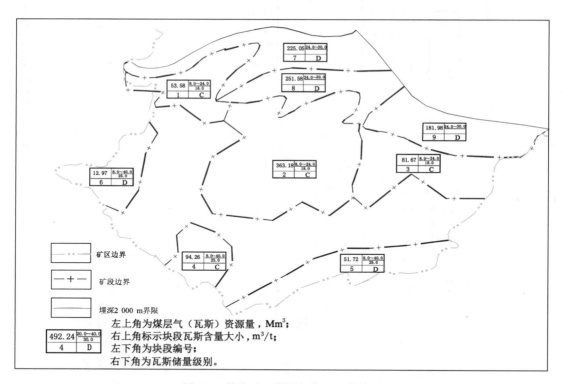

图 8-2　筠连矿区煤层气资源量估算图

（3）古叙矿区煤层气资源量

矿区煤层煤类为无烟煤，含气量计算下限为 8 m³/t，对含气量小于 8 m³/t 或煤层厚度小于 0.5 m 的区域未估算煤层气资源量，下部边界为埋深 2 000 m 等深线。故矿区范围内共划分出 9 个单元，在各单元内分勘查区和深部预测区分别计算。由表 8-4 可知，矿区晚二叠世煤层埋深 2 000 m 以浅预测煤层气资源量总计为 1 925.33 亿 m³（其中，控制地质储量 3.40

亿 m³,推断地质储量 481.78 亿 m³,潜在资源量 1 440.15 亿 m³),应属于大型规模气田,计算面积 1 916.27 km²,平均资源量丰度为 1.00×10^8 m³/km²,为中等储量丰度类别。

表 8-4 古叙矿区瓦斯资源量预算表

矿段名称	煤炭资源量 /万 t		平均瓦斯含量 /(m³/t)		瓦斯(煤层气)资源量 /亿 m³		资源量合计 /亿 m³
	勘查区	预测区	勘查区	预测区	勘查区	预测区	
两河	21 185	21 210	16	25	33.90	53.03	86.92
叙永	23 891	91 448	12	18	28.67 *	164.61	193.28
古蔺	63 428	88 896	15	25	95.14 *	222.24	317.38
大村	64 535	76 159	15	25	96.80 *	190.40	290.60
大村 22~24 线	2 268		15		3.40 ◎		3.40
石宝、椒园	87 585	53 141	16	28	140.14 *	148.79	288.93
庙林	22 709	10 022	16	28	36.33	28.06	64.40
观文	34 411	45 924	15	25	51.62 *	114.81	166.43
海风	43 376	85 818	16	28	69.40 *	240.29	309.69
河坝	53 548	50 952	15	25	80.32	127.38	207.70
合计	416 937	523 570	/	/	635.72	1 289.61	1 925.33

注:带"◎"者为控制地质储量,带"＊"者为推断地质储量,其余为潜在资源量。

(4)华蓥山矿区煤层气资源量

矿区煤层煤类为无烟煤,含气量计算下限为 8 m³/t,对含气量小于 8 m³/t 或煤层厚度小于 0.5 m 的区域未估算煤层气资源量,下部边界为埋深 2 000 m 等深线。华蓥山矿区划分为 5 个评价单元,各单元资源量情况见表 8-5。经过计算,矿区晚二叠世煤层埋深 2 000 m 以浅预测煤层气资源量总计为 216.60 亿 m³(其中,推断地质储量 79.33 亿 m³,潜在资源量 137.27 亿 m³),计算面积 1 452.08 km²,平均资源量丰度为 0.15×10^8 m³/km²,为低等储量丰度类别。

表 8-5 华蓥山矿区煤层气资源量计算表

井田名称	已勘查区资源量			深部预测区(埋深 2 000 m 以浅)资源量			煤层气资源量 /(10⁸ m³)
	煤炭资源量 /万 t	平均瓦斯含量 /(m³/t)	煤层气资源量 /(10⁸ m³)	煤炭资源量 /万 t	平均瓦斯含量 /(m³/t)	煤层气资源量 /(10⁸ m³)	
龙泉寺-溪口井田	4 250	18	7.65	8 532	28	23.89	45.69
李子垭南、北井田	7 859	18	14.15				
高顶山井田	3 964	22	8.72	4 380	36	15.77	24.49
西天寺远景区-绿水洞井田	14 140	18	25.45	20 410	20	40.82	66.27
桂兴-立竹寺井田	19 468	12	23.36	28 395	20	56.79	80.15
合计			79.33			137.27	216.60

（5）达竹矿区煤层气资源量

估算工作以矿区煤炭资源量预测图和瓦斯地质图为基础，矿区煤类为肥煤、焦煤、瘦煤，含气量计算下限为 4 m³/t（各计算区煤质特征不同，见表 8-6），下部边界为埋深 2 000 m 等深线。经过计算，矿区晚三叠世煤层埋深 2 000 m 以浅煤层气资源量总计为 121.80 亿 m³（其中，推断地质储量 28.83 亿 m³，潜在资源量 92.97 亿 m³），计算面积 1 508 km²，平均资源量丰度 0.08×10⁸ m³/km²，为低等储量丰度类别。

表 8-6　达竹矿区煤层气资源量预测结果

井田名称	已勘查区资源量			深部预测区（埋深 2 000 m 以浅）资源量			煤层气资源量/(10⁸ m³)
	煤炭资源量/万 t	平均瓦斯含量/(m³/t)	煤层气资源量/(10⁸ m³)	煤炭资源量/万 t	平均瓦斯含量/(m³/t)	煤层气资源量/(10⁸ m³)	
华蓥山背斜北段	8 486	4	3.39	14 638	8	11.71	15.10
铁山背斜区	7 325	6	4.40	24 155	10	24.16	28.56
中山背斜区	21 657	4	8.66	37 741	6.5	24.53	33.19
峨眉山背斜区	12 414	4	4.97	24 011	6	14.41	19.38
赫天祠背斜区	21 657	4	8.66	22 700	8	18.16	26.82
合计			30.08			92.97	123.05

（6）广旺矿区煤层气资源量

矿区煤类较多，主要是低、中变质的气煤、肥煤、焦煤，少量瘦煤、贫煤及无烟煤。其中，气煤、肥煤、焦煤和瘦煤含气量计算下限为 4 m³/t，贫煤和无烟煤含气量计算下限为 8 m³/t，下部边界为埋深 2 000 m 等深线。估算工作以矿区煤炭资源量预测图和瓦斯地质图为基础，上部边界为 4 m³/t（石洞-赶场坝井田区块为贫煤或无烟煤，上边界调至 8 m³/t），下部边界为埋深 2 000 m 等深线，4 个区块内分勘查区和预测区分别估算资源量，一共划分为 8 个块段。各块段参数取值及资源量情况见表 8-7、图 8-3。经过计算，矿区晚三叠世煤层埋深 2 000 m 以浅煤层气资源量总计 70.74 亿 m³（其中，推断地质储量 5.59 亿 m³，潜在资源量 65.14 亿 m³），平均资源量丰度为 0.11×10⁸ m³/km²，为低等储量丰度类别。

（7）犍乐矿区煤层气资源量

矿区煤层煤类主要为焦煤，含气量计算下限为 4 m³/t，本次评价对含气量小于 4 m³/t 的区域未估算煤层气资源量，下部边界为埋深 2 000 m 等深线。估算工作以矿区煤炭资源量预测图为基础，分为两个区块（龙池区块和红源-桅杆坝区块）。区块内以小煤矿深部开采边界一分为二，在各区块内分勘查区和深部预测区分别计算，共划分出 4 个储量计算块段。各块段参数取值及资源量情况见表 8-8 及图 8-4。经过计算，犍乐矿区晚三叠世煤层埋深 2 000 m 以浅煤层气资源量总计 188.15 亿 m³（其中，推断地质储量 21.44 亿 m³，潜在资源量 166.72 亿 m³），平均资源量丰度为 0.09×10⁸ m³/km²，为低等储量丰度类别。

表 8-7　广旺矿区煤层气资源量计算表

区块	勘查区				预测区(2 000 m 以浅)				总量 /(10^8 m^3)	面积 / km^2	储量丰度 /(10^8 m^3/km^2)
	块段编号	煤炭储量 /万 t	平均瓦斯含量 /(m^3/t)	煤层气资源量 /(10^8 m^3)	块段编号	煤炭储量 /万 t	平均瓦斯含量 /(m^3/t)	煤层气资源量 /(10^8 m^3)			
石洞沟-赶场坝井田	1	996	11	1.10	2	3 167	20	6.33	7.43	128	0.06
旺苍-碗厂河井田	3	3 322	10	3.32	4	15 759	20	31.52	34.84	142	0.25
须家河-白水井田	5	1 458	8	1.17	6	8 902	19	16.91	18.08	165	0.11
宝轮院-郑家沟井田	7	3 373	6	2.02	8	4 400	19	8.36	10.38	185	0.06
合计		9 149		7.61		32 228		63.12	70.73	620	0.11

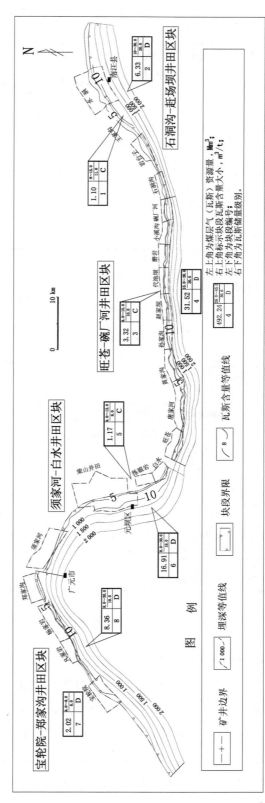

图8-3　广旺矿区煤层气资源量计算图

表 8-8　犍乐矿区煤层气资源量计算表

区块	勘查区				预测区（2 000 m 以浅）			总量 /(10⁸ m³)	面积 /km²	储量丰度 /(10⁸ m³/km²)
	块段编号	煤炭储量 /万 t	平均瓦斯含量 /(m³/t)	煤层气资源量 /(10⁸ m³)	块段编号	煤炭储量 /万 t	平均瓦斯含量 /(m³/t)	煤层气资源量 /(10⁸ m³)			
龙池	1	2 285	8	1.83	2	449 (<600 m)	11	0.49	2.32	38.53	0.06
红源-桅杆坝	3	26 802	8	21.44	4	54 796	30	164.39	185.83	1 998.74	0.09
共计		29 087		23.27		55 245		164.88	188.15	2 037.27	0.09

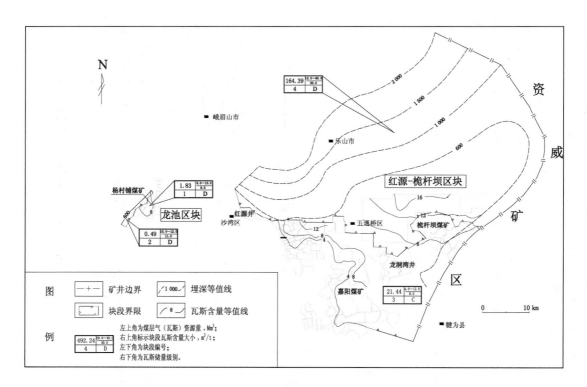

图 8-4　犍乐矿区煤层气资源量计算图

（8）雅荥矿区煤层气资源量

矿区煤类为贫煤或无烟煤，含气量计算下限为 8 m³/t，下部边界为埋深 2 000 m 等深线。本次评价的 5 个单元，分勘查区和预测区为 8 个块段，各块段资源量情况见表 8-9。

由表 8-9 可知，矿区煤层埋深 2 000 m 以浅预测煤层气资源量总计为 53.54 亿 m³（其中，推断地质储量 27.03 亿 m³，潜在资源量 26.51 亿 m³），计算面积 504 km²，平均资源量丰度 0.11×10⁸ m³/km²，为低等储量丰度类别。

表 8-9　雅荥矿区瓦斯资源量预测结果表

矿段名称	煤炭资源量/万 t		平均瓦斯含量/(m³/t)		瓦斯(煤层气)资源量/亿 m³		资源量合计/亿 m³
	勘查区	预测区	勘查区	预测区	勘查区	预测区	
斑鸠井	2 724	3 234	15	25	4.09	8.08	12.17
冯家坝	2 072		15		3.11	/	3.11
石浑凰仪	4 881	3 309	15	20	7.32	6.62	13.94
观化大河	897	4 722	15	25	1.35	11.81	13.15
昂州河	4 465		25		11.16		11.16
合计	15 039	11 265	/	/	27.03	26.51	53.54

(9) 资威矿区煤层气资源量

矿区煤层煤类主要为气煤,含气量计算下限为 4 m³/t,本次评价的 4 个块段,各块段参数取值及资源量情况见表 8-10。资威矿区晚三叠世煤层埋深 2 000 m 以浅煤层气资源总量为 612.48×10⁸ m³,其中现阶段各井田内资源量为 76.85×10⁸ m³,深部煤层资源预测区煤层气资源量为 535.63×10⁸ m³。

表 8-10　资威矿区煤层气资源量预算表

块段名称	已勘查区资源量			深部预测区(埋深 2 000 m 以浅)			煤层气资源量/(10⁸ m³)
	煤炭资源量/万 t	平均瓦斯含量/(m³/t)	煤层气资源量/(10⁸ m³)	煤炭资源量/万 t	平均瓦斯含量/(m³/t)	煤层气资源量/(10⁸ m³)	
汪洋片区	19 396	12	23.28	128 487	20	256.97	280.25
铁佛片区	37 600	12	45.12	84 502	20	169.00	214.12
楠木寺片区	4 840	9	4.36	45 242	16	72.39	76.74
荣县片区	4 557	9	4.10	23 290	16	37.26	41.37
合计	66 393		76.85	281 521		535.63	612.48

(10) 宝鼎矿区煤层气资源量

矿区煤层煤类以焦煤、瘦煤、贫瘦煤和贫煤为主,焦煤、瘦煤和贫瘦煤含气量计算下限为 4 m³/t,贫煤含气量计算下限为 8 m³/t。宝鼎矿区煤层气资源量计算工作以煤炭资源量估算图为基础,将埋深 2 000 m 作为本次资源量计算的深度底界,左边界为 F_{11} 断层,右边界到 F_9 断层,矿区范围内共划分出 3 个区块单元,各单元资源量情况见表 8-11。经过计算,矿区晚三叠世煤层 2 000 m 以浅煤层气资源量总计 154.50 亿 m³(其中,推断地质储量 32.84 亿 m³,潜在资源量 121.66 亿 m³),平均储量丰度 1.01×10⁸ m³/km²,为中等储量丰度类别。

表 8-11 宝鼎矿区煤层气资源量计算表

区块		块段编号	煤炭储量/万 t	平均瓦斯含量/m³/t	总量/(10⁸ m³)	面积/km²	储量丰度/(10⁸ m³/km²)
已勘查区	宝鼎	1	36 493	9.0	32.84 *	88.74	0.37
深部预测区	宝鼎	2	65 374	16.0	104.60	35.34	2.96
	大荞地	3	10 663	16.0	17.06	29.43	0.58
总计			11 2530		154.50	153.51	1.01

注：带"＊"者为推断地质储量，其余为潜在资源量。

（11）其他区域

其他含煤区域还有南广矿区、红坭矿区、盐源含煤区、龙门山含煤区、永泸含煤区和大巴山含煤区等，这些矿区（含煤区）煤层连续性较差、资源分布较分散、勘查开发程度较低、瓦斯资料少，本次仅根据资料做粗略估算。

南广矿区：主要含煤时代为晚二叠世，2 000 m 以浅潜在煤炭资源量为 237 021 万 t。贾村预测区测得晚二叠世宣威组煤层瓦斯含量最大值为 17.80 m³/t（标高：−133 m，埋深：612 m）。本区 2 000 m 以浅煤层气资源量计算取瓦斯含量平均值为 18 m³/t。

红坭矿区：主要含煤时代为晚三叠世，2 000 m 以浅潜在煤炭资源量为 33 680 万 t（其中，勘查探获煤炭资源量为 16 348 万 t，深部预测潜在煤炭资源量为 17 332 万 t）。矿区测得晚三叠世煤层瓦斯含量最大值为 7.42 m³/t（标高：＋1 600 m，埋深：194 m），根据本区瓦斯编图成果，取勘查区平均瓦斯含量为 12 m³/t，深部预测区瓦斯含量平均值为 15 m³/t。

盐源含煤区：主要含煤时代为晚二叠世和晚三叠世，2 000 m 以浅潜在煤炭资源量为 51 781 万 t，晚三叠世煤炭资源量占 2/3。本区瓦斯参数测试较少，仅在西沟煤矿普查时测得 2 组煤层瓦斯样，即上三叠统东瓜岭组 A₃ 煤层 9-1 号孔底板标高 2 087 m（埋深 376 m）测得瓦斯含量为 6.94 m³/t，5-2 号孔底板标高 1 926 m（埋深 544 m）测得瓦斯含量为 7.49 m³/t。本含煤区 2 000 m 以浅煤层气资源量计算取瓦斯含量平均值为 12 m³/t。

永泸含煤区：主要含煤时代为晚二叠世和晚三叠世，2 000 m 以浅晚二叠世潜在煤炭资源 33 877 万 t，2 000 m 以浅晚三叠世潜在煤炭资源 120 778 万 t。本区瓦斯参数测试较少，测得最大瓦斯含量为 9.28 m³/t（泸县河沟口煤矿），测得最低瓦斯含量为 1.15 m³/t（泸县黄经煤矿，埋深 130 m），泸县堆金湾煤矿在埋深 297 m 测得瓦斯含量为 6.43 m³/t，本含煤区 2 000 m 以浅煤层气资源量计算取瓦斯含量平均值为 15 m³/t。

龙门山、大巴山含煤区：这两个区域没有瓦斯含量参数，利用工程类比法，取此区域瓦斯含量分别为 15 m³/t、12 m³/t。

其他区域煤层气资源量计算结果见表 8-12。

表 8-12 其他区域煤层气资源量计算表

矿区（含煤区）名称		煤炭储量/万 t	平均瓦斯含量/(m³/t)	总量/(10⁸ m³)	面积/km²	储量丰度/(10⁸ m³/km²)
红坭	勘查区	16 348	12	16.35	61.91	0.26
	预测区	17 332	15	20.80	22.93	0.91

表 8-12(续)

矿区(含煤区)名称	煤炭储量/万 t	平均瓦斯含量/(m³/t)	总量/(10⁸ m³)	面积/km²	储量丰度/(10⁸ m³/km²)
南广	237 021	18	426.64	844.99	0.50
永泸	154 655	15	231.98	5 886.58	0.04
大巴山	70 165	12	84.20	1 369.17	0.06
龙门山	4 265	15	6.40	70.79	0.09
盐源	51 781	12	62.14	761.16	0.08
共计	551 567		848.51	9 017.53	

8.3.3　四川省煤层气资源量

四川省煤层气资源丰富,埋深 2 000 m 以浅资源总量 6 718.79 亿 m³,平均资源丰度为 0.25×10^8 m³/km²。其中,控制地质储量 3.40 亿 m³,推断地质储量 1 563.97 亿 m³,潜在资源量 5 151.42 亿 m³,见表 8-13。

表 8-13　四川省煤层气资源量统计表

矿区名称	资源量/(10⁸ m³)				面积/km²	储量丰度/(10⁸ m³/km²)
	总量	控制地质储量	推断地质储量	潜在资源量		
芙蓉矿区	1 209.90	/	216.34	993.56	961	1.33
筠连矿区	1 315.99	/	592.69	723.3	1 089	1.21
古叙矿区	1 925.33	3.40	481.78	1 440.15	1916	1.00
华蓥山矿区	216.60	/	79.33	137.27	1 452	0.15
广旺矿区	70.74	/	5.59	65.15	620	0.11
达竹矿区	123.05	/	30.08	92.97	1 508	0.08
犍乐矿区	188.15	/	21.44	166.71	2 037	0.09
雅荣矿区	53.54	/	27.03	26.51	504	0.11
资威矿区	612.48	/	76.85	535.63	7 411	0.08
宝鼎矿区	154.50	/	32.84	121.66	153	1.01
其他	848.51	/	/	848.51	9 017	0.09
共计	6 718.79	3.40	1 563.97	5 151.42	26 668	0.25

8.4　煤层气开发有利区块优选

8.4.1　煤层气储层特征对比

由于不同参数对煤层气勘查开发的影响权重不同,国内外的煤层气勘查开发实践表明,在进行煤层气勘查开发有利区的选择过程中,煤储层含气量和煤层几何要素是应优先考虑的两个关键控气因素,具有"一票否决"的重要作用;煤层渗透性与储层的其他物性之间具有因果关系,对煤层气开发成功与否具有决定性作用,亦应高度重视;面积和资源丰度(两者之积为煤层气资源量)对有利区的经济价值也具有决定性意义。同时,更为广泛的风险地质要素也是有利区优选的重要依据。

(1)含气量:川南煤田测定的瓦斯含量最高,芙蓉、筠连和古叙矿区实测最大瓦斯含量约在30 m³/t,煤层具有较高的吸附能力。四川省测定最高吨煤瓦斯含量的6个矿区依次是芙蓉、古叙、筠连、宝鼎、资威和华蓥山矿区。

(2)煤层:从煤层层数、煤层组合、单层厚度和累计厚度四个方面考虑,宝鼎、古叙、筠连和芙蓉矿区在剖面上有密集分布的煤层群且单层厚度大,控气最为有利。

(3)煤层气资源量及资源丰度:为了保证一定的开采规模和服务年限,要求有利区煤层气资源量大(一般资源量不小于20亿 m³,)且储量丰度高(一般大于$1×10^8$ m³/km²)。相比之下,芙蓉、筠连、古叙和宝鼎矿区较为有利,以上4个矿区煤层气储量丰度均大于等于$1×10^8$ m³/km²。

(4)煤层物性参数:包括渗透性、吸附性、孔隙性、储层压力、煤体结构等,煤储层的渗透性、孔裂隙性等物性特征对煤层气的储存和运移具有重要影响,煤体结构与煤储层的渗透性有关。原生结构和碎裂结构煤中,由于原生或后期构造应力作用所形成的裂隙(割理)系统的存在,裂隙保持着较好的开启性和连通性,因而煤层具有较好的渗透性能。碎粒结构和糜棱结构的煤,由于强烈的挤压和揉皱作用使煤中的裂隙被压缩、扭曲、变形,加之煤粉和岩粉对裂隙的堵塞,使煤层的渗透性大大降低。宝鼎、乐威和广旺矿区煤体结构为原生结构-碎裂煤,煤层渗透性能最好;芙蓉、筠连、古叙和华蓥山矿区为碎粒-糜棱煤,煤层渗透性较差。

8.4.2　煤层气开发有利区块

根据四川省各主要矿区煤层气参数对比(表8-14),结合地质工作程度,在晚二叠世煤层选择2个矿区、晚三叠世煤层选择1个矿区评价为煤层气开发的有利区块。

表8-14　四川省主要矿区煤层气资源量综合评价一览表

矿区名称	纯煤厚度/m	测定最大瓦斯含量/(m³/t)	测定最大瓦斯压力/MPa	孔隙率/%	渗透性系数/(m/s)	最大吸附量(最大值/平均值)/(g/m²)	破坏类型	资源量/(10⁸ m³)	储量丰度/(10⁸ m³/km²)
芙蓉矿区	5.32	36.69	3.98	6.39	0.273	42.89/32.84	Ⅱ～Ⅳ	1209.90	1.26
筠连矿区	7.56	28.28	5.07	6.08	0.196	69.56/38.59	Ⅱ～Ⅳ	1315.98	1.21
古叙矿区	8.75	30.84	3.3	5.71	0.159	39.51/34.82	Ⅱ～Ⅳ	1925.33	1.00
华蓥山矿区	2.86	18.46	2.58	5.85	0.274	33.29/21.93	Ⅲ～Ⅴ	216.60	0.15
广旺矿区	0.40～5.82	16.95	2.5	3.38	0.322	—/21.85	Ⅰ～Ⅱ	70.73	0.11
乐威煤田	薄且不稳定	21.70	4.27	6.26	0.400	29.05/20.07	Ⅰ～Ⅱ	800.63	0.08
宝鼎矿区	56.89	23.25	1.1	10.1	0.415	31.63/21.61	Ⅰ～Ⅱ	154.50	1.01

由于川南煤田含气量较高,煤层赋存条件较好,控气有利,可选川南煤田作为煤层气资源开发的有利区块。但考虑到芙蓉矿区煤炭开发程度较大,煤层赋存条件好的区域受煤矿采动影响,瓦斯得到释放,故本次选择筠连矿区和古叙矿区作为四川煤层气开发的有利区块。

宝鼎矿区主要开采晚三叠系大荞地组,本区含煤层较多,煤层总厚度较厚,煤层瓦斯含气量较大,煤层气储量丰度高,煤层渗透性系数较高,煤体破坏程度相对于川南煤田低,确定宝鼎矿区作为四川煤层气开发的有利区块。

最终优选出古叙矿区、筠连矿区和宝鼎矿区三个煤层气开发有利区块。古叙矿区大村煤层气开发取得了试验成功,今后可将相关技术在川南煤田进一步试验并推广,以获得煤层气开发在川南地区的商业成功,成果可作为中国乃至世界高煤阶煤层气开发的经验。宝鼎矿区吨煤瓦斯含量并不算高,但煤层气存储特性有利于煤层气的开发,目前宝鼎矿区有局部区域已经进入高瓦斯区,且开采历史悠久,存在大量的采空区,煤层气资源量较为丰富,可在未采区与采空区试验地面开发煤层气,以解决宝鼎矿区日益严重的瓦斯问题。

8.5　煤层气勘探试验情况

8.5.1　石屏-大村井田煤层气勘探开发工程

（1）工程地质背景

石屏-大村井田煤层气勘探开发工程位于古蔺县城东,平距 37 km,行政区划属泸州市古蔺县石屏乡、大村镇、土城乡、丹桂镇和二郎镇所辖。勘查区面积 119.647 km²。构造位置位于叙永-筠连叠加褶皱带东部,区内褶皱一般背斜展布较宽,产状平缓,次级构造发育,构造较为复杂,向斜展布较狭窄,产状较陡立,次级构造较稀少,向斜形态较完整。勘查区块主体构造为二郎坝向斜。该向斜南西起于金台坝,有逆断层将石宝向斜与本向斜阻隔,向北东经水田寨、桑木坝、杨武坳、过赤水河进入贵州省境内,过二郎坝,止于洋化,轴线长约 46 km。向斜在桑木坝、赤水河、二郎坝一段倾伏,埋深较大,两端扬起,仰起角 5°～20°。向斜轴平面形态弯曲,南西段呈近南北向,向北东到桑木坝附近转折呈 N40°～60°E,至二郎坝附近又向北偏转,呈 N25°～35°E,整个形态平面上呈北东向的 S 形展布。向斜轴部最新地层为侏罗系中统沙溪庙组,两翼依次为三叠系、二叠系、志留系。向斜两翼地层产状不对称,形成斜歪向斜。向斜轴部较完整,断层较少,主要断层多发生在向斜转折端和北西翼(图 8-5)。

含煤地层龙潭组(P_3l)厚 66.00～118.05 m,平均 82.49 m,岩性为浅灰、灰、深灰、灰黑色薄至中厚层状泥岩、砂质泥岩、泥质粉砂岩、粉砂岩、细砂岩和煤、碳质泥岩等互层组成。底部与茅口组(P_2m)灰岩呈假整合接触,顶部与长兴组(P_3c)整合接触,含煤地层层内为连续沉积,系海陆交替相含煤建造。龙潭组含煤性较好,煤层层数多,主要煤层厚度较稳定,煤层夹矸多为 0～3 层,属简单结构。大村区块内共含煤 20 余层,可对比的有 9 层,由上而下编号依次为 C_{11}、C_{13}、C_{14}、C_{16}、C_{17}、C_{21}、C_{23}、C_{24}、C_{25}。可采煤层 7 层,编号依次为 C_{13}、C_{14}、C_{16}、C_{17}、C_{23}、C_{24}、C_{25}。煤层总厚(包括各种厚度的纯煤,不含夹矸)4.35～19.76 m,平均总厚 10.99 m,煤层厚度占含煤地层总厚的 6.35％～21.47％,平均 13.42％(图 8-6)。

（2）勘探试验历程

石屏-大村井田煤层气勘探试验历程如图 8-7 所示,勘探部署如图 8-8 所示。

评价选区、综合研究阶段(2001—2007 年):四川省煤田地质局自 1996 年起,相继开展"四川省煤层气资源评价""四川省煤层气开发利用研究""四川省川南煤田古叙矿区和筠连矿区煤层气参数井靶区选择研究""川南煤田古叙矿区石屏-大村井田煤层气储层研究与评价"等课题研究,2003 年及 2004 年在勘查区施工了 SPMT-1、CJMT-2 煤层气预探井。通过

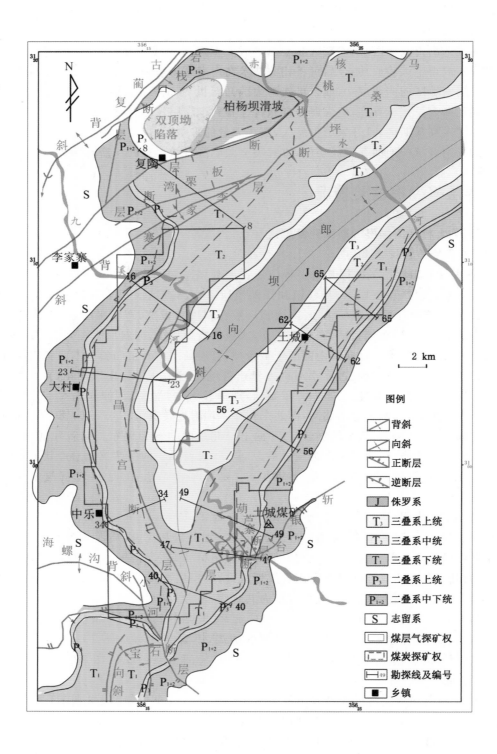

图 8-5　石屏-大村井田构造纲要示意图

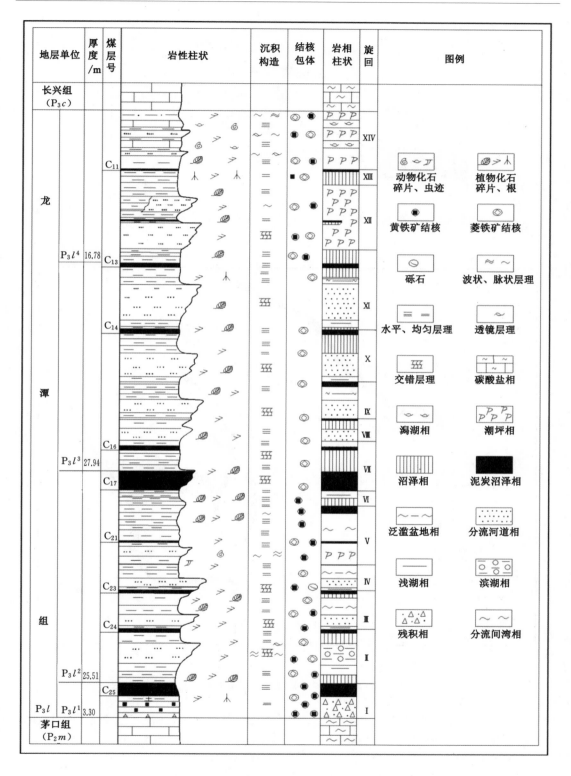

图 8-6 石屏-大村井田含煤岩系岩相柱状图

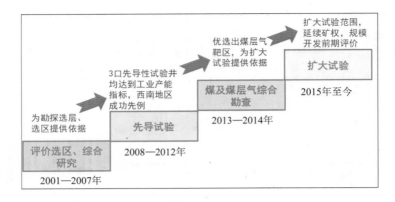

图 8-7　石屏-大村井田煤层气勘探开发历程图

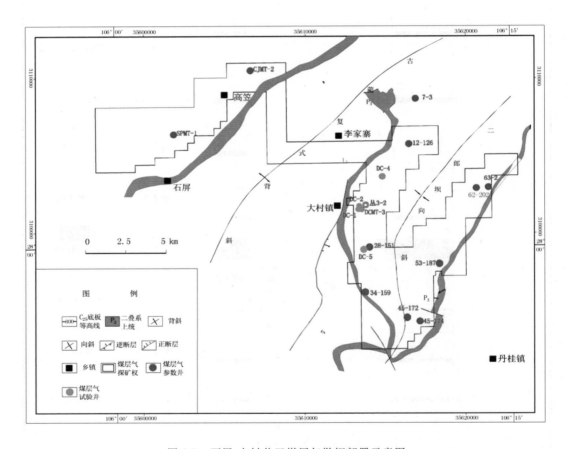

图 8-8　石屏-大村井田煤层气勘探部署示意图

评价、研究、预探井施工，掌握了川南煤层气赋存特征、资源状况，确定了二叠系龙潭组是煤层气的富集层位，为勘探选层、选区提供了依据。

先导试验阶段（2008—2012 年）：2007—2009 年，在本区施工 DC-1、DC-2、DCMT-3 三口煤层气先导性试验井（含参数井），抽采获得最高日产气近 2 000 m³，开创了四川省煤层气地面采气成功的先河。

煤及煤层气综合勘查阶段(2013—2014 年):在大村煤炭、煤层气综合勘查工作中部署煤炭钻孔 68 个、煤层气参数井 9 口,查明了区块内煤炭资源状况、煤层气储层特征及煤层气赋存规律、开发需要的主要参数,预算了煤层气资源量,优选出了煤层气勘探靶区,为下一步扩大试验提供了工作依据。

扩大试验阶段(2015 年至今):先后布置了 DC-4、DC-5、丛 3-2 煤层气试验井,为区块煤层气规模开发做准备。

本区块共计完成煤层气钻探进尺 11 513 m/17 井,煤层气综合测井 11 480.00 m/17 井,开展了相关测试、施工以及大量研究工作。

(3) 阶段成果与认识

① 基本明确了三大成藏主控因素

石屏-大村区块龙潭组是在海陆交互沉积背景上的三角洲沉积体系中形成的,煤层层数多,部分煤层厚度大,分布稳定,泥质含量高,煤层生气潜力大,有利于煤层气藏的形成,因此,本区成煤环境有利于煤层气的生成和保存。

大村井田范围内,褶曲构造是控制煤层气含量总体变化趋势的构造主控因素,向斜轴部是煤层气高含量区。煤层在地表有露头,存在风化带,煤层气通过煤层露头释放到大气中,东翼岩层倾角大,相对有利于煤层气的释放,所以,总体呈现出东翼煤层气含量较西翼低的分布态势。

龙潭组含煤岩系均以砂泥岩互层为主,含水性和地下水活动均较微弱,水文地质条件简单,有利于煤层气的保存和富集。但底板直接充水含水层茅口组顶部灰岩质纯,岩溶裂隙发育,存在较复杂的暗河管道系统,富水性强,水动力强,为岩溶裂隙-管道流强含水层,与煤系底部 C_{25} 煤层距离近(上距 C_{25} 煤层 0~15 m,一般 5.07 m),C_{25} 煤层煤层气通过岩溶裂隙或直接溶解于岩溶地下水而被运移、逸散,使 C_{25} 煤层虽有良好的生气条件,但煤层气(瓦斯)含量却较中、上部煤层低。茅口组岩溶水会对煤层中煤层气造成一定的逸散,但是由于在煤层之下有厚度不等的高岭石黏土岩隔层的保护,所以对煤层气的损失破坏有限。当有断层切割茅口灰岩含水层及含煤岩组时,会造成煤系地层与底板茅口含水层对接,会造成煤层气浓度及含气量降低。

② 煤层群(组)目标不变,并不断优化

本区层数多,单层厚度薄、资源丰度低,针对单层的煤层气地面开采将很难获得经济产量,采取合并多个煤层作为目的煤层的思路依然有助于提高单井产量和加快开发进度。C_{25} 煤层部分区域受茅口组水文地质条件影响,选层时有的放矢。

③ 煤储层物性特征研究不断深入

受沉积环境和构造运动的影响,煤储层主要呈现以下特征:主要煤层富集在龙潭组中至中下部煤层群中,全段含煤性较好,含煤系数为 19.1%~24.2%;煤岩以碎裂结构和原生结构为主,裂隙较发育至发育,连通性差至中等;煤层显微组分以镜质组为主,平均含量分别为 72.5%~82.7%,其次为惰质组;目的煤层的镜质体反射率为 2.79%~3.23%,为三号无烟煤;通过注入/压降法试井获得煤层的渗透率为 0.001~0.50 md,渗透性较差,且层间差别较大,非均质性强;区块储层压力梯度变化较大,其值变化于 5.0~12.3 kPa/m 之间,从低压储层到高压储层均有分布,但以常压储层为主。煤层气含量平均 18.50 m³/t,最高可达 37.65 m³/t。在剖面上,煤层含气量总体上:下部 C_{25} 煤层低,平均含气量梯度 2.28 m³/(t·100 m);中部

C_{24}、C_{23}、C_{17}煤层高,平均含气量梯度分别为 3.02 m³/(t·100 m)、3.07 m³/(t·100 m)、3.36 m³/(t·100 m);上部 C_{14}煤层[平均含气量梯度 2.58 m³/(t·100 m)]较高(图 8-9);原煤(空气干燥基,平衡温度 30 ℃)对 CH_4 的最大吸附能力为 31.15~39.16 m³/t,煤层吸附能力、储气能力较强;气测录井显示,煤层的全烃异常超过 40%,C_{17}煤层的全烃异常高达 83%,煤心出筒时各煤层能见到较多气泡,表明产气潜力较大。

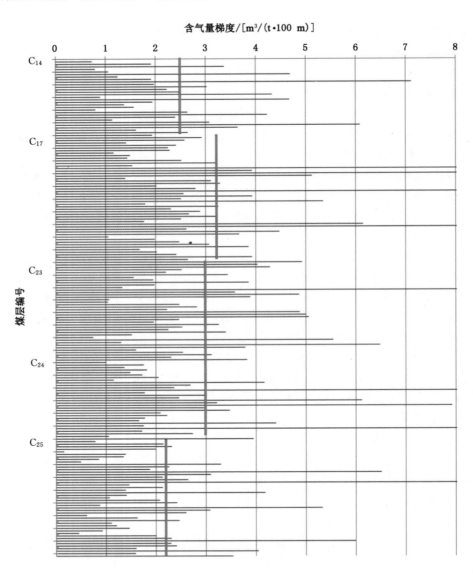

图 8-9　石屏-大村区块含气性垂向变化特征

　　研究结果表明,龙潭组煤储层为高含气性、低渗透和非均质性强的岩性封闭煤层气藏。同时各目的煤层的水分为 0.7%~1.10%,埋藏深度内处于贫水区,水流动范围小乃至不流动;且煤系地层为弱含水层,有利于煤层气的储存和富集。区块煤层层数多,变质程度高,含气量较高,煤储层 CH$_4$ 吸附量大,煤层埋深适中,煤体结构保存较完整,解吸时间短,有利于煤层气地面开发;但单层煤厚度薄、大倾角、低渗透率、高地应力等突出难点需采取有效措施加以应对。

④ 单井产气量差异较大

大村区块先导试验阶段施工的 3 口试验井(DC-1、DC-2、DCMT-3 井)产气量均达到了 500~1 000 m^3/d 的工业产能指标。特别是 DCMT-3 井,创造了当时西南地区煤层气直井最高产气量(1 692 m^3/d),稳产 1 000 m^3/d 超过 7 个月;累计产气 136 万 m^3。DCMT-3 井历史排采曲线如图 8-10 所示。2015 年,扩大试验阶段 DC-4、DC-5 井经排采试验单井产量为 200~500 m^3/d。同一区块,采用不同的煤储层改造工艺组合,同一压裂液体系产气效果差异较大。

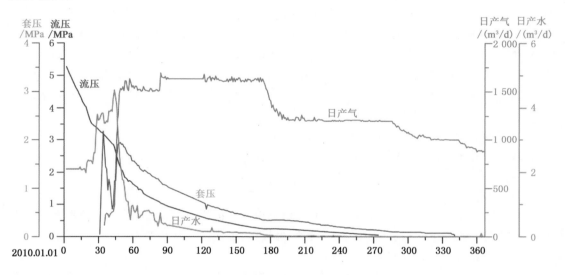

图 8-10　DCMT-3 井历史排采曲线

8.5.2　高县煤层气地面抽采试验工程

(1) 工程地质背景

工程位于四川省南部,行政区划处于宜宾市高县境内。构造位置位于珙长背斜北西倾伏端南西翼、青山背斜南东翼和罗场向斜北翼,地层倾向受珙长背斜、青山背斜和罗场向斜共同影响,地层倾伏向南,地层倾角较缓,在 5°~15°。

勘探试验的目标层位宣威组岩性主要为灰、深灰色泥岩、泥质粉砂岩、粉砂岩、黏土岩、细砂岩,夹数层灰岩和无烟煤。其中主要可采煤层有 4 层,分别为 C$_1$、C$_6$、C$_7$、C$_8$,C$_6$ 和 C$_7$ 常合并为 C$_{6+7}$,主要特征(图 8-11)如下:

C$_1$:灰黑色半暗型煤,以暗煤为主,中部夹较多亮煤条带,下部含少量丝炭;煤体结构为原生结构煤,条状带结构,层状构造;含夹矸 1~2 层,夹矸岩性为深灰色泥岩、砂质泥岩,平均净煤厚度 1.20 m。

C$_{6+7}$:灰黑色半暗-半亮型煤,上部为暗淡-半暗型煤,中部为半亮型煤,含较多亮煤及细条状镜煤,下部为半暗型煤;煤体结构为原生结构煤,线理状及细条状带结构,层状构造,一般不含夹矸,平均净煤厚度 3.25 m。

C_8：灰黑色、黑色半暗-半亮型煤，纵向上三分性明显，上、下部位为暗淡-半暗型煤，中部为半暗-半亮型煤；煤体结构为原生结构煤，细条带状结构，层状构造，一般不含夹矸，平均净煤厚度 1.65 m。

（2）勘探试验历程

2014 年至 2016 年 5 月，由中国地质调查局油气资源调查中心组织、四川省煤田地质工程勘察设计研究院负责实施四川南部地区煤层气地质调查工作，探索性地对四川南部地区上二叠统龙潭组/宣威组煤系非常规气（煤层气、页岩气和致密砂岩气）进行了系统调查，获取了煤层及顶底板泥页岩、砂岩的含气量、物性、有机质含量等关键参数，分析了煤系气地质条件，评价了煤系非常规天然气资源潜力，优选出高县区块为煤系气勘探开发有利区。

2016 年 5 月，为获取四川南部地区煤层气资源评价储层参数及产能参数，研究适应本区储层特征的煤层气压裂排采技术。以前期优选远景区高县区块为目标区，部署实施了川高地 1 井（地质调查井），该井钻探发现了开发条件良好的煤层、资源潜力优越的煤系泥岩和首次发现了飞仙关组 1 000 m 以浅含气层。2016 年 12 月，在川高地 1 井实施了川高参 1 井获取宣威组煤层产能，该井通过含气性地层测试，获得了高产煤层气流，最高日产气量 8 307 m^3，稳产 6 000 m^3/d 以上 75 天，创下中国南方地区煤层气直井单井最高日产气量和最高稳产气量。

2017 年 6 月，在川高参 1 井深部部署了川高参 2 井（图 8-12），探索适用于川南地区的煤系地层煤层气、页岩气和致密砂岩气的"三气"合采技术提供依据。

（3）阶段成果与认识

① 勘探发现三套不同类型含气层

川高地 1 井、川高参 1 井成功钻遇了开发条件良好的煤层、资源前景优越的煤系泥岩层和首次发现飞仙关组 1 000 m 以浅致密砂岩含气层，证实了该区煤系"三气"资源前景优越。

a. 钻遇煤层气开发条件良好的煤层

钻遇煤层厚度大、相对集中，煤体结构完整，煤层气含气量较高（10.64～18.11 m^3/t，平均 13.69 m^3/t），气测异常幅度大，总烃及甲烷峰值高，气体组分甲烷含量 95% 以上，而且有利于储层改造，煤层气开发条件良好。

b. 发现资源前景优越的煤系泥岩层

川高地 1 井在 C_{6+7} 煤层之上（678～692.7 m，厚 14.7 m）钻遇 C_5 煤层段（图 8-13），主要为煤系泥岩，泥岩资源前景优越。

该段煤层厚 0.5 m，为黑色暗淡型煤，暗煤为主，少量镜煤条带，煤体结构为原生结构，割理不发育；气测录井全烃峰值 33.27%，峰基比 19.23；现场解吸含气量 8.78 m^3/t，含气量较高。C_5 煤层上、下发育约 15 m 的颜色深、连续厚度较大的深灰色和灰黑色泥岩、粉砂质泥岩、泥质粉砂岩和粉砂岩。现场解吸泥岩含气量 0.14～6.45 m^3/t，平均 2.85 m^3/t；气测显示小幅度异常；TOC 含量高，介于 1.35%～10.38%，平均 5.29%；矿物组分中脆性矿物含量较高，含量 53.0%～73.0%，平均 62%，黏土矿物含量 27.0%～47.0%，平均 38.0%，利于储层改造，煤系泥岩具有优越的资源前景和开发条件。

c. 首次发现飞仙关组 1 000 m 以浅致密砂岩含气层

川高地 1 井在飞仙关组一段发现 5 层共 7.2 m 气测异常，异常总烃峰值 12.82%～18.44%，C_1 峰值 12.03%～17.41%，且钻探过程中发生气侵，气测异常段岩性为灰绿色泥质

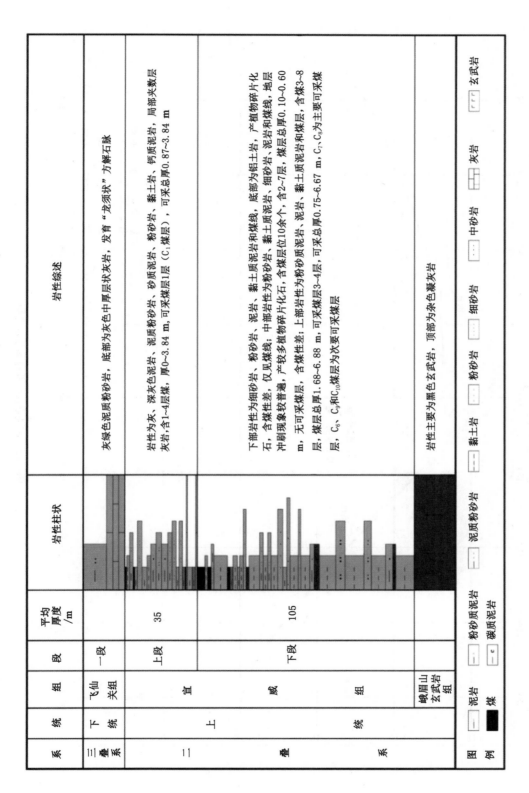

系	统	组	段	平均厚度/m	岩性柱状	岩性综述
三叠系	下统	飞仙关组	一段			灰绿色泥质粉砂岩，底部为灰色中厚层状灰岩，发育"龙须状"方解石脉
二叠系	上统	宣威组	上段	35		岩性为灰、深灰色泥岩、泥质粉砂岩、砂质泥岩、粉砂岩、钙质泥岩、黏土岩、局部夹数层灰岩，含1~4层煤，厚0~3.84 m，可采煤1层（C_1煤层），可采总厚0.87~3.84 m
			下段	105		下部岩性为细砂岩、粉砂岩、泥岩、黏土质泥岩和煤线，底部为铝土岩，产植物碎片化石，含煤性差，仅见煤线；中部岩性为粉砂岩、细砂岩、泥质泥岩和煤线，地层冲刷现象较普遍，产较多植物碎片化石，含煤层位10余个，含2~7层，煤层总厚0.10~0.60 m，无可采煤层；上部岩性为粉砂质泥岩、泥岩、黏土质泥岩和煤层，含煤3~8层，煤层总厚1.68~6.88 m，可采煤层3~4层，可采总厚0.75~6.67 m，C_7、C_8为主要可采煤层，C_6、C_9和C_{10}煤层为次要可采煤层
		峨眉山玄武岩组				岩性主要为黑色玄武岩，顶部为杂色凝灰岩

图例：玄武岩　灰岩　中砂岩　细砂岩　粉砂岩　黏土岩　泥质粉砂岩　粉砂质泥岩　碳质泥岩　泥岩　煤

图8-11　煤系地层综合柱状图

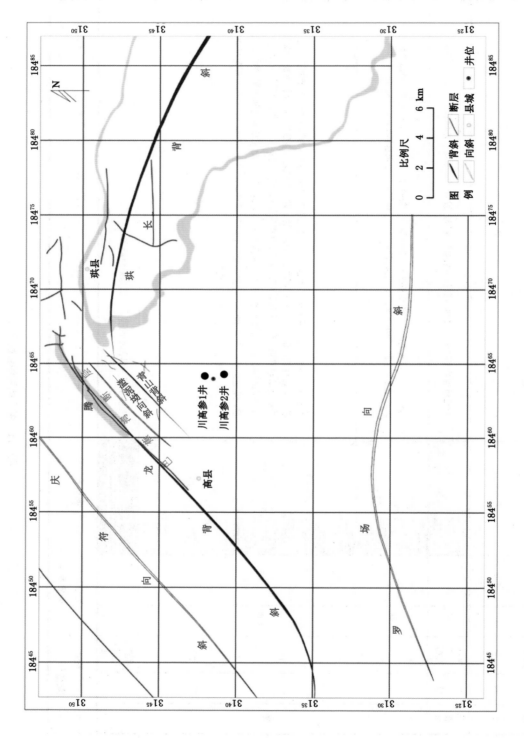

图8-12 高县煤层气井位布置示意图

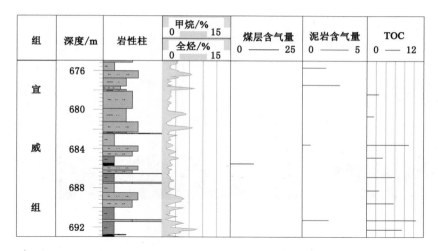

图 8-13　川高地 1 井 C_5 煤层段柱状图

粉砂岩和粉砂质泥岩。川高参 1 井飞仙关组一段气测异常 2 层共 19.6 m,气测异常总烃峰值 13.78％和 17.00％,峰基比 15.12 和 12.19。这是四川南部地区首次在 1 000 m 以浅发现飞仙关组含气地层(图 8-14)。

② 优选目标层段开展含气性地层测试,取得重大突破

川高参 1 井优选目标层位 $C_{6+7}＋C_8$ 煤层开展了含气性地层测试,于 2017 年 4 月 1 日通过控制流量和井口压力下降速度放溢流,至 5 月 7 日放溢流结束。5 月 12 日装抽结束,经试抽期确定排采制度为流压日降幅 30~50 kPa,经过短暂稳定压降期后于 6 月 8 日见套压,煤层开始解吸,煤层见气周期短,临界解吸压力高,解吸压力 5.8 MPa,且套压快速增长,于 72 h 内套压增长至 3.5 MPa。6 月 12 日开始产气,产气量增长速度快,呈线性增长,6 月 24 日产气量突破 1 000 m^3(1 011 m^3),达到工业气流标准,且产量持续呈线性快速增长,最高日产气量达 8 307 m^3,稳产 6 000 m^3/d 以上 75 天;至 2018 年 4 月,产气 10 个月累产气量达到 1.35×10^6 m^3,平均日产气量 4 500 m^3。

川高参 1 井创新南方地区煤层气单直井最高日产气量和最高稳产气量,提振了中国南方煤层气产业的信心,对推动南方地区煤层气勘查评价与开发利用具有重要意义,此外更是助推了四川省煤炭企业转型发展步伐,促进了当地经济发展,成为乌蒙山地区精准扶贫的重要突破口。

8.5.3　沐爱井田

(1)工程地质背景

沐爱井田位于四川盆地南缘、云贵高原北麓川滇两省接合部,区块内宣威组无烟煤富集,是四川省最具开发潜力的煤层气区块之一,含煤地层为二叠系上统宣威组,发育煤层 4~6 层,纯煤单层厚度小于 3 m,煤层累计厚度 4~8 m,分为 $C_2＋C_3$ 煤层组和 $C_7＋C_8$ 煤层组。$C_2＋C_3$ 煤层底板埋深一般为 291.80~846.68 m,$C_7＋C_8$ 煤层埋深一般为 315.81~875.12 m。

(2)勘探开发历程

2010 年 12 月,中石油浙江油田分公司在昭 104 井(筠连县沐爱镇沿河村)钻探过程中,

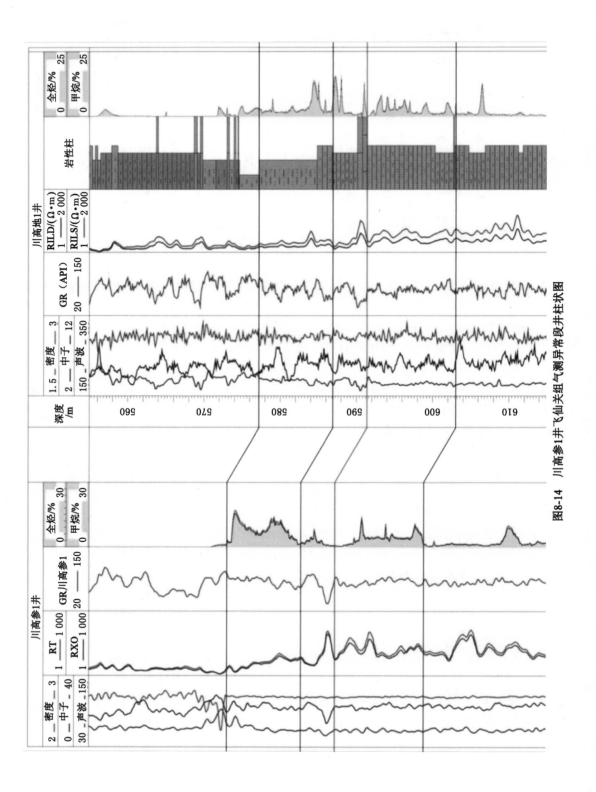

图8-14　川高参1井飞仙关组气测异常常段井柱状图

发现宣威组含煤地层强烈气测异常,根据气测显示,共发现 4 层主力可采煤层,总厚度约 10 m,煤体结构为原生结构。2011 年 8 月,施工的 YSL1 井(筠连县沐爱镇尧坝村)完钻井深 770 m,对宣威组 C_7 煤层进行了压裂改造,连续排水 39 天以后见气,经过半年多时间排采,日产气量稳定在 1 500 m^3 左右,显示了较好的勘探前景。

2013 年 2 月,中石油浙江油田分公司在筠连、珙县、威信、彝良等地区的宣威组目的地层实施二维地震测线 26 条,测线长度为 306.51 km,老二维资料重新处理 17 条 277 km,三维地震 102 km^2。根据二维及三维地震情况,在筠连、蒿坝、叙永、威信、镇雄、赫章等区块布置了煤层气评价井,进行全区评价,优选了沐爱井田为煤层气核心目标有利区。

2014 年,开始 2 亿 m^3/a 煤层气勘探开发一体化建设。2016 年 7 月,沐爱井田核心区共完成 337 口生产井,开采层位为 C_7＋C_8 煤层,288 口见气点火,平均单井产气 818 m^3/d,其中产气量高于 2 000 m^3/d 的气井 23 口,产气量在 1 000～2 000 m^3/d 的气井 56 口,产气量低于 1 000 m^3/d 的气井 209 口。2016 年完成"筠连区块 2 亿 m^3/a 煤层气勘探开发一体化方案"项目,累计完成钻井共计 354 口,其中评价井 60 口、煤层气开发井组 59 个/294 口,平均单井产量 800 m^3/d。截至 2017 年年底,沐爱井田煤层气开发区块建成产能 2.5 亿 m^3,年产气量达到 1 亿 m^3。沐爱井田煤层气井井位分布如图 8-15 所示。

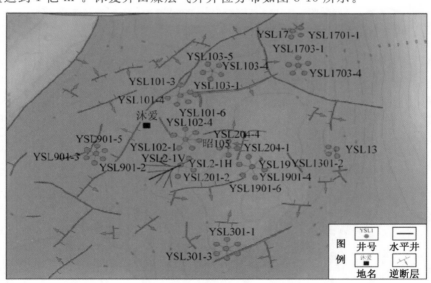

图 8-15　沐爱井田煤层气井井位分布

(3) 阶段成果与认识

① 煤层气地质条件优越,具备较好资源勘探开发潜力

区内主力煤层构造稳定,埋藏适中,地质保存条件较好。煤岩演化程度高,镜质体反射率介于 2.6%～3.5%,为高阶无烟煤。煤层层数多,主力煤层相对集中。煤岩吸附气体能力强,平均含气量约 15 m^3/t,含气饱和度高(介于 53%～94%),区域气井的临界解吸压力普遍较高,地解压差小,临储比在 0.5～1.0 之间,有利于气体解吸产出。

② 煤层气富集高产规律认识

沐爱井田主体构造为沐爱向斜,该向斜核部地质条件较为稳定,煤层气藏不容易被破坏,因而易形成富集区,形成宽缓向斜富气模式。该模式具有以下特征:构造较为简单平缓,发育断层少或发育少量逆断层,地层倾角相对较小($<10°$),向斜核部具有储层压力梯度大(>0.9 MPa/100 m)、煤层含气量大(>16 m³/t)、含气饱和度高($>85\%$)等特点;岩性组合有利,沉积环境为障壁海岸沉积体系,潮坪沉积相,区域性泥岩盖层发育,直接顶底板岩性多为泥岩;水文环境稳定,位于滞流-弱径流区域,地下水势能高,水动力运移缓慢,溶解作用弱,散失小,水型为 Na-HCO₃ 型。

分析产能控制因素,认为气藏丰度、地层压力、储层物性对沐爱井田的高产有明显的控制作用,即地层能量充足、物性好的富集区易获得高产。

③ 智能精细化排采技术及管控模式

通过引入排采规律指导下的智能排采专用设备,落实煤层气"连续、稳定、缓慢、长期"的排采原则和精细化排采技术路线,针对煤储层特点及煤层气井生产规律,精细划分为排水降压期、憋压期、控压提产期、稳产期、产量递减期等 5 个排采阶段,系统分析各阶段生产特征及排采风险,总结出了"五分技术攻关、三分管理创新、两分多专业融合"的煤层气管控模式,制定出合理的排采制度和管控办法,依托智能化设备实现了精细排采管控,从而降低了储层伤害,提高了单井产量,提升了管理效率,促进了该区煤层气的高效开发。

参 考 文 献

[1] 陈竹新,李伟,王丽宁,等.川西北地区构造地质结构与深层勘探层系分区[J].石油勘探与开发,2019,46(2):397-408.

[2] 程裕淇.中国区域地质概论[M].北京:地质出版社,1994.

[3] 邓全,邱有前.四川省煤层气资源概况及勘探开发前景评述[J].四川地质学报,2004,24(1):9-12.

[4] 杜金虎,徐春春,魏国齐.四川盆地须家河组岩性大气区勘探[M].北京:石油工业出版社,2011.

[5] 范慧达,何登发,张旭亮.川东北部异常流体压力对构造变形的控制作用[J].新疆石油地质,2018,39(3):285-295.

[6] 傅家谟,刘德汉,盛国英.煤成烃地球化学[M].北京:科学出版社,1990.

[7] 傅雪海,陆国桢.测井曲线在预测煤与瓦斯突出中的作用[J].中国煤田地质,1998,10(S1):82-83.

[8] 郭正吾,邓康龄,韩永辉,等.四川盆地形成与演化[M].北京:地质出版社,1996.

[9] 何丽娟,许鹤华,刘琼颖.前陆盆地构造-热演化:以龙门山前陆盆地为例[J].地学前缘,2017,24(3):127-136.

[10] 胡明,沈昭国.四川盆地东北部构造式样分析及天然气勘探方向[J].天然气地球科学,2005,16(6):706-709.

[11] 黄汲清,任纪舜,姜春发,等.中国大地构造及其演化[M].北京:科学出版社,1980.

[12] 蒋炳铨.川东一带隔挡、隔槽式褶皱形成力学机制[J].四川地质学报,1984(2):58-59.

[13] 焦作矿业学院瓦斯地质研究室.瓦斯地质概论[M].北京:煤炭工业出版社,1990.

[14] 康玉柱,王宗秀,李会军.四川盆地构造体系控油作用研究[M].北京:地质出版社,2014.

[15] 李春昱,郭令智,朱夏.板块构造基本问题[M].北京:地震出版社,1986.

[16] 李洪奎.四川盆地地质结构及叠合特征研究[D].成都:成都理工大学,2020.

[17] 李洪奎,李忠权,龙伟,等.四川盆地纵向结构及原型盆地叠合特征[J].成都理工大学学报(自然科学版),2019,46(3):257-267.

[18] 李忠权,冉隆辉,陈更生,等.川东高陡构造成因地质模式与含气性分析[J].成都理工学院学报,2002,29(6):605-609.

[19] 罗志立.龙门山造山带的崛起和四川盆地的形成与演化[M].成都:成都科技大学出版社,1994.

[20] 马杏垣.解析构造学[M].北京:地质出版社,2004.

[21] 沈传波,梅廉夫,徐振平,等.四川盆地复合盆山体系的结构构造和演化[J].大地构造与

成矿学,2007,31(3):288-299.

[22] 四川省地质矿产局.四川省区域地质志[M].北京:地质出版社,1991.

[23] 孙博,邓宾,刘树根,等.多期叠加构造变形与页岩气保存条件的相关性:以川东南焦石坝地区为例[J].成都理工大学学报(自然科学版),2018,45(1):109-120.

[24] 唐永,周立夫,陈孔全,等.川东南构造应力场地质分析及构造变形成因机制讨论[J].地质论评,2018,64(1):15-28.

[25] 庹秀松,陈孔全,罗顺社,等.四川盆地东南缘齐岳山断裂构造特征与页岩气保存条件[J].石油与天然气地质,2020,41(5):1017-1027.

[26] 王志勇,康南昌,李明杰,等.四川盆地川东地区滑脱构造特征[J].石油地球物理勘探,2018,53(S1):276-286,18.

[27] 徐凤银,朱兴珊,王桂梁,等.芙蓉矿区古构造应力场及其对煤与瓦斯突出控制的定量化研究[J].地质科学,1995,30(1):71-84.

[28] 徐凤银,朱兴珊,魏铭康,等.芙蓉矿区煤层气赋存与突出的构造控制及防治[M].成都:电子科技大学出版社,1994.

[29] 徐锡惠,陈忠恕,梁万林,等.四川省煤炭赋存规律与资源预测[M].北京:科学出版社,2015.

[30] 徐兴国,夏宗实.四川东部晚二叠世近海煤田地质特征及聚集规律[M].成都:四川教育出版社,1990.

[31] 许光.四川盆地东北缘三叠纪构造体制转换与多种能源矿产成藏(矿)特征研究[D].北京:中国地质大学(北京),2019.

[32] 颜照坤,王绪本,李勇,等.龙门山构造带深部动力学过程与地表地质过程的耦合关系[J].地球物理学报,2017,60(7):2744-2755.

[33] 杨帆,胡烨,罗开平,等.中国中西部地区关键构造变革期次及变形特征[J].石油实验地质,2019,41(4):475-481.

[34] 杨金赫.盆-山转换带构造变形特征及成因机制:以四川盆地东南部桑木场背斜为例[J].石油与天然气地质,2021,42(2):416-429.

[35] 杨起,韩德馨.中国煤田地质学(上下册)[M].北京:煤炭工业出版社,1979.

[36] 尹中山.川南煤田古叙矿区煤层气勘探选层的探讨[J].中国煤炭地质,2009,21(2):24-27.

[37] 尹中山,徐锡惠,李茂竹,等.四川省煤层气勘探开发工作进展与建议[J].天然气工业,2009,29(10):14-16.

[38] 于冬冬,汤良杰,余一欣,等.川西和川东北地区差异构造演化及其对陆相层系天然气成藏的影响[J].现代地质,2016,30(5):1085-1095.

[39] 张浩然,姜华,陈志勇,等.四川盆地及周缘地区加里东运动幕次研究现状综述[J].地质科技通报,2020,39(5):118-126.

[40] 张建东,胡世华,秦宇龙,等.四川省地质构造与成矿[M].北京:科学出版社,2015.

[41] 张子敏.瓦斯地质学[M].徐州:中国矿业大学出版社,2009.

[42] 张子敏,吴吟.中国煤矿瓦斯地质规律及编图[M].徐州:中国矿业大学出版社,2014.

[43] 张子敏,张玉贵.瓦斯地质规律与瓦斯预测[M].北京:煤炭工业出版社,2005.

［44］中国煤田地质总局.黔西川南滇东晚二叠世含煤地层沉积环境与聚煤规律［M］.重庆：
重庆大学出版社,1996.

［45］周世宁,林柏泉.煤层瓦斯赋存与流动理论［M］.北京:煤炭工业出版社,1999.

附　录

附　表

附表　四川省煤矿基本情况表（截止到 2020 年 3 月）

序号	煤矿名称	采煤工作面回采工艺	矿井瓦斯等级	水文地质条件	煤层自然发火性	工业广场地址
1	荣县(荣威集团)成大煤业有限公司阳沟河煤矿	高档普采	低瓦斯	中等	不易自燃	四川省自贡市荣县东兴镇老君坝村三组
2	荣县达源山实业有限公司双马凼煤矿	炮采	低瓦斯	简单	不易自燃	四川省自贡市荣县长山镇光辉村六组
3	荣县大林坝煤业有限公司大林坝煤矿	炮采	高瓦斯	中等	不易自燃	四川省自贡市荣县度佳镇高湾村四组
4	荣县三倒拐煤业有限责任公司三倒拐煤矿	炮采	低瓦斯	中等	不易自燃	四川省自贡市荣县旭阳镇钟华嘴村四组
5	荣县双庆矿业有限公司顺利煤矿	综采	高瓦斯	中等	不易自燃	四川省自贡市荣县双古镇白云桥村
6	荣县鑫鑫煤矿	炮采	低瓦斯	中等	不易自燃	四川省自贡市荣县留佳镇老祠村九组
7	荣县燕窝煤业有限公司荣县鹰窝沟煤矿	炮采	低瓦斯	中等	不易自燃	四川省自贡市荣县铁厂镇三台村三组
8	荣县一碗水煤矿	高档普采	低瓦斯	简单	不易自燃	四川省自贡市荣县旭阳镇一碗水村九组
9	四川弘鑫矿业有限公司荣县新胜煤矿	高档普采	高瓦斯	复杂	不易自燃	四川省自贡市荣县保华镇五皇村十二组
10	自贡市天宇实业有限公司度新煤矿度新井	炮采	高瓦斯	中等	不易自燃	四川省自贡市荣县度佳镇鸭子凼村八组
11	自贡市天宇实业有限公司青草煤矿(生产矿扩能)	高档普采	高瓦斯	中等	不易自燃	四川省自贡市荣县高山镇卷子坪村五组
12	攀枝花煤业(集团)有限责任公司大宝顶煤矿	综采+炮采	高瓦斯	中等	不易自燃	四川省攀枝花市西区干巴塘
13	攀枝花煤业(集团)有限责任公司花山煤矿	综采	高瓦斯	中等	不易自燃	四川省攀枝花市西区陶家渡花山中路 11 号

序号	煤矿名称	采煤工作面回采工艺	矿井瓦斯等级	水文地质条件	煤层自然发火性	工业广场地址
14	四川川煤华荣能源股份有限公司太平煤矿	综采+炮采	低瓦斯	中等	不易自燃	四川省攀枝花市西区太平南路三村
15	四川川煤华荣能源股份有限公司小宝鼎煤矿	综采	高瓦斯	简单	不易自燃	四川省攀枝花市西区
16	攀枝花恒鼎煤业有限公司绿环煤矿	炮采	低瓦斯	中等	不易自燃	四川省攀枝花市仁和区前进乡永胜村大湾子社
17	攀枝花立祥工贸有限责任公司茅草湾煤矿	炮采	低瓦斯	中等	不易自燃	四川省攀枝花市仁和区太平乡新花山村新花山社
18	攀枝花市安采工贸有限公司兴隆煤矿	炮采	低瓦斯	中等	不易自燃	四川省攀枝花市仁和区太平乡灰嘎村河口社
19	攀枝花市炳德工贸有限责任公司何家屋基煤矿	炮采	低瓦斯	中等	不易自燃	四川省攀枝花市仁和区前进乡胜利村学校社
20	攀枝花市川源矿业有限责任公司东宝煤矿	炮采	低瓦斯	简单	不易自燃	四川省攀枝花市仁和区前进镇田堡村和平社
21	攀枝花市春福工贸有限责任公司胜利煤矿	炮采	高瓦斯	中等	不易自燃	四川省攀枝花市仁和区前进镇胜利村平田社
22	攀枝花市会兴工贸有限责任公司张家湾煤矿	炮采	低瓦斯	简单	不易自燃	四川省攀枝花市仁和区务本乡八村一社
23	攀枝花市建海工贸有限责任公司老熊箐煤矿	高档普采	低瓦斯	中等	不易自燃	四川省攀枝花市仁和区太平乡河边村干坝塘社
24	攀枝花市禄民工贸有限责任公司灰甫煤矿	炮采	低瓦斯	中等	不易自燃	四川省攀枝花市仁和区太平乡花山村云盘社
25	攀枝花市帅普工贸灰嘎河口煤矿	炮采	高瓦斯	中等	不易自燃	四川省攀枝花市仁和区太平乡灰嘎村灰嘎社
26	攀枝花市沿江实业有限责任公司(田堡煤矿)二矿	炮采	低瓦斯	中等	不易自燃	四川省攀枝花市仁和区前进乡学校社
27	四川恒鼎实业有限公司大河沟煤矿大河沟井	炮采	低瓦斯	中等	不易自燃	四川省攀枝花市仁和区务本乡垭口村炭山社
28	攀枝花龙蟒煤业有限责任公司朱窝子矿井	炮采	低瓦斯	简单	不易自燃	四川省攀枝花市盐边县红果彝族乡岔河一村
29	攀枝花三维红圫矿业有限责任公司滑石板煤矿	炮采	高瓦斯	简单	不易自燃	四川省攀枝花市盐边县红果彝族乡岔河村二社
30	攀枝花三维红圫矿业有限责任公司卷子坪煤矿	炮采	高瓦斯	简单	不易自燃	四川省攀枝花市盐边县红果彝族乡岔河村二社
31	攀枝花三维红圫矿业有限责任公司赵家湾煤矿	炮采	高瓦斯	中等	不易自燃	四川省攀枝花市盐边县红果彝族乡红果村一社

序号	煤矿名称	采煤工作面回采工艺	矿井瓦斯等级	水文地质条件	煤层自然发火性	工业广场地址
32	盐边县丰源煤业有限责任公司红坭丰源煤矿	炮采	低瓦斯	简单	不易自燃	四川省攀枝花市盐边县红果彝族乡岔河村一社
33	盐边县恒辉煤业有限责任公司三滩煤矿公主井	炮采	高瓦斯	简单	不易自燃	四川省攀枝花市盐边县红果彝族乡三滩村四社
34	盐边县红坭永生炭业有限责任公司大湾子煤矿	炮采	低瓦斯	中等	不易自燃	四川省攀枝花市盐边县红果彝族乡花地村一社
35	盐边县红坭永生炭业有限责任公司马草湾煤矿	炮采	低瓦斯	中等	不易自燃	四川省攀枝花市盐边县红果彝族乡花地村三社
36	盐边县金谷煤业有限责任公司梨树湾矿井	炮采	低瓦斯	中等	不易自燃	四川省攀枝花市盐边县红果彝族乡三滩村一社
37	盐边县金谷煤业有限责任公司1井	炮采	高瓦斯	中等	不易自燃	四川省攀枝花市盐边县红果彝族乡三滩村一社
38	盐边县金隆煤业有限责任公司金隆煤矿	炮采	高瓦斯	中等	不易自燃	四川省攀枝花市盐边县红果彝族乡三滩村一社
39	泸县富银煤矿有限公司	高档普采	低瓦斯	中等	不易自燃	四川省泸州市泸县石桥镇银朝村六社
40	泸县鑫福煤业有限公司堆金湾煤矿	高档普采	高瓦斯	中等	不易自燃	四川省泸州市泸县得胜镇桐乐村
41	泸县鑫福煤业有限公司狐狸坡煤矿	高档普采	高瓦斯	中等	不易自燃	四川省泸州市泸县石桥镇银朝村
42	泸县玄滩长沙庙煤矿	高档普采	高瓦斯	中等	不易自燃	四川省泸州市泸县石桥镇红山村
43	泸州锦运煤业有限公司朱洞煤矿	高档普采	高瓦斯	中等	不易自燃	四川省泸州市泸县得胜镇门斗山村二社
44	泸州远大煤业有限公司泸县远大煤矿	高档普采	高瓦斯	中等	不易自燃	四川省泸州市泸县喻寺镇桐兴中山村
45	泸州永宁矿产有限公司刁林沟煤矿	高档普采	高瓦斯	中等	不易自燃	四川省泸州市叙永县震东镇落业村
46	四川省威达煤业有限责任公司威鑫煤矿	高档普采＋炮采	突出	中等	不易自燃	四川省泸州市叙永县正东镇
47	四川省叙永煤矿	综采＋炮采	突出	中等	不易自燃	四川省泸州市叙永县正东镇
48	叙永县河源矿业有限责任公司后山天池煤矿	高档普采	高瓦斯	复杂	不易自燃	四川省泸州市叙永县后山镇河源村四社
49	叙永县佳源矿业有限公司	高档普采	高瓦斯	复杂	不易自燃	四川省泸州市叙永县正东镇伏龙村五社

序号	煤矿名称	采煤工作面回采工艺	矿井瓦斯等级	水文地质条件	煤层自然发火性	工业广场地址
50	叙永县新房子矿业有限公司新房子煤矿	高档普采	高瓦斯	中等	不易自燃	四川省泸州市叙永县后山镇后山村五社
51	叙永县营山乡金沙煤厂	炮采	高瓦斯	中等	不易自燃	四川省泸州市叙永县营山乡金沙村一社
52	叙永鑫福煤业有限公司灯盏坪煤矿	高档普采	高瓦斯	中等	不易自燃	四川省泸州市叙永县正东镇永兴村三社
53	叙永鑫福煤业有限公司后山煤矿	高档普采	高瓦斯	中等	不易自燃	四川省泸州市叙永县后山镇丰收村五社
54	川南煤业泸州古叙煤电有限公司石屏一矿	综采	突出	极复杂	不易自燃	四川省泸州市古蔺县石屏乡
55	古蔺煤矿有限责任公司古蔺煤矿东段	高档普采	突出	中等	不易自燃	四川省泸州市古蔺县石屏乡向顶村一组
56	古蔺煤矿有限责任公司古蔺煤矿西段	高档普采	突出	中等	不易自燃	四川省泸州市古蔺县石屏乡苍湾村三组
57	古蔺县大村镇四通煤厂	炮采	高瓦斯	中等	不易自燃	四川省泸州市古蔺县大村镇欢乐村二组
58	古蔺县宏达煤业有限责任公司	高档普采	突出	简单	不易自燃	四川省泸州古蔺县太平镇
59	古蔺县宏能实业箭竹坪煤矿	高档普采	高瓦斯	复杂	不易自燃	四川省泸州古蔺县箭竹乡团结村
60	古蔺县建兴煤业有限公司建兴煤矿	炮采	高瓦斯	中等	不易自燃	四川省泸州市古蔺县水口镇庙山村三社
61	古蔺县青龙嘴煤矿有限责任公司青龙嘴煤矿	炮采	突出	复杂	不易自燃	四川省泸州市古蔺县太平镇明水村十一社
62	古蔺县三和煤业有限公司田湾煤矿	高档普采	突出	中等	不易自燃	四川省泸州市古蔺县太平镇富和村一组
63	古蔺县石宝镇隆石煤矿	高档普采	低瓦斯	中等	不易自燃	四川省泸州市古蔺县石宝镇双湾村四社
64	古蔺县水口镇五龙煤矿	炮采	高瓦斯	中等	不易自燃	四川省泸州市古蔺县水口镇青龙村三社
65	古蔺县榆新煤业有限责任公司榆新煤厂	高档普采	低瓦斯	中等	不易自燃	四川省泸州市古蔺县箭竹乡富华村
66	泸州金星煤业有限公司古蔺县盛隆煤矿	高档普采	低瓦斯	中等	不易自燃	四川省泸州市古蔺县大村镇杨华村六组
67	四川省古叙煤田观沙煤业有限责任公司古叙矿区观文煤矿	综采	突出	复杂	不易自燃	四川省泸州市古蔺县观文镇

附表（续）

序号	煤矿名称	采煤工作面回采工艺	矿井瓦斯等级	水文地质条件	煤层自然发火性	工业广场地址
68	广元市大王沟煤矿	炮采	低瓦斯	中等	不易自燃	四川省广元市利州区河西郑家沟村六组
69	广元市地德矿业有限责任公司凉水泉煤矿	综采	低瓦斯	简单	不易自燃	四川省广元市中区河西办事处白山村二组
70	广元市衡发矿业有限公司新民煤矿（荣山镇新民煤矿）	炮采	低瓦斯	中等	不易自燃	四川省广元市利州区荣山镇二重岩村
71	广元市金琰煤业有限责任公司金琰煤矿（原市中区通达煤矿）	炮采	低瓦斯	简单	不易自燃	四川省广元市利州区河西杨柳村七组
72	广元市荣和矿业有限公司李家碥一矿	高档普采	低瓦斯	中等	不易自燃	四川省广元市市中区荣山镇田湾村四组
73	广元市三军煤业有限责任公司三军煤矿	高档普采	低瓦斯	简单	不易自燃	四川省广元市市中区荣山镇高坑村五组
74	广元市市中区从容煤矿	高档普采	低瓦斯	中等	不易自燃	四川省广元市市中区荣山镇田湾村
75	广元市市中区大石镇前哨张家河煤矿	炮采	低瓦斯	中等	不易自燃	四川省广元市市中区大石镇前哨村一组
76	广元市天道煤业有限公司金珠煤矿（原三堆镇午凤村煤矿）	炮采	低瓦斯	复杂	不易自燃	四川省广元市市中区三堆镇午凤村
77	广元市锋力煤业有限公司	高档普采	低瓦斯	中等	不易自燃	四川省广元市元坝区中梁村五社
78	广元市朝天区蒲家乡新山煤矿	炮采	低瓦斯	简单	不易自燃	四川省广元市朝天区蒲家乡元西村
79	广元市朝天区屋基坪矿业有限公司（原朝天区西北乡屋基坪煤矿）	炮采	低瓦斯	中等	不易自燃	四川省广元市朝天区西北乡龙凤村
80	广元市德宇矿业有限公司乌木沱煤矿	炮采	低瓦斯	中等	不易自燃	四川省广元市朝天区西北乡关口村
81	广元矿鑫能源有限责任公司旺苍黄家沟煤矿（二井）	炮采	低瓦斯	中等	不易自燃	四川省广元市旺苍县东河镇双农村
82	广元市辉煌煤业有限公司尚武煤矿	炮采	低瓦斯	中等	不易自燃	四川省广元市旺苍县尚武镇胜利村
83	广元市碗厂河煤业有限责任公司	炮采	低瓦斯	中等	不易自燃	四川省广元市旺苍县三江镇桃红村七社
84	广元市小溪沟煤业有限公司（小溪沟煤矿）	炮采	低瓦斯	中等	不易自燃	四川省广元市旺苍县三江镇花园村十社

序号	煤矿名称	采煤工作面回采工艺	矿井瓦斯等级	水文地质条件	煤层自然发火性	工业广场地址
85	广元泰峰矿业有限公司泰峰煤矿	炮采	低瓦斯	中等	不易自燃	四川省广元市旺苍县燕子乡金银村七组
86	四川川煤石洞沟煤业有限责任公司(石洞沟煤矿)	炮采	低瓦斯	中等	不易自燃	四川省广元市旺苍县三江镇战旗村四社
87	四川大业矿业集团有限公司陈家岭煤矿	炮采	低瓦斯	中等	不易自燃	四川省广元市旺苍县陈家岭社区
88	四川广旺能源发展(集团)有限责任公司代池坝煤矿	综采+炮采	高瓦斯	中等	不易自燃	四川省广元市旺苍县普济镇代池村龙江二社
89	四川广旺能源发展(集团)有限责任公司赵家坝煤矿	综采+炮采	高瓦斯	中等	不易自燃	四川省广元市旺苍县黄洋镇天池村
90	四川省广旺能源发展(集团)有限责任公司唐家河煤矿	综采+炮采	高瓦斯	中等	不易自燃	四川省广元市旺苍县嘉川镇
91	旺苍白水兴旺煤业有限责任公司白水煤矿	炮采	低瓦斯	极复杂	不易自燃	四川省广元市旺苍县白水镇河边村
92	旺苍磨岩发达煤业有限责任公司	炮采	低瓦斯	中等	不易自燃	四川省广元市旺苍县普济镇磨岩村
93	旺苍县川丰煤业有限公司	炮采	低瓦斯	中等	不易自燃	四川省广元市旺苍县东河镇鱼林村七社
94	旺苍县东河煤业集团金帝煤业有限公司	炮采	低瓦斯	中等	不易自燃	四川省广元市旺苍县嘉川镇五红村九社
95	旺苍县东河煤业集团有限责任公司(治城煤矿)	炮采	低瓦斯	中等	不易自燃	四川省广元市旺苍县东河镇天符村
96	旺苍县东河煤业集团鑫盛煤业有限公司(二坪山煤矿)	炮采	低瓦斯	中等	不易自燃	四川省广元市旺苍县燕子乡燕午村九社
97	旺苍县红兴煤业有限公司	炮采	低瓦斯	中等	不易自燃	四川省广元市旺苍县黄洋镇天池村七组
98	旺苍县厚信煤业有限责任公司金联煤矿	炮采	低瓦斯	中等	不易自燃	四川省广元市旺苍县福庆乡红光村四社
99	旺苍县嘉川新五煤业有限责任公司新五煤矿	炮采	低瓦斯	中等	不易自燃	四川省广元市旺苍县嘉川镇小松村六社
100	旺苍县金安煤业有限公司黄洋煤矿	炮采	低瓦斯	中等	不易自燃	四川省广元市旺苍县黄洋镇金安村四社
101	旺苍县明兴煤业有限责任公司	炮采	低瓦斯	中等	不易自燃	四川省广元市旺苍县加川镇五红村

序号	煤矿名称	采煤工作面回采工艺	矿井瓦斯等级	水文地质条件	煤层自然发火性	工业广场地址
102	旺苍县明源煤业有限公司	炮采	低瓦斯	中等	不易自燃	四川省广元市旺苍县黄洋镇水营村
103	旺苍县普济镇金石煤厂（原旺苍县普济镇金石煤厂东翼采区）	炮采	低瓦斯	复杂	不易自燃	四川省广元市旺苍县普济镇磨岩村
104	旺苍县三江镇葡萄石煤业有限责任公司葡萄石煤矿	炮采	低瓦斯	中等	不易自燃	四川省广元市旺苍县三江镇坪山村二组
105	旺苍县双春煤业有限责任公司双春煤矿	炮采	低瓦斯	中等	不易自燃	四川省广元市旺苍县三江镇小溪村一社
106	旺苍县双龙煤业有限责任公司	炮采	低瓦斯	中等	不易自燃	四川省广元市旺苍县东河镇双峰村
107	旺苍县四顺煤业有限公司	炮采	低瓦斯	中等	不易自燃	四川省广元市旺苍县嘉川镇小松村
108	旺苍县四新煤业有限公司四新煤矿	炮采	低瓦斯	中等	不易自燃	四川省广元市旺苍县东河镇四新村
109	旺苍县碗厂河煤业有限责任公司碗厂河煤矿	炮采	低瓦斯	中等	不易自燃	四川省广元市旺苍县三江镇大旗村
110	旺苍县致远煤业有限公司蔡磁沟煤矿	炮采	低瓦斯	中等	不易自燃	四川省广元市旺苍县双汇镇龙泉村
111	旺苍县众鑫煤业有限责任公司（旺苍县三江镇坪山村煤矿）	炮采	低瓦斯	中等	不易自燃	四川省广元市旺苍县三江镇坪山村二社
112	剑阁县上寺乡新五房沟煤矿	炮采	低瓦斯	复杂	不易自燃	四川省广元市剑阁县上寺乡三房村二组
113	内江市沙湾煤业有限公司向家寨煤矿	高档普采	高瓦斯	中等	不易自燃	四川省内江市威远县两河镇广阳村
114	四川德福投资集团威远县新三强矿业有限公司三强煤矿	高档普采	低瓦斯	中等	不易自燃	四川省内江市威远县小河镇三羊村七社
115	四川荣威集团连界工农煤业有限公司	高档普采	高瓦斯	复杂	不易自燃	四川省内江市威远县连界镇新农村七社
116	威远县红炉井煤矿	高档普采	高瓦斯	复杂	不易自燃	四川省内江市威远县连界镇新农村二十三社
117	威远县侨生能源有限公司	高档普采	高瓦斯	复杂	不易自燃	四川省内江市威远县小河镇葡萄村七社
118	威远县太和能源有限责任公司	高档普采	高瓦斯	中等	不易自燃	四川省内江市威远县两河镇黄林村八社

序号	煤矿名称	采煤工作面回采工艺	矿井瓦斯等级	水文地质条件	煤层自然发火性	工业广场地址
119	威远县新场镇煤矿	高档普采	低瓦斯	中等	不易自燃	四川省内江市威远县新场镇新权村十一社
120	威远县兴鹏煤业有限公司	高档普采	高瓦斯	中等	不易自燃	四川省内江市威远县碗厂镇古堎村九组
121	威远县铸铜煤业有限公司	高档普采	高瓦斯	复杂	不易自燃	四川省内江市威远县碗厂镇碧凤村八社
122	内江南光有限责任公司楠木寺煤矿	高档普采	高瓦斯	中等	不易自燃	四川省内江市资中县公民镇回龙桥村
123	内江市双鹰煤炭有限责任公司老鹰岩井	高档普采	高瓦斯	中等	不易自燃	四川省内江市资中县双河镇长堰塘村
124	内江市双鹰煤炭有限责任公司楠木寺井	高档普采	高瓦斯	中等	不易自燃	四川省内江市资中县公民镇团山庙村
125	四川顺通矿业集团葫芦寺矿业有限公司葫芦寺煤矿	高档普采	高瓦斯	中等	不易自燃	四川省内江市资中县双河镇葫芦寺村
126	四川顺通矿业集团兴达煤业有限公司	高档普采	高瓦斯	简单	不易自燃	四川省内江市资中县兴隆街镇兴松村十二社
127	乐山沫凤能源有限责任公司黄泥埂煤矿	高档普采	高瓦斯	中等	不易自燃	四川省乐山市沙湾区踏水镇黄坝村
128	乐山市管山煤矿有限责任公司管山煤矿	高档普采	高瓦斯	中等	不易自燃	四川省乐山市沙湾区踏水镇黄坝村
129	乐山市沙湾区福禄大顺煤矿	炮采	高瓦斯	中等	不易自燃	四川省乐山市沙湾区福禄镇万福村
130	乐山市沙湾区金龟山煤矿	高档普采	高瓦斯	中等	不易自燃	四川省乐山市沙湾区踏水镇踏水村三组
131	乐山市沙湾区协和煤业有限责任公司胜利煤矿	高档普采	高瓦斯	中等	不易自燃	四川省乐山市沙湾区福禄镇雷店村四组
132	乐山市宏岳煤业有限公司五通桥宏岳煤矿	高档普采	高瓦斯	中等	不易自燃	四川省乐山市五通桥区西坝镇建新村八组
133	乐山市嘉上煤业有限公司大庆二井	高档普采	高瓦斯	中等	不易自燃	四川省乐山市五通桥区石麟镇楼房村五组
134	乐山市四合煤业有限公司	高档普采	高瓦斯	简单	不易自燃	四川省乐山市五通桥区石麟镇白房村二组
135	乐山市五通桥区龙霸矿业有限公司龙坝煤矿	综采	高瓦斯	中等	不易自燃	四川省乐山市五通桥区桥沟镇龙坝村

序号	煤矿名称	采煤工作面回采工艺	矿井瓦斯等级	水文地质条件	煤层自然发火性	工业广场地址
136	乐山市五通桥区庙儿山煤业有限公司	炮采	高瓦斯	简单	不易自燃	四川省乐山市五通桥区金粟镇庙儿山村
137	四川和邦集团乐山吉祥煤业有限责任公司红旗井	炮采	高瓦斯	中等	不易自燃	四川省乐山市五通桥区金粟镇金江村
138	四川和邦集团乐山吉祥煤业有限责任公司龙洞湾井	炮采	高瓦斯	中等	不易自燃	四川省乐山市五通桥区金粟镇五一村三组
139	四川省乐山凤来煤业有限公司高兴井	炮采	高瓦斯	简单	不易自燃	四川省乐山市五通桥区石麟镇马儿石村五组
140	犍为金龙煤业有限公司金龙煤矿	炮采	高瓦斯	简单	不易自燃	四川省乐山市犍为县金石镇万年村五组
141	犍为荣翼煤业有限公司双溪煤矿	炮采	低瓦斯	中等	不易自燃	四川省乐山市犍为县双溪乡兰花村
142	犍为三众吉达煤业有限公司吉达煤矿	高档普采	低瓦斯	简单	不易自燃	四川省乐山市犍为县马庙乡天池村四组
143	犍为县东风煤业有限责任公司东风煤矿	高档普采	高瓦斯	中等	不易自燃	四川省乐山市犍为岷东乡沙嘴村
144	犍为县塘坝煤矿	综采	高瓦斯	简单	不易自燃	四川省乐山市犍为塘坝乡向坪村二组
145	犍为县陶家河煤业有限公司陶家河煤矿	炮采	高瓦斯	简单	不易自燃	四川省乐山市犍为县罗城镇白鹤村
146	犍为县谢石盘煤矿	高档普采	低瓦斯	简单	不易自燃	四川省乐山市犍为县塘坝乡跃进村
147	犍为县新店儿煤业有限公司新店儿煤矿	高档普采	高瓦斯	简单	不易自燃	四川省乐山市犍为县南阳乡双龙村
148	乐山白鹤煤矿有限公司白鹤煤矿	高档普采	高瓦斯	简单	不易自燃	四川省乐山市犍为县罗城镇大石村一组
149	乐山犍为寿保煤业有限公司犍为县两河口煤矿	高档普采	高瓦斯	简单	不易自燃	四川省乐山市犍为县傲家镇青山村一组
150	四川和邦投资集团有限公司犍为桅杆坝煤矿	炮采	高瓦斯	简单	不易自燃	四川省乐山市犍为县敖家镇
151	四川嘉阳集团有限责任公司	综采	高瓦斯	中等	不易自燃	四川省乐山市犍为县芭沟镇跃进桥
152	乐山市沙湾区智诚矿业有限责任公司洪莉煤矿	炮采	低瓦斯	中等	不易自燃	四川省乐山市沐川县海云乡和平村

序号	煤矿名称	采煤工作面回采工艺	矿井瓦斯等级	水文地质条件	煤层自然发火性	工业广场地址
153	沐川县高笋乡煤矿	高档普采	低瓦斯	中等	自燃	四川省乐山市沐川县高笋乡川桥村五组
154	沐川县海云乡青山马跃煤矿	炮采	低瓦斯	中等	不易自燃	四川省乐山市沐川县海云乡青山二组
155	沐川县津玉煤业有限责任公司	炮采	低瓦斯	中等	不易自燃	四川省乐山市沐川县凤村乡桂香村二组
156	沐川县九溢煤业有限责任公司九溢煤矿	炮采	低瓦斯	中等	不易自燃	四川省乐山市沐川县高笋乡静云村七组
157	沐川县睿生矿业有限责任公司双和煤矿	炮采	低瓦斯	中等	不易自燃	四川省乐山市沐川县建和乡河口村十三组
158	沐川县宇业煤矿	炮采	低瓦斯	中等	不易自燃	四川省乐山市沐川县高笋乡龙槽村
159	峨眉山市八益煤业有限公司苗圃井	炮采	突出	中等	不易自燃	四川省乐山市峨眉山市龙池镇桃源村二组
160	峨眉山市川主乡李杨煤矿	高档普采	低瓦斯（按突出矿井设计）	中等	不易自燃	四川省乐山市峨眉山市川主乡杨河村七组
161	峨眉山市川主张沟煤矿	高档普采	突出	中等	不易自燃	四川省乐山市峨眉山市川主乡杨河村二组
162	南溪县蕴炽矿业有限公司菜子沟煤矿	高档普采	低瓦斯	中等	不易自燃	四川省宜宾市南溪县大观镇菜花村
163	宜宾市蜀丰建材有限责任公司繁荣煤矿	炮采	低瓦斯	中等	不易自燃	四川省宜宾市凤仪乡五一村沙坝社
164	宜宾县凤祥煤矿	炮采	低瓦斯	中等	不易自燃	四川省宜宾市凤仪乡凤滩村马鞍组
165	江安县煤矿有限公司	炮采	高瓦斯	复杂	不易自燃	四川省宜宾市江安县五矿镇金锣村
166	高县白庙乡得狼村两河口煤矿	炮采	高瓦斯	简单	不易自燃	四川省宜宾市高县文江镇得狼村
167	高县蕉村镇永丰煤矿	炮采	高瓦斯	中等	不易自燃	四川省宜宾市高县
168	高县顺河煤业有限公司德盛煤矿	炮采	高瓦斯	简单	不易自燃	四川省宜宾市高县腾龙乡白果村团包嘴组
169	高县四烈乡黄家嘴煤矿	炮采	低瓦斯	简单	不易自燃	四川省高县四烈乡星光村
170	高县欣雅煤业有限公司怀远煤矿	炮采	高瓦斯	中等	不易自燃	四川省宜宾市高县文江镇桂花村

序号	煤矿名称	采煤工作面回采工艺	矿井瓦斯等级	水文地质条件	煤层自然发火性	工业广场地址
171	高县椰雅煤业有限公司友谊煤矿	炮采	高瓦斯	简单	不易自燃	四川省宜宾市高县文江镇楠木村
172	四川宜宾昌谊煤矿	炮采	高瓦斯	简单	不易自燃	四川省宜宾市高县腾龙乡腾龙村
173	珙县安福煤炭生产有限责任公司安福煤矿（原洛表镇靛塘煤矿）	高档普采	突出	中等	不易自燃	四川省宜宾市珙县
174	珙县底洞煤矿	高档普采	高瓦斯	中等	不易自燃	四川省宜宾市珙县底硐镇瑞华村六社
175	珙县富有煤矿	高档普采	高瓦斯	中等	不易自燃	四川省宜宾市珙县洛亥镇群益村四社
176	珙县观斗苗族乡复兴煤矿	炮采	高瓦斯	简单	不易自燃	四川省宜宾市珙县
177	珙县华庆煤炭生产有限公司李子林煤矿（原珙县巡场镇凹田村李子林煤厂）	炮采	低瓦斯	中等	不易自燃	四川省宜宾市珙县巡场镇凹田村二社
178	珙县流水岩煤矿	高档普采	高瓦斯	复杂	不易自燃	四川省宜宾市珙县罗渡乡杨权村
179	珙县诺金矿业有限责任公司诺金煤矿	炮采	低瓦斯	简单	不易自燃	四川省宜宾市珙县观斗乡幸福村四社
180	珙县泰源矿业有限责任公司泰源煤矿	高档普采	高瓦斯	中等	自燃	四川省宜宾市珙县巡场镇鞍子村五社
181	珙县万兴煤炭生产有限公司万兴煤矿	高档普采	高瓦斯	简单	不易自燃	四川省珙县洛表镇民权村四社
182	四川芙蓉集团实业有限责任公司杉木树煤矿	综采	突出	复杂	自燃	四川省宜宾市珙县巡场镇
183	四川省珙县永富煤矿	炮采	高瓦斯	中等	自燃	四川省宜宾市珙县底洞镇大地村三社
184	四川省宏能芙蓉煤矿有限责任公司芙蓉煤矿	高档普采	突出	中等	容易自燃	四川省宜宾市珙县巡场镇芙蓉村一社
185	四川省兴文县华福矿业开发有限责任公司珙县明金煤矿	炮采	突出	中等	不易自燃	四川省宜宾市珙县陈胜乡文化村
186	筠连川煤芙蓉新维煤业有限公司新维矿井新场井	综采	突出	中等	不易自燃	四川省宜宾市筠连县维新镇新华村
187	筠连县安和达矿业有限公司巡司小河煤矿	炮采	高瓦斯	中等	不易自燃	四川省宜宾市筠连县巡司镇小河村四组
188	筠连县柏香林煤业有限公司柏香林煤矿	炮采	低瓦斯	中等	不易自燃	四川省宜宾市筠连县筠连镇海瀛青龙村令溪组

序号	煤矿名称	采煤工作面回采工艺	矿井瓦斯等级	水文地质条件	煤层自然发火性	工业广场地址
189	筠连县分水岭煤业有限公司巡司镇二煤矿	炮采	高瓦斯	复杂	自燃	四川省宜宾市筠连县巡司镇土房村一组
190	筠连县凤凰煤业有限公司金銮煤矿	炮采	高瓦斯	中等	不易自燃	四川省宜宾市筠连县沐爱镇金龙村七组
191	筠连县蒿坝镇回龙煤业有限责任公司回龙煤矿	炮采	低瓦斯	中等	不易自燃	四川省宜宾市筠连县蒿坝镇高桥村高桥组
192	筠连县黄金岩煤业有限公司黄金岩煤矿	炮采	高瓦斯	复杂	不易自燃	四川省宜宾市筠连县高坪乡英雄村关心组
193	筠连县金久煤业有限公司金久煤矿	炮采	高瓦斯	中等	不易自燃	四川省宜宾市筠连县沐爱镇金坪村九组
194	筠连县金钟煤业有限公司金钟煤矿	炮采	高瓦斯	中等	自燃	四川省宜宾市筠连县维新镇清泉村二组
195	筠连县九龙煤业有限公司九龙煤矿	炮采	高瓦斯	中等	不易自燃	四川省宜宾市筠连县镇舟镇尖峰村一组
196	筠连县刘家祠矿业有限公司刘家祠煤矿	炮采	高瓦斯	中等	不易自燃	四川省宜宾市筠连县维新镇新华村一组
197	筠连县水洋煤业有限责任公司	炮采	高瓦斯	中等	不易自燃	四川省宜宾市筠连县镇舟镇前进村
198	筠连县顺河煤业有限责任公司平山煤矿（整合原维新禄富煤矿）	炮采	高瓦斯	中等	不易自燃	四川省宜宾市筠连县维新镇周坪村四组
199	筠连县汪家沟煤业有限责任公司	炮采	突出	中等	自燃	四川省宜宾市筠连县维新镇清泉村二组
200	筠连县维新镇落箭村福利煤矿	炮采	高瓦斯	中等	不易自燃	四川省宜宾市筠连县维新镇落箭村二组
201	筠连县新田煤业有限责任公司	炮采	高瓦斯	中等	不易自燃	四川省宜宾市筠连县巡司镇荷花村三组
202	筠连县兴旺煤业有限责任公司兴旺煤矿	炮采	低瓦斯	中等	不易自燃	四川省宜宾市筠连县塘坝乡幸福村一组
203	筠连县巡司镇大地煤矿	炮采	高瓦斯	中等	不易自燃	四川省宜宾市筠连县巡司镇荷花村一组
204	筠连县银丰煤业有限责任公司	炮采	低瓦斯	中等	不易自燃	四川省宜宾市筠连县巡司镇小河村二组
205	筠连县镇舟镇利兰煤业有限责任公司利兰煤矿	炮采	高瓦斯	中等	自燃	四川省宜宾市筠连县镇舟镇石岗村

序号	煤矿名称	采煤工作面回采工艺	矿井瓦斯等级	水文地质条件	煤层自然发火性	工业广场地址
206	四川省川南煤业有限责任公司鲁班山北矿	综采	突出	中等	自燃	四川省宜宾市筠连县巡司镇
207	四川义金煤业有限公司中村煤矿	炮采	低瓦斯	中等	不易自燃	四川省宜宾市筠连县高坎乡红旗村五组
208	古宋煤源公司大旗井（地方）	高档普采	突出	中等	不易自燃	四川省宜宾市兴文县大坝苗族乡平寨村
209	四川省兴文县范家沟煤矿	高档普采	突出	中等	不易自燃	四川省宜宾市兴文县周家镇龙洞村三组
210	四川省兴文县建设煤矿	炮采	突出	中等	不易自燃	四川省宜宾市兴文县古宋镇普照村二组
211	四川省兴文县南方煤矿	炮采	突出	中等	不易自燃	四川省宜宾市兴文县仙峰乡仙峰村三组
212	兴文县陈家湾烟煤有限责任公司陈家湾井	炮采	低瓦斯	简单	不易自燃	四川省宜宾市兴文县共乐镇双河村三组
213	兴文县福地煤源有限责任公司	高档普采	突出	中等	不易自燃	四川省兴文仙峰乡大元村三组
214	兴文县光明煤业有限责任公司光明煤矿	炮采	突出	中等	自燃	四川省宜宾市兴文县古宋镇光明村五组
215	兴文县宏能煤业有限公司金鹅池煤矿	高档普采	突出	复杂	不易自燃	四川省宜宾市兴文县大河乡
216	兴文县黄家沟煤业有限责任公司	高档普采	高瓦斯	中等	不易自燃	四川省宜宾市兴文县仙峰苗族乡大团结村四组
217	兴文县石海镇环远煤业有限责任公司	炮采	突出	中等	不易自燃	四川省宜宾市兴文县石海镇
218	兴文县蜀河兴煤业有限责任公司蜀河兴煤矿	炮采	突出	中等	不易自燃	四川省宜宾市兴文县周家镇新塘村五组
219	兴文县万寿镇兴龙煤矿	炮采	突出	中等	不易自燃	四川省宜宾市兴文县大河苗族乡回龙村三组
220	兴文县五星煤业有限责任公司五星煤矿	高档普采	突出	中等	自燃	四川省宜宾市兴文县僰王山镇天堂村二组
221	兴文县仙峰乡大坪煤矿（富有一井）	高档普采	突出	中等	不易自燃	四川省宜宾市兴文县仙峰乡满山红村四组
222	兴文县仙峰乡吴家沟煤矿（富有二井）	高档普采	突出	中等	不易自燃	四川省宜宾市兴文县仙峰乡大元村三组
223	兴文县玉竹山煤业有限责任公司玉竹山煤矿	炮采	突出	中等	不易自燃	四川省宜宾市兴文县古宋镇普照村四组

序号	煤矿名称	采煤工作面回采工艺	矿井瓦斯等级	水文地质条件	煤层自然发火性	工业广场地址
224	兴文县振鑫煤业有限责任公司仙峰乡满山红六组煤矿	高档普采	突出	简单	不易自燃	四川省宜宾市兴文县仙峰乡满山红村六组
225	兴文县周家镇龙塘煤矿	高档普采	突出	中等	不易自燃	四川省宜宾市兴文县周家镇两岸村三组
226	兴文县资中煤业有限责任公司资中煤矿	炮采	突出	中等	不易自燃	四川省宜宾市兴文县仙峰乡仙峰村二组
227	屏山县宏鑫煤矿有限公司宏鑫煤矿	炮采	低瓦斯	中等	不易自燃	四川省宜宾市屏山县新安镇石溪沟
228	广安市宏泰矿业有限公司新桥苏寨煤矿	炮采	低瓦斯	中等	自燃	四川省广安市前锋区新桥乡侯桥村
229	广安市杉垣煤业有限公司杉垣煤矿	炮采	低瓦斯	中等	不易自燃	四川省广安市前锋区新桥乡曹家村
230	广安市烨祥贸易有限责任公司小井沟煤矿（原宝丰矿业有限公司小井沟煤矿）	炮采	低瓦斯	复杂	不易自燃	四川省广安市广安区小井乡小井村七社
231	广安鑫福煤业有限公司广安煤矿	炮采	突出	复杂	不易自燃	四川省广安市广安区建安中路183号2楼
232	四川华蓥山广能集团有限责任公司龙门峡南矿	综采	突出	极复杂	自燃	四川省广安市广安区光辉乡
233	四川华蓥山龙滩煤电有限责任公司	综采	突出	极复杂	自燃	四川省广安市广安区小井乡
234	邻水富源矿业有限公司观音桥煤矿	高档普采	低瓦斯	中等	不易自燃	四川省广安市邻水县观音桥镇擂鼓坪村一组
235	邻水县陈二湾煤矿	炮采	高瓦斯	中等	自燃	四川省广安市邻水县甘坝乡斜岩村四组
236	邻水县复盛关门石煤矿有限责任公司关门石煤矿	炮采	低瓦斯	中等	不易自燃	四川省广安市邻水县复盛乡青林村三组
237	邻水县宏源煤业有限公司偏桥沟煤矿	炮采	低瓦斯	中等	不易自燃	四川省广安市邻水县冷家乡偏桥沟村四社
238	邻水县天宝寨煤业有限责任公司天宝寨煤矿	炮采	低瓦斯	中等	不易自燃	四川省广安市邻水县牟家镇刘家沟村一组
239	邻水县小庄子煤业有限公司小庄子煤矿	炮采	低瓦斯	复杂	不易自燃	四川省广安市邻水县长安乡秀丰村三组
240	邻水县中山煤矿有限责任公司	高档普采	低瓦斯	中等	不易自燃	四川省广安市邻水县观音桥镇白羊寺村六组

序号	煤矿名称	采煤工作面回采工艺	矿井瓦斯等级	水文地质条件	煤层自然发火性	工业广场地址
241	四川邻水县金亿煤矿有限责任公司	炮采	高瓦斯	复杂	自燃	四川省广安市邻水县西天乡走马村九组
242	四川省华蓥山煤业股份有限公司李子垭煤矿南二井	综采	突出	复杂	不易自燃	四川省华蓥市坛同镇椿木乡
243	四川省龙泉煤矿有限公司邻水龙泉煤矿	综采	突出	复杂	自燃	四川省广安市邻水县高滩镇马鹿村十二组
244	华蓥市林丰煤炭有限责任公司红岩煤矿	炮采	突出	中等	自燃	四川省华蓥市溪口镇
245	四川省华蓥山煤业股份有限公司绿水洞煤矿	综采	突出	复杂	自燃	四川省华蓥市天池镇北大街 40 号
246	达州市通川区杨家沟煤业有限公司	高档普采	低瓦斯	简单	不易自燃	四川省达州市通川区双龙镇骑龙村一社
247	达州市兴源煤业有限责任公司新兴煤矿	高档普采	低瓦斯	简单	不易自燃	四川省达州市通川区复兴镇九龙村七组
248	达州双庆矿业有限公司双庆煤矿	炮采	低瓦斯	简单	不易自燃	四川省达州市通川区复兴镇两路口村五社
249	达县昌隆工贸有限公司达昌煤矿	炮采	低瓦斯	复杂	不易自燃	四川省达州市达县碑高乡龙洞坝村六组
250	达县渡市东坪煤矿	炮采	低瓦斯	中等	不易自燃	四川省达州市达县渡市镇民兴村三社
251	达县景市镇井塘河煤厂	炮采	低瓦斯	简单	不易自燃	四川省达州市达县景市镇茶圆寺村六组
252	达县龙会乡煤厂	炮采	低瓦斯	中等	不易自燃	四川省达州市达川区木头乡星火村六组
253	达县幺塘岩尔联办煤矿	高档普采	低瓦斯	中等	不易自燃	四川省达州市达县幺塘乡岩尔村二社
254	达县赢川矿业有限公司高益煤矿	高档普采	低瓦斯	中等	不易自燃	四川省达州市达川区亭子镇花园村七社
255	达州博瑞实业有限公司易家沟三号井	高档普采	低瓦斯	中等	不易自燃	四川省达州市达县平滩乡宝塔村六社
256	达州市达县福汇煤矿	炮采	低瓦斯	中等	不易自燃	四川省达州市达川区黄都乡堰塘村七社
257	达州市达县海源煤业有限公司海源煤矿	炮采	低瓦斯	中等	不易自燃	四川省达州市达县管村镇万竹村五组
258	达州市达县鸿源煤业有限公司	炮采	低瓦斯	中等	不易自燃	四川省达州市达县申家乡竹叶村

序号	煤矿名称	采煤工作面回采工艺	矿井瓦斯等级	水文地质条件	煤层自然发火性	工业广场地址
259	达州市达县建设煤矿	炮采	低瓦斯	复杂	不易自燃	四川省达州市达县河市镇金湾村四社
260	达州市达县七里沟煤矿	炮采	低瓦斯	中等	不易自燃	四川省达州市达县南外镇千丘村四组
261	达州市达县兴业煤业有限公司莲花洞煤矿	高档普采	低瓦斯	中等	不易自燃	四川省达州市达川区黄庭乡万兴村一组
262	达州市东兴乡桃源黑沟槽煤矿	炮采	低瓦斯	中等	不易自燃	四川省达州市达川区东兴乡郑家店村
263	达州市汇能煤业有限责任公司	高档普采	低瓦斯	简单	不易自燃	四川省达州市达县万家镇凉风村一组
264	达州市金惠来煤业有限公司福善炉堆子煤矿	炮采	低瓦斯	简单	不易自燃	四川省达州市达川区福善镇清河村
265	达州市康发能源有限公司达县保康煤矿	炮采	低瓦斯	中等	不易自燃	四川省达州市达县斌郎乡许家村四社
266	达州市兰草沟煤业有限责任公司	炮采	低瓦斯	中等	不易自燃	四川省达州市达县大树镇九丰村二组
267	达州市水窑子煤业有限公司	炮采	低瓦斯	简单	不易自燃	四川省达州市达县大树镇竹林村八社
268	达州市兴旺煤业有限公司达县兴旺煤矿	高档普采	低瓦斯	中等	不易自燃	四川省达州市达川区大滩乡邱家坝村
269	达州市中信能源有限公司	炮采	低瓦斯	中等	不易自燃	四川省达州市达县景市镇七村三社
270	四川达县茶园煤电有限公司	高档普采	低瓦斯	中等	不易自燃	四川省达州市达县马家乡肖家村五社
271	四川达竹煤电（集团）有限责任公司斌郎煤矿	综采＋炮采	高瓦斯	中等	不易自燃	四川省达州市达川区斌郎乡宋家村二组
272	四川达竹煤电（集团）有限责任公司金刚煤矿	高档普采＋炮采	低瓦斯	中等	不易自燃	四川省达州市达川区石板镇石河村
273	四川达竹煤电（集团）有限责任公司铁山南煤矿	综采＋炮采	低瓦斯	中等	不易自燃	四川省达州市达川区木头乡钟嘴村六社
274	四川达竹煤电（集团）有限责任公司小河嘴煤矿	综采＋高档普采	高瓦斯	简单	不易自燃	四川省达州市达川区南外镇板凳山村二组
275	达州市吉祥煤业有限公司吉祥煤矿	炮采	低瓦斯	中等	不易自燃	四川省达州市宣汉县河坝乡一村四社

附表（续）

序号	煤矿名称	采煤工作面回采工艺	矿井瓦斯等级	水文地质条件	煤层自然发火性	工业广场地址
276	达州市炉坪煤矿张家沟井	高档普采	低瓦斯	中等	不易自燃	四川省达州市宣汉县东乡镇炉坪村一社
277	达州市宣汉县福达煤矿	高档普采	低瓦斯	中等	不易自燃	四川省达州市宣汉县凉风乡四村四社
278	达州市宣汉县七里峡煤业有限公司七里峡煤矿	炮采	低瓦斯	中等	不易自燃	四川省达州市宣汉县七里乡神龙路1号
279	达州市宣汉县向阳煤业有限公司三墩煤厂	炮采	低瓦斯	中等	不易自燃	四川省达州市宣汉县三墩土家族乡大河村三社
280	四川省大路煤矿有限责任公司（北矿）	高档普采	低瓦斯	中等	不易自燃	四川省达州市宣汉县天生镇五村五社
281	四川省大路煤矿有限责任公司（南矿）	高档普采	低瓦斯	中等	不易自燃	四川省达州市宣汉县天生镇二村六社
282	四川省宣汉上峡煤焦有限公司龙洞河煤矿（原上峡煤矿龙洞河井）	高档普采	低瓦斯	中等	不易自燃	四川省达州市宣汉县上峡乡黑天池村
283	四川宣汉县志昌煤炭有限责任公司楠木沟煤矿	高档普采	低瓦斯	简单	不易自燃	四川省达州市宣汉县凉风乡古城村二社
284	宣汉县渡口乡有缘煤厂	炮采	低瓦斯	中等	不易自燃	四川省达州市宣汉县渡口乡一村二社
285	宣汉县二脉湾煤业有限公司	炮采	低瓦斯	简单	不易自燃	四川省达州市宣汉县塔河乡石峡村六社
286	宣汉县樊哙金花煤业有限公司金花煤矿	高档普采	低瓦斯	简单	不易自燃	四川省达州市宣汉县樊哙镇金花村七社
287	宣汉县樊哙乡青山煤矿	高档普采	低瓦斯	简单	不易自燃	四川省达州市宣汉县樊哙乡古峰村
288	宣汉县富祥矿业有限公司开宣煤矿	高档普采	低瓦斯	中等	不易自燃	四川省达州市宣汉县三墩乡燕河村一社
289	宣汉县金旺煤业有限公司福禄煤矿	炮采	低瓦斯	中等	不易自燃	四川省达州市宣汉县塔河乡石峡村四社
290	宣汉县南仙煤业有限公司	炮采	低瓦斯	简单	不易自燃	四川省达州市宣汉县天生镇九村六社
291	宣汉县彭河煤业有限公司彭河煤矿	高档普采	低瓦斯	简单	不易自燃	四川省达州市宣汉县芭蕉镇铁溪村五社
292	宣汉县平安煤业有限公司漆碑乡煤矿	炮采	低瓦斯	中等	不易自燃	四川省达州市宣汉县漆碑乡一村

序号	煤矿名称	采煤工作面回采工艺	矿井瓦斯等级	水文地质条件	煤层自然发火性	工业广场地址
293	宣汉县三墩乡富兴煤矿	高档普采	低瓦斯	简单	不易自燃	四川省达州市宣汉县三墩土家族乡燕河村六社
294	宣汉县天生镇覃家沟煤厂	炮采	低瓦斯	中等	不易自燃	四川省达州市宣汉县天生镇二村十五社
295	宣汉县勇平矿业有限公司	高档普采	低瓦斯	中等	不易自燃	四川省达州市宣汉县樊哙乡三村九社
296	达州市开江花草沟煤业有限责任公司	炮采	低瓦斯	简单	不易自燃	四川省达州市开江县灵岩乡李家嘴村
297	达州市开江星源煤矿	炮采	低瓦斯	简单	不易自燃	四川省达州市开江县广福乡九村一组
298	开江县草坪煤矿	炮采	低瓦斯	简单	不易自燃	四川省达州市开江县新太乡五村三组
299	开江县翰田坝煤矿	炮采	低瓦斯	中等	不易自燃	四川省达州市开江县永兴镇方家沟村九社
300	开江县开丰煤矿	炮采	低瓦斯	中等	不易自燃	四川省达州市开江县天师镇麦草坪村五社
301	开江县龙泉山煤矿	炮采	低瓦斯	简单	不易自燃	四川省达州市开江县永兴镇方家沟村九社
302	开江县泰和煤矿（原灵岩乡宋家湾煤厂）	炮采	低瓦斯	中等	不易自燃	四川省达州市开江县灵岩乡李家嘴村十组
303	开江县长田凤凰坝煤矿	炮采	低瓦斯	简单	不易自燃	四川省达州市开江县长田乡舒家沟村一组
304	达州市黑滩煤业有限公司黑滩煤矿	炮采	低瓦斯	中等	不易自燃	四川省达州市大竹县中华乡白雀村十一社
305	达州市全新能源发展有限公司孔家沟煤矿	炮采	低瓦斯	中等	不易自燃	四川省达州市大竹县新生乡高兴村八社
306	达州市元亨能源有限责任公司	炮采	低瓦斯	简单	不易自燃	四川省达州市大竹县朝阳乡芋河村八社
307	大竹县堡子矿业有限责任公司堡子煤矿	高档普采＋炮采	低瓦斯	中等	不易自燃	四川省达州市大竹县乌木镇广子村四社
308	大竹县大硐坪煤矿	高档普采	低瓦斯	中等	不易自燃	四川省达州市大竹县清水镇老书房八社
309	大竹县大枫树矿业有限责任公司大枫树煤矿	高档普采	低瓦斯	中等	不易自燃	四川省达州市大竹县庙坝镇黑水村五组

序号	煤矿名称	采煤工作面回采工艺	矿井瓦斯等级	水文地质条件	煤层自然发火性	工业广场地址
310	大竹县贺家湾煤矿	高档普采	低瓦斯	中等	不易自燃	四川省达州市大竹县八渡乡华兴村十一社
311	大竹县红旗煤业有限责任公司城西煤矿	炮采	低瓦斯	中等	不易自燃	四川省达州市大竹县城西乡垭角村八社
312	大竹县红旗煤业有限责任公司田坝煤矿	高档普采	低瓦斯	中等	不易自燃	四川省达州市大竹县田坝乡清溪沟六社
313	大竹县黄家乡红花山联办煤矿	炮采	低瓦斯	简单	不易自燃	四川省达州市大竹县黄家乡红岭村
314	大竹县久通煤业有限公司麂子坝煤矿	炮采	低瓦斯	简单	不易自燃	四川省达州市大竹县石河镇五村八社
315	大竹县隆源煤业有限公司	炮采	低瓦斯	简单	不易自燃	四川省达州市大竹县中华乡桂花村
316	大竹县牛郎沟煤业有限公司	炮采	低瓦斯	中等	自燃	四川省达州市大竹县周家镇月岩村二社
317	大竹县牌坊石马门一煤厂	炮采	低瓦斯	中等	不易自燃	四川省达州市大竹县牌坊乡石马村十三社
318	大竹县平桥煤业有限公司	炮采	低瓦斯	中等	不易自燃	四川省达州市大竹县中和乡平台村八社
319	大竹县清水大河沟煤矿（原民主乡一煤厂）	炮采	低瓦斯	中等	不易自燃	四川省达州市大竹县民主乡白云村五社
320	大竹县荣华煤矿	炮采	低瓦斯	中等	不易自燃	四川省达州市大竹县高穴荣华村六社
321	大竹县双溪乡刘家沟联合煤矿	炮采	低瓦斯	简单	不易自燃	四川省达州市大竹县双溪乡炬光村八社
322	大竹县泰安煤业有限公司	高档普采	低瓦斯	简单	不易自燃	四川省达州市大竹县欧家乡鸣山村
323	大竹县肖家沟煤矿	炮采	低瓦斯	简单	不易自燃	四川省达州市大竹县新生乡叶家村七社
324	大竹县新桥红星煤矿	炮采	低瓦斯	简单	不易自燃	四川省达州市大竹县新桥乡严家村三社
325	大竹县永兴矿业有限责任公司华家沟煤矿	炮采	低瓦斯	中等	不易自燃	四川省达州市大竹县永胜乡光明村四社
326	四川达竹煤电（集团）有限责任公司柏林煤矿	综采＋高档普采	高瓦斯	中等	不易自燃	四川省达州市大竹县柏林乡洪河村十二社
327	四川神州矿业开发有限公司	高档普采	低瓦斯	中等	不易自燃	四川省达州市大竹县白坝乡高河村五社

序号	煤矿名称	采煤工作面回采工艺	矿井瓦斯等级	水文地质条件	煤层自然发火性	工业广场地址
328	渠县白石洞联营煤矿	炮采	低瓦斯	简单	不易自燃	四川省达州市渠县临巴镇团石村
329	渠县大发煤业有限公司大发煤矿	炮采	低瓦斯	简单	不易自燃	四川省达州市渠县大峡乡宕渠村
330	渠县富源煤矿	炮采	低瓦斯	中等	不易自燃	四川省达州市渠县琅琊镇金马村七社
331	渠县金林煤业有限公司金林煤矿	高档普采	低瓦斯	简单	不易自燃	四川省达州市渠县汇东乡太平村七社
332	渠县军林矿业有限公司汇南煤矿	炮采	低瓦斯	简单	不易自燃	四川省达州市渠县汇南乡快活村
333	渠县杉树坪矿业有限公司杉树坪煤矿	炮采	低瓦斯	中等	不易自燃	四川省达州市渠县汇东乡
334	渠县通达琅琊煤业有限公司	炮采	低瓦斯	简单	不易自燃	四川省达州市渠县望溪乡河水村三社
335	渠县新临江煤矿（水井湾矿井）	炮采	低瓦斯	简单	不易自燃	四川省达州市渠县汇南乡金鱼村三社
336	渠县新临江煤矿（月台矿井）	综采	低瓦斯	简单	不易自燃	四川省达州市渠县汇东乡龙眼村
337	达州市秦川煤业有限公司万源市龙洞沟煤矿	炮采	低瓦斯	中等	不易自燃	四川省达州市万源市永宁乡二村二组
338	达州市万源万田煤业有限公司万田煤矿	炮采	低瓦斯	中等	不易自燃	四川省达州市万源市白沙镇牟家坝村西溪沟
339	达州市长虹红旗煤矿	炮采	低瓦斯	中等	不易自燃	四川省达州市万源市水田乡二村
340	四川省万源市万通实业有限公司陈家湾煤矿	炮采	低瓦斯	中等	不易自燃	四川省达州市万源市太平镇四合村一社
341	万源市官渡镇徐家湾煤矿	炮采	低瓦斯	中等	不易自燃	四川省达州市万源市官渡镇二村九社
342	万源市红欣煤矿三井	炮采	低瓦斯	待鉴定	不易自燃	四川省达州市万源市太平镇新庙子村
343	万源市青花镇黑石溪煤矿（二井）	炮采	低瓦斯	中等	不易自燃	四川省达州市万源市青花镇五村五社
344	万源市同兴煤矿	炮采	低瓦斯	中等	不易自燃	四川省达州市万源市太平镇石岗乡六村一组
345	万源市万新煤矿	炮采	低瓦斯	中等	不易自燃	四川省达州市万源市太平镇毛坝子村
346	万源市文家岩煤业有限公司文家岩煤矿	炮采	低瓦斯	中等	不易自燃	四川省达州市万源市沙滩镇一村一社

附表（续）

序号	煤矿名称	采煤工作面回采工艺	矿井瓦斯等级	水文地质条件	煤层自然发火性	工业广场地址
347	万源市长石乡刺竹沟煤矿	炮采	低瓦斯	中等	不易自燃	四川省达州市万源市长石乡六村一社
348	万源市竹源煤业有限公司长石二煤矿	炮采	低瓦斯	中等	不易自燃	四川省达州市万源市长石乡九村三社
349	万源市竹源煤业有限公司长石煤矿	炮采	低瓦斯	中等	不易自燃	四川省达州市万源市长石乡九村一社
350	雅安市大树煤业有限责任公司大树煤矿	高档普采	高瓦斯	中等	不易自燃	四川省雅安市雨城区观化乡杨家村一组
351	雅安市亿达煤业有限公司雅洪煤矿	高档普采	低瓦斯	中等	不易自燃	四川省雅安市雨城区观化乡上横村六组
352	雅安市斑鸠井煤业有限责任公司斑鸠井	高档普采	高瓦斯	中等	不易自燃	四川省雅安市荥经县烈士乡课子村
353	荥经县安达煤业有限公司叶家湾凰仪煤矿（原荥经县叶家湾皇仪分厂）	炮采	高瓦斯	中等	不易自燃	四川省雅安市荥经县龙苍沟乡鱼泉村
354	荥经县二十二号煤业有限责任公司二十二号煤矿	高档普采	低瓦斯	中等	不易自燃	四川省雅安市荥经县龙苍沟乡鱼泉村
355	荥经县凤凰煤业有限公司黄泥岗煤矿	炮采	高瓦斯	中等	不易自燃	四川省雅安市荥经县龙苍沟乡杨湾村
356	荥经县更兴煤业有限责任公司桂花树煤厂	高档普采	低瓦斯	中等	不易自燃	四川省雅安市荥经县龙苍沟镇发展村
357	荥经县红鑫煤业有限责任公司红星煤矿	炮采	高瓦斯	中等	不易自燃	四川省雅安市荥经县荥河乡红星村庄子组
358	荥经县宏吉煤业有限公司新兴煤矿	高档普采	低瓦斯	中等	不易自燃	四川省雅安市荥经县烈士乡烈士村三组
359	荥经县坎上煤业有限责任公司坎上煤矿	炮采	高瓦斯	中等	不易自燃	四川省雅安市荥经县荥河乡楠木村
360	荥经县山川煤业有限责任公司山川煤矿	炮采	高瓦斯	中等	不易自燃	四川省雅安市荥经县花滩镇光和村
361	荥经县石桥乡米溪村民兵煤厂	炮采	高瓦斯	简单	不易自燃	四川省雅安市荥经县石桥乡米溪村
362	荥经县鑫宝山煤业有限公司荥经县鱼泉煤矿	炮采	高瓦斯	中等	不易自燃	四川省雅安市荥经县龙苍沟镇杨湾村
363	荥经县叶家湾煤业有限责任公司	高档普采	高瓦斯	中等	不易自燃	四川省雅安市荥经县烈士乡新立村二组

序号	煤矿名称	采煤工作面回采工艺	矿井瓦斯等级	水文地质条件	煤层自然发火性	工业广场地址
364	荥经县银潮矿业有限公司齐心煤矿	炮采	高瓦斯	中等	不易自燃	四川省雅安市荥经县花滩镇齐心村
365	荥经县张家湾煤业有限公司	高档普采	低瓦斯	中等	不易自燃	四川省雅安市荥经县荥河乡楠木村
366	荥经县正原煤业有限公司荥经县凰仪乡河坪煤厂	高档普采	高瓦斯	中等	不易自燃	四川省雅安市荥经县龙苍沟乡杨湾村梁纸厂社
367	天全县公家坪煤业有限责任公司	炮采	低瓦斯	中等	不易自燃	四川省雅安市天全县思经乡劳动村四组
368	天全县红星煤业有限公司红星煤矿	高档普采	低瓦斯	简单	不易自燃	四川省雅安市天全县大河乡黍子村一组
369	天全县天民昂州煤炭有限公司昂州煤矿北矿	高档普采	低瓦斯	中等	不易自燃	四川省雅安市天全县紫石乡
370	天全县天民昂州煤炭有限公司昂州煤矿南矿	炮采	高瓦斯	中等	不易自燃	四川省雅安市天全县紫石乡
371	通江县罗村煤矿	炮采	低瓦斯	中等	不易自燃	四川省巴中市通江县铁溪镇罗村一社
372	通江县铁厂坡煤矿	炮采	低瓦斯	中等	不易自燃	四川省巴中市通江县铁溪镇田坝村三社
373	通江县杨家梁煤矿	炮采	低瓦斯	中等	不易自燃	四川省巴中市通江县铁溪镇田坝村
374	南江煤电有限责任公司南江煤矿	综采＋高档普采	低瓦斯	中等	不易自燃	四川省巴中市南江县南江镇光辉村
375	南江县宏源煤业集团红岩煤矿有限公司红岩煤矿	炮采	低瓦斯	简单	不易自燃	四川省巴中市南江县红岩乡六村
376	南江县水泥集团有限公司红潭河煤矿	高档普采	低瓦斯	简单	不易自燃	四川省巴中市南江县东榆镇永红村
377	盐源西钢精煤有限责任公司干塘煤矿一井	炮采	低瓦斯	中等	自燃	四川省凉山彝族自治州盐源县盐塘乡庄子村
378	会理县白果湾乡煤厂	炮采	低瓦斯	简单	自燃	四川省凉山彝族自治州会理县白果湾乡白果湾村
379	凉山州益门煤矿	炮采	低瓦斯	中等	自燃	四川省凉山彝族自治州会理县益门镇中村
380	甘洛县鑫合煤业有限责任公司斯觉镇一号煤井	高档普采	高瓦斯	中等	不易自燃	四川省凉山彝族自治州甘洛县斯觉镇觉呷村

附　图

附图 1　四川省煤矿瓦斯地质图略图

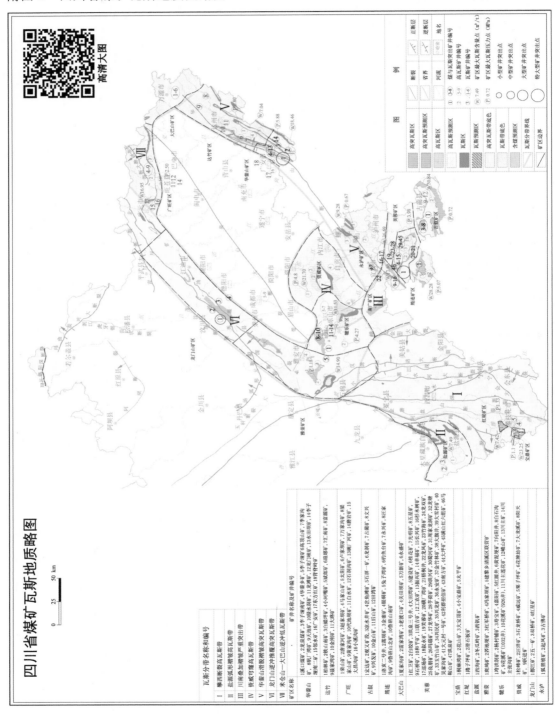

附图 1　四川省煤矿瓦斯地质图略图

附图 2　芙蓉矿区瓦斯地质图

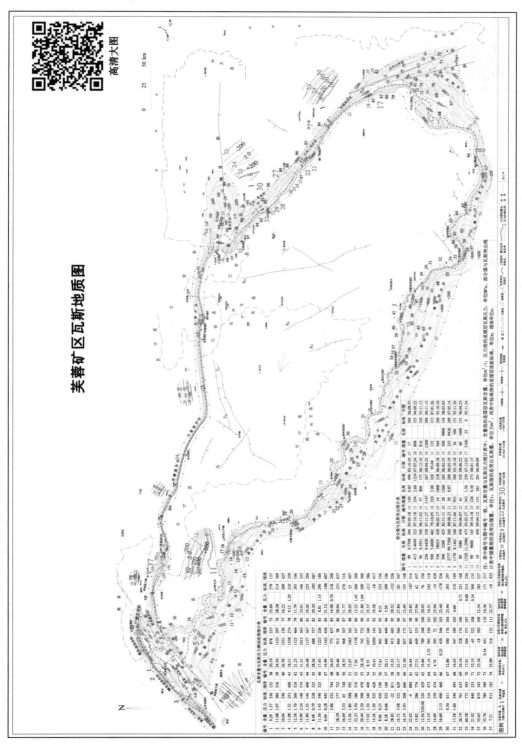

附图 3　筠连矿区瓦斯地质图

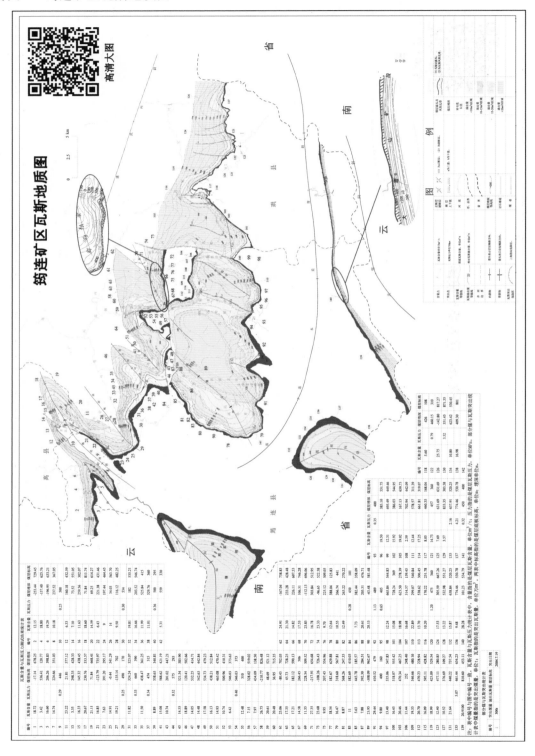

附图 4　古叙矿区瓦斯地质图

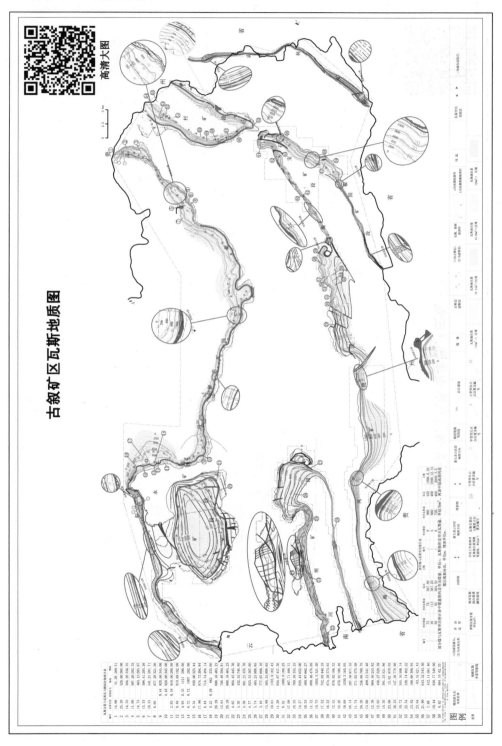

附图 5　华蓥山矿区瓦斯地质图（图幅一）

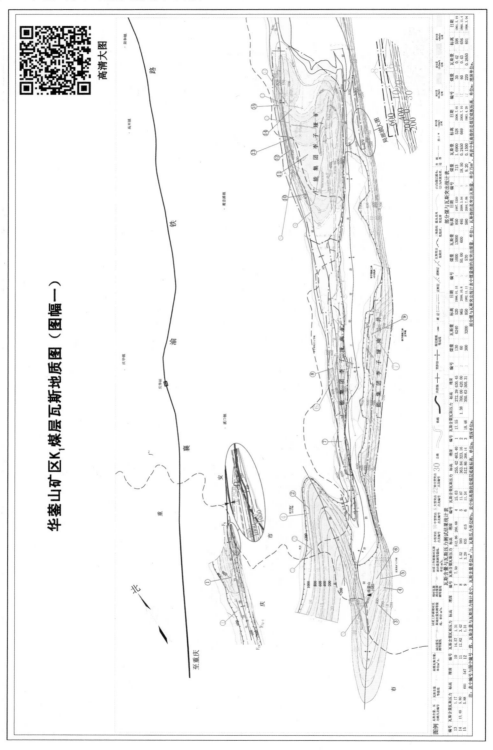

附图 6　华蓥山矿区瓦斯地质图（图幅二）

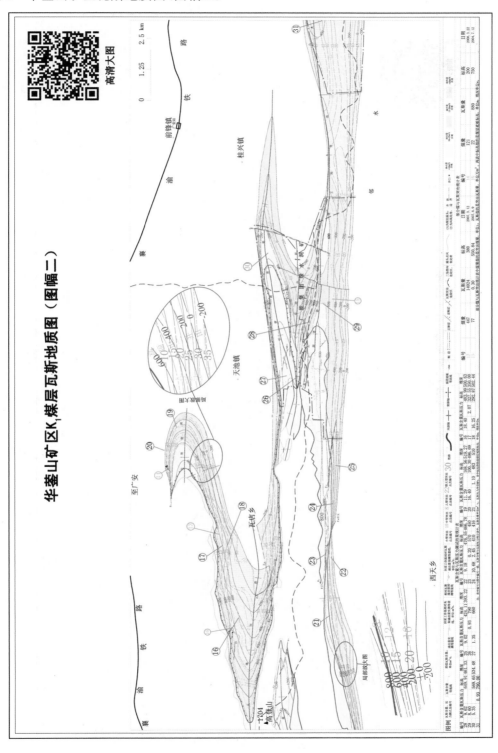

附图 7　华蓥山矿区瓦斯地质图（图幅三）

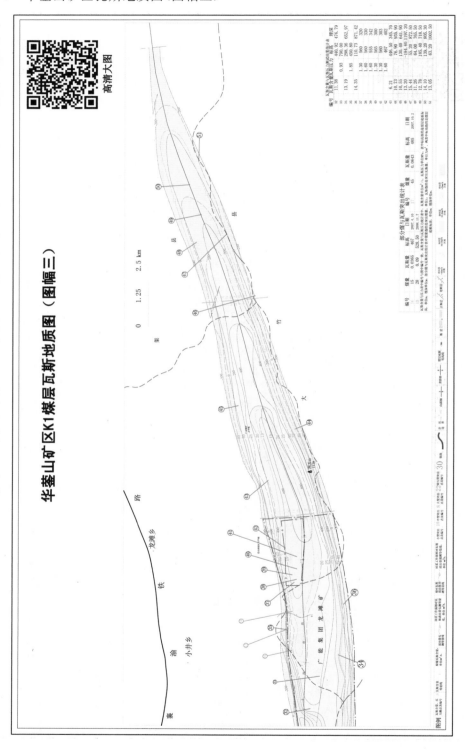

附图 8　达竹矿区瓦斯地质图

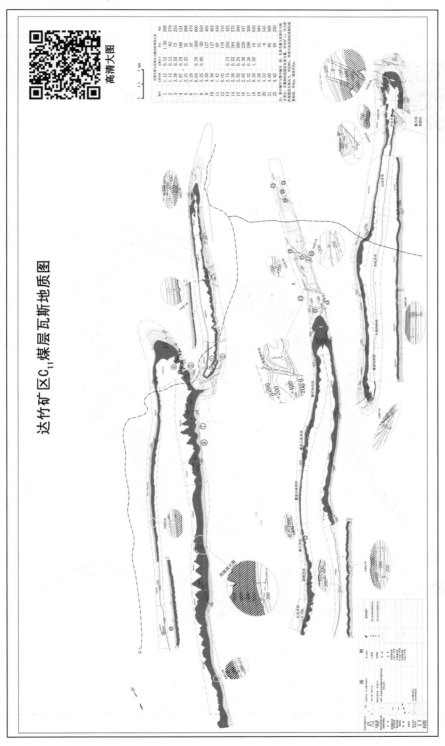

附图 9 宝鼎矿区 4 号煤层瓦斯地质图

附图 10 宝鼎矿区 15 号煤层瓦斯地质图

附图 11　宝鼎矿区 24-2 号煤层瓦斯地质图

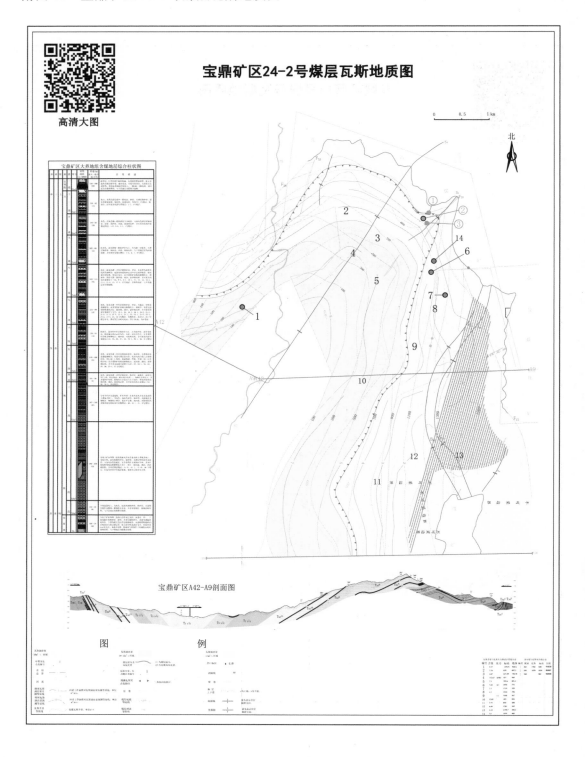

附图 12　宝鼎矿区 39 号煤层瓦斯地质图

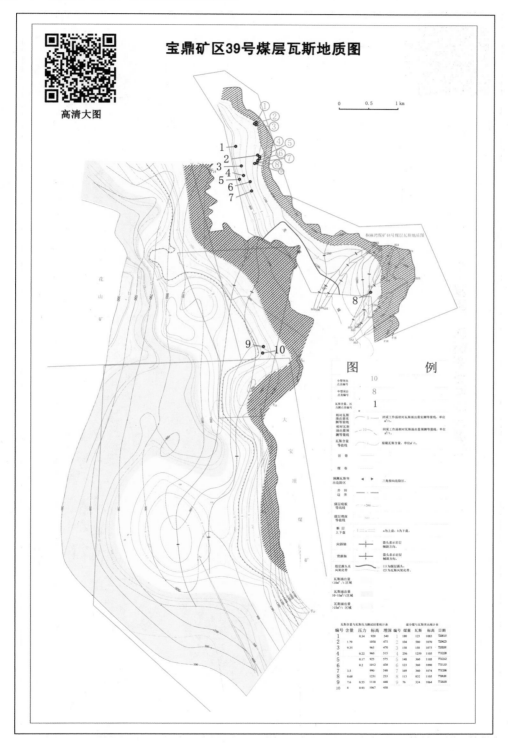

附图 13　广旺矿区瓦斯地质图（图幅一）

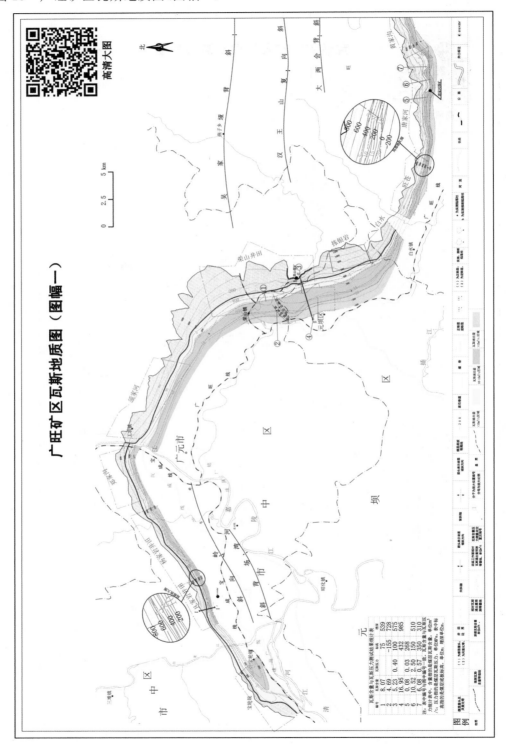

附图 14　广旺矿区瓦斯地质图（图幅二）

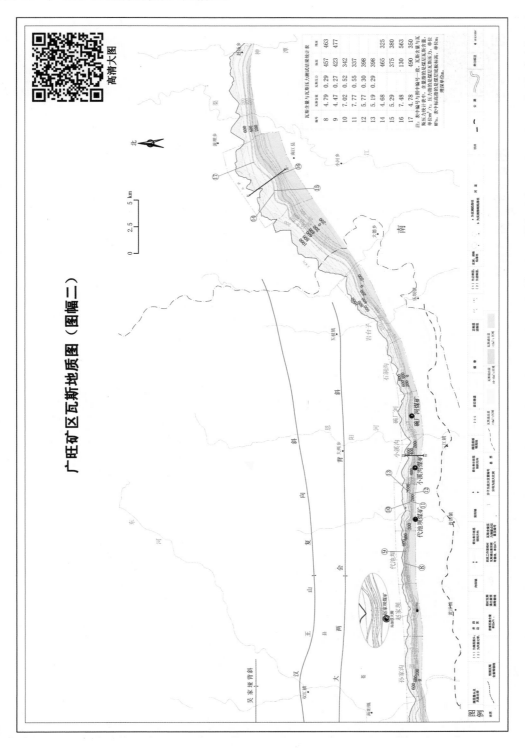

附图 15　资威矿区瓦斯地质图

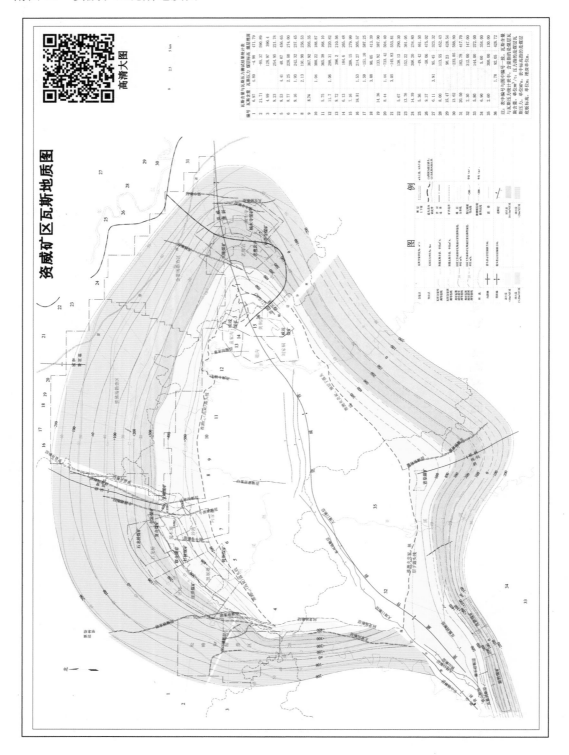

资威矿区瓦斯地质图